危险化学品企业从业人员安全生产培训教材

成都市城市安全与应急管理研究院　组织编写

U0913436

应急管理出版社

·北　京·

内 容 提 要

本书是针对危险化学品从业人员安全培训专门编写的教材，对广大危险化学品从业人员学习和掌握必要的安全生产知识，提高安全操作技能，增强预防事故和应急处置的能力，具有指导作用。本书从危险化学品从业人员的培训需求出发，全面深入地介绍了危险化学品法律法规与其他要求、危险化学品基础知识、危险化学品风险辨识与防控、危险化学品安全管理、危险化学品作业安全及危险化学品生产设备设施安全等重点内容。同时，通过系统阐述危险化学品现场应急处置与各类危险化学品事故案例，为危险化学品从业人员提供了科学、实用的应急处置策略和事故应对措施。

本书适合作为安全培训机构的专用教材，也可作为危险化学品企业内部的培训用书。

编　委　会

前　言

当前，我国的化学品生产及消费量均已攀升至全球第一。危险化学品作为重要的工业原料和能源载体，在生产生活各个领域发挥着不可替代的作用，是提升改善人们生活质量和水平的重要基石。但因其易燃易爆、有毒有害、腐蚀等危险特性，相应地伴随着极高的安全风险，一旦因管控不到位而出现事故，不仅会给企业带来难以估量的经济损失，更会对人民群众的生命财产安全以及生态环境造成极为严重的破坏，引发恶劣的社会影响。党和国家历来对危险化学品的安全管理工作十分重视，全国各地区、各部门和各企事业单位为落实各项安全措施做了大量的工作，总体态势趋于稳定。但不可否认的是，危险化学品安全生产基础还较为薄弱，危险化学品行业领域的安全形势依然严峻，近年来一系列安全事故触目惊心，如2015年天津港“8・12”特大火灾爆炸事故、2019年江苏响水“3・12”特大火灾爆炸事故等重特大事故时有发生。因此，在大力培育危险化学品生产经营单位的同时做好事故防范工作，在事故发生之际进行高效的应急处置，降低事故所造成的损害，是广大危险化学品从业人员以及相关管理部门工作人员需共同面对、携手解决的首要课题。为深刻汲取部分地区发生重特大事故的惨痛教训，举一反三，从根本上预防和遏制危险化学品事故的发生，推动危险化学品行业高质量发展并营造更为安全的生产环境，在本书的编写过程中，我们严格依据国家有关危险化学品行业的政策方针及技术规范，坚持问题导向，以提升危险化学品企业从业人员安全素质及能力为目标，以防范化解危险化学品系统性安全风险为主线，精心编制了本书。

全书共分为8章，第一章危险化学品法律法规与其他要求，主要介绍了危险化学品相关国家政策、法律法规体系及从业人员的权利与义务等；第二章危险化学品基础知识，主要阐述危险化学品的分类及安全标志、安全标签及安全技术说明书、重大危险源等；第三章危险化学品风险辨识与防控，主要阐述危险化学品风险辨识，并从防火防爆、防中毒、防泄漏等角度阐述风险防控；第四章危险化学品安全管理，主要从危险化学品生产、储存、运输、处置等环节介绍相关风险及安全管理工作，并按照行业特性阐述加油站、加气站、加氢站和实验室使用化学品的安全管理；第五章危险化学品作业安全，主要阐述安全生产操作规程、化工工艺安全及危险作业安全技术；第六章危险化学品生产设备设施安全，主要阐述化工、特种设备相关安全要求；第七章现场应急处置，主要阐述危险化学品事故处置、救援关键技术以及应急救援装备等；第八章事故案例分析，主要介绍危险化学品典型事故。

本书在编写过程中，得到了危险化学品行业相关专家的指导帮助，获得了成都市应急管理局、部分区市县应急管理局和培训机构的大力支持，参考、引用了诸多文献和资料，限于篇幅不能一一列出，在此一并表示感谢。

限于编者的知识背景及工作经历，书中难免存在不足之处，恳请广大读者批评指正，以便再版修订。

成都市城市安全与应急管理研究院

2024年12月

目 录

第一章　危险化学品法律法规与其他要求

安全生产事关人民群众生命财产安全和社会稳定大局。近年来，在党中央、国务院的正确领导下，全国危险化学品事故总体呈持续下降趋势。这与危险化学品领域法律法规的不断健全完善密不可分。在全面依法治国的背景下，做好新时代危险化学品安全生产工作，离不开系统完备、科学规范、运行有效的安全生产法律法规体系。

第一节　国家安全生产方针

党的十八大以来，习近平总书记高度重视安全生产工作，作出一系列关于安全生产的重要论述，一再强调要坚持统筹发展和安全。通过加强领导、改革创新、协调联动、齐抓共管，着力强化企业安全生产主体责任，堵塞监督管理漏洞，解决不遵守法律法规的问题。同时，依靠严密的责任体系、严格的法治措施、有效的体制机制、有力的基础保障和完善的系统治理，切实增强安全防范治理能力，大力提升我国安全生产整体水平，确保人民群众安康幸福、共享改革发展和社会文明进步成果。

一、习近平总书记关于安全生产、应急管理重要论述

坚持人民至上，生命至上。党的十八大以来，习近平总书记始终把人民放在心中最高的位置，坚持人民至上、生命至上，把保障人民群众生命财产安全作为坚守初心、践行宗旨的重要使命，与人民想在一起、干在一起，同人民风雨同舟、同甘共苦。做好新时代应急管理工作，必须始终把人民生命安全放在首位，切实做到救民于水火，助民于危难，给人民以力量，不断增强人民群众的获得感、幸福感、安全感。

更好统筹发展和安全。安全是发展的前提，发展是安全的保障。党的十八大以来，习近平总书记高度重视统筹发展和安全，作出系列重要论述，要求增强忧患意识，做到居安思危，并将其作为党治国理政的重大原则。深入学习贯彻习近平总书记关于统筹发展和安全的重要论述，对准确理解把握新时代应急管理工作的目标定位，把应急管理工作更好地融入经济社会发展大局，增强驾驭复杂安全形势、应对风险挑战的本领，以高水平安全服务高质量发展，具有重大意义。

牢固树立安全发展理念。理念是行动的先导，正确的行动来自正确的理念。党的十八大以来，习近平总书记多次强调，要牢固树立安全发展理念。要正确处理发展与安全的关系，坚持发展与安全并重，把安全发展贯穿国家发展各领域全过程，有效防范和应对处置各种风险挑战考验，为党和国家兴旺发达和长治久安提供有力保证。

完善和落实安全生产责任制。习近平总书记强调：“全面抓好安全生产责任制和管理、防范、监督、检查、奖惩措施的落实。要细化落实各级党委和政府的领导责任、相关

部门的监管责任、企业的主体责任。”责任制是安全生产的灵魂。只有织密安全生产责任制度体系，严格落实地方党政领导责任、相关部门监管责任、企业主体责任，才能同心协力筑牢守好安全生产堤坝，有效防范和遏制重特大事故发生。

夯实安全生产基础。习近平总书记指出：“如果安全这个基础不牢，发展的大厦就会地动山摇。”立足新发展阶段，贯彻新发展理念，构建新发展格局，以习近平同志为核心的党中央对安全生产工作提出了更高要求。“求木之长者，必固其根本。”要实现安全发展，必须强基固本，从体系化建设入手，加快织密安全生产保障网。

着力防范化解重大风险。当前和今后一个时期是我国各类矛盾和风险易发期，各种可以预见和难以预见的风险因素明显增多。必须坚持统筹发展和安全，增强机遇意识和风险意识，树立底线思维，把困难估计得更充分一些，把风险思考得更深入一些，注重堵漏洞、强弱项，下好先手棋、打好主动仗，有效防范化解各类风险挑战，确保社会主义现代化事业顺利推进。

健全安全风险分级管控和隐患排查治理双重预防机制。习近平总书记指出：“对易发重特大事故的行业领域，要采取风险分级管控、隐患排查治理双重预防性工作机制，推动安全生产关口前移。”双重预防机制，是保障安全生产的重要机制，是防范化解重大安全风险、遏制重特大事故的有效手段，也是推动安全生产管理向事前预防转型的重要途径和根本方法。

加强公益宣传，普及安全知识，培育安全文化。习近平总书记指出：“推动安全宣传进企业、进农村、进社区、进学校、进家庭，加强公益宣传，普及安全知识，培育安全文化。”习近平总书记的重要论述，为增强全民安全意识、提升公众安全素质、凝聚社会安全共识，推动形成“人人讲安全、个个会应急”的良好局面，筑牢防灾减灾救灾的人民防线提供了行动指南。

二、国家安全生产方针

“安全第一、预防为主、综合治理”是安全生产工作的方针。这一方针是开展安全生产工作总的指导方针，是长期实践经验的总结，是指政府对安全生产工作总的要求，它是安全生产工作的方向。根据历史资料，可以发现我国对安全生产方针大体可以归纳为三次变化，即“生产必须安全、安全为了生产”“安全第一、预防为主”“安全第一、预防为主、综合治理”。

“安全第一”就是在生产经营活动中，要求生产经营单位在工作中始终把安全放在第一位。在处理保证安全与实现生产经营活动的各项目标的关系上，必须首先保证安全，即生产必须安全，不安全不能生产。要始终把安全，特别是从业人员的人身安全放在首要位置，实行“安全优先”的原则。

“预防为主”就是要把预防生产安全事故的发生放在安全生产工作的首位。对安全生产的管理，主要不是在发生事故后去组织抢救，进行事故调查，找原因、追责任、堵漏洞，而是要谋事在先，尊重科学，探索规律，采取有效的事前控制措施，千方百计预防事故的发生，做到防患于未然，将事故消灭在萌芽状态。我们需要构建风险分级管控和隐患排查治理双重预防工作机制，以严防风险演变、隐患升级导致生产安全事故的发生。

“综合治理”就是综合运用法律、经济、行政等手段，从发展规划、行业管理、安全投入、科技进步、经济政策、教育培训、安全文化以及责任追究等方面着手，建立安全生产长效机制。综合治理是一种新的安全管理模式，它是保证“安全第一、预防为主”的安全管理目标实现的重要手段和方法，也是贯彻落实新发展理念的具体体现。只有不断健全和完善综合治理工作机制，才能有效贯彻安全生产方针。

“安全第一、预防为主、综合治理”，三者是目标、原则和手段、措施有机统一的辩证关系。不坚持安全第一，预防为主很难落实；坚持安全第一，才能自觉地或科学地预防事故发生，达到安全生产的预期目的；只有坚持预防为主，才能减少事故、消灭隐患，做到安全生产。

第二节　主要法律、法规、规章、行业标准

每年，有千余种新的化学品问世。化学品在造福人类的同时，也给人类生产和生活带来了很大的威胁。经过多年的不断完善，我国已经形成了一套较为完整的安全生产法律体系。危险化学品相关法律法规的颁布和实施促进了危险化学品生产经营活动的安全管理，为生产经营单位开展安全生产、安全经营提供了法律依据。

一、我国安全生产法律法规、标准规范构架

安全生产法律体系是以宪法为依据，由有关法律、行政法规、地方性法规和标准所组成的综合体系。法的效力层次是指规范性法律文件之间的效力等级关系，法的层级不同，其法律地位和效力也不同。

（一）法律

法律是安全生产法律体系中的上位法，居于整个体系的最高层级，其法律地位和效力高于行政法规、地方性法规、部门规章、地方政府规章等下位法。国家现行的有关危险化学品安全生产相关法律有《中华人民共和国安全生产法》《中华人民共和国消防法》《中华人民共和国职业病防治法》等。

（二）法规

安全生产法规分为行政法规和地方性法规。

安全生产行政法规的法律地位和法律效力低于有关安全生产的法律，高于地方性安全生产法规、地方政府安全生产规章等下位法。国家现有的危险化学品相关安全生产行政法规有《危险化学品安全管理条例》《易制毒化学品管理条例》《中华人民共和国监控化学品管理条例》《使用有毒物品作业场所劳动保护条例》《安全生产许可证条例》《城镇燃气管理条例》《生产安全事故报告和调查处理条例》等。

地方性安全生产法规的法律地位和法律效力低于有关安全生产的法律、行政法规，高于地方政府安全生产规章。经济特区安全生产法规和民族自治区安全生产法规的法律地位和法律效力与地方性安全生产法规相同。危险化学品相关安全生产地方性法规有《北京市安全生产条例》《四川省安全生产条例》等。

（三）规章

安全生产行政规章分为部门规章和地方政府规章。

国务院有关部门依照安全生产法律、行政法规的规定或者国务院授权制定发布的安全生产规章与地方政府规章之间具有同等效力，在各自的权限范围内施行。危险化学品相关部门规章，包括《危险化学品生产企业安全生产许可证实施办法》《危险化学品经营许可证管理办法》《化学品物理危险性鉴定与分类管理办法》《危险化学品重大危险源监督管理暂行规定》《生产安全事故信息报告和处置办法》等。

地方政府安全生产规章是最低层级的安全生产立法，其法律地位和法律效力低于其他上位法，不得与上位法相抵触。

（四）标准

按行政级别和法律效力，安全生产标准划分为国家标准、行业标准、地方标准和团体标准、企业标准；按适用范围和性质，安全生产标准分划分为基础标准、管理标准、技术标准、方法标准和产品标准等五类。安全生产标准适用于企业开展安全生产标准化工作以及对标准化工作的咨询、服务和评审。

常见的危险化学品相关安全生产标准有：《危险货物运输包装通用技术条件》（GB 12463—2009）、《化学品安全标签编写规定》（GB 15258—2009）、《危险化学品重大危险源辨识》（GB 18218—2018）、《危险化学品企业特殊作业安全规范》（GB 30871—2022）、《危险货物品名表》（GB 12268—2012）、《危险化学品从业单位安全标准化通用规范》（AQ 3013—2008）、《危险化学品储罐区作业安全通则》（AQ 3018—2008）、《化学品分类和危险性公示 通则》（GB 13690—2009）、《化学品安全技术说明书 内容和项目顺序》（GB/T 16483—2008）和《生产经营单位生产安全事故应急预案编制导则》（GB/T 29639—2020）等。

二、危险化学品相关法律

（一）《中华人民共和国安全生产法》

《中华人民共和国安全生产法》于2002年由全国人民代表大会常务委员会审议通过。先后经过三次修正，最近一次修正于2021年。

1. 立法目的

为了加强安全生产工作，防止和减少生产安全事故，保障人民群众生命和财产安全，促进经济社会持续健康发展，制定本法。

2. 适用范围

在中华人民共和国领域内从事生产经营活动的单位（以下统称生产经营单位）的安全生产，适用本法；有关法律、行政法规对消防安全和道路交通安全、铁路交通安全、水上交通安全、民用航空安全以及核与辐射安全、特种设备安全另有规定的，适用其规定。

3. 主要内容

（1）生产经营单位应当对从业人员进行安全生产教育和培训，保证从业人员具备必要的安全生产知识，熟悉有关的安全生产规章制度和安全操作规程，掌握本岗位的安全操作技能，了解事故应急处理措施，知悉自身在安全生产方面的权利和义务。未经安全生产教育和培训合格的从业人员，不得上岗作业。

（2）生产经营单位对重大危险源应当登记建档，进行定期检测、评估、监控，并制定应急预案，告知从业人员和相关人员在紧急情况下应当采取的应急措施。同时，事故隐患排查治理情况应当如实记录，并向从业人员通报。

（3）生产经营单位的从业人员有依法获得安全生产保障的权利，并应当依法履行安全生产方面的义务。

（4）生产、经营、储存、使用危险物品的车间、商店、仓库不得与员工宿舍在同一座建筑物内，并应当与员工宿舍保持安全距离。

生产经营场所和员工宿舍应当设有符合紧急疏散要求、标志明显、保持畅通的出口、疏散通道。禁止占用、锁闭、封堵生产经营场所或者员工宿舍的出口、疏散通道。

（二）《中华人民共和国消防法》

《中华人民共和国消防法》于1998年由全国人民代表大会常务委员会审议通过，先后经过两次修正，最近一次修正于2021年。

1. 立法目的

为了预防火灾和减少火灾危害，加强应急救援工作，保护人身、财产安全，维护公共安全，制定本法。

2. 适用范围

国务院应急管理部门对全国的消防工作实施监督管理。县级以上地方人民政府应急管理部门对本行政区域内的消防工作实施监督管理，并由本级人民政府消防救援机构负责实施。军事设施的消防工作，由其主管单位监督管理，消防救援机构协助；矿井地下部分、核电厂、海上石油天然气设施的消防工作，由其主管单位监督管理。

县级以上人民政府其他有关部门在各自的职责范围内，依照本法和其他相关法律、法规的规定做好消防工作。

法律、行政法规对森林、草原的消防工作另有规定的，从其规定。

3. 主要内容

（1）生产、储存、经营易燃易爆危险品的场所不得与居住场所设置在同一建筑物内，并应当与居住场所保持安全距离。

（2）生产、储存、运输、销售、使用、销毁易燃易爆危险品，必须执行消防技术标准和管理规定。

进入生产、储存易燃易爆危险品的场所，必须执行消防安全规定。禁止非法携带易燃易爆危险品进入公共场所或者乘坐公共交通工具。

储存可燃物资仓库的管理，必须执行消防技术标准和管理规定。

（3）国家鼓励、引导公众聚集场所和生产、储存、运输、销售易燃易爆危险品的企业投保火灾公众责任保险；鼓励保险公司承保火灾公众责任保险。

（4）任何单位和个人都有维护消防安全、保护消防设施、预防火灾、报告火警的义务。任何单位和成年人都有参加有组织的灭火工作的义务。

任何单位、个人不得损坏、挪用或者擅自拆除、停用消防设施、器材，不得埋压、圈占、遮挡消火栓或者占用防火间距，不得占用、堵塞、封闭疏散通道、安全出口、消防车通道。人员密集场所的门窗不得设置影响逃生和灭火救援的障碍物。

任何单位、个人都应当无偿为报警提供便利，不得阻拦报警。严禁谎报火警。

（三）《中华人民共和国职业病防治法》

《中华人民共和国职业病防治法》于 2001 年由全国人民代表大会常务委员会审议通过，先后历经四次修正，最近一次修正于 2018 年。

1. 立法目的

为了预防、控制和消除职业病危害，防治职业病，保护劳动者健康及其相关权益，促进经济发展，根据宪法，制定本法。

2. 适用范围

本法适用于中华人民共和国领域内的职业病防治活动。

3. 主要内容

（1）向用人单位提供可能产生职业病危害的化学品、放射性同位素和含有放射性物质的材料的，应当提供中文说明书。说明书应当载明产品特性、主要成分、存在的有害因素、可能产生的危害后果、安全使用注意事项、职业病防护以及应急救治措施等内容。产品包装应当有醒目的警示标识和中文警示说明。贮存上述材料的场所应当在规定的部位设置危险物品标识或者放射性警示标识。

（2）用人单位必须采用有效的职业病防护设施，并为劳动者提供个人使用的职业病防护用品。用人单位为劳动者个人提供的职业病防护用品必须符合防治职业病的要求；不符合要求的，不得使用。任何单位和个人不得生产、经营、进口和使用国家明令禁止使用的可能产生职业病危害的设备或者材料。

用人单位应当对劳动者进行上岗前的职业卫生培训和在岗期间的定期职业卫生培训，普及职业卫生知识。督促劳动者遵守职业病防治法律、法规、规章和操作规程，指导劳动者正确使用职业病防护设备和个人使用的职业病防护用品。

劳动者应当学习和掌握相关的职业卫生知识，增强职业病防范意识。遵守职业病防治法律、法规、规章和操作规程，正确使用、维护职业病防护设备和个人使用的职业病防护用品，发现职业病危害事故隐患应当及时报告。

对从事接触职业病危害的作业的劳动者，用人单位应当按照国务院卫生行政部门的规定组织上岗前、在岗期间和离岗时的职业健康检查，并将检查结果书面告知劳动者。职业健康检查费用由用人单位承担。

劳动者离开用人单位时，有权索取本人职业健康监护档案复印件，用人单位应当如实、无偿提供，并在所提供的复印件上签章。

用人单位不得安排未成年工从事接触职业病危害的作业；不得安排孕期、哺乳期的女职工从事对本人和胎儿、婴儿有危害的作业。

三、危险化学品相关法规

（一）《危险化学品安全管理条例》

《危险化学品安全管理条例》于 2002 年由国务院令第 344 号公布，2013 年第二次修订。

1. 立法目的

为了加强危险化学品的安全管理，预防和减少危险化学品事故，保障人民群众生命财产安全，保护环境，制定本条例。

2. 主要内容

本条例共八章，一百零二条，从适用范围，生产、储存安全，使用安全，经营安全，运输安全，危险化学品登记与事故应急救援、法律责任等方面进行了规定，要求任何单位和个人不得生产、经营、使用国家禁止生产、经营、使用的危险化学品。国家对危险化学品的使用有限制性规定的，任何单位和个人不得违反限制性规定使用危险化学品。

国家对危险化学品经营（包括仓储经营）实行许可制度。未经许可，任何单位和个人不得经营危险化学品。依法设立的危险化学品生产企业在其厂区范围内销售本企业生产的危险化学品，不需要取得危险化学品经营许可。依照《中华人民共和国港口法》的规定取得港口经营许可证的港口经营人，在港区内从事危险化学品仓储经营，不需要取得危险化学品经营许可。

（二）《易制毒化学品管理条例》

《易制毒化学品管理条例》于 2005 年由国务院令第 445 号公布，2018 年第三次修订。

1. 立法目的

为了加强易制毒化学品管理，规范易制毒化学品的生产、经营、购买、运输和进口、出口行为，防止易制毒化学品被用于制造毒品，维护经济和社会秩序，制定本条例。

2. 主要内容

本条例共八章，四十五条，从适用范围，生产、经营管理，购买管理，运输管理，进口、出口管理，监督检查等方面进行了规定，要求持有麻醉药品、第一类精神药品购买印鉴卡的医疗机构购买第一类中的药品类易制毒化学品的，无须申请第一类易制毒化学品购买许可证。个人不得购买第一类、第二类易制毒化学品。购买第二类、第三类易制毒化学品的，应当在购买前将所需购买的品种、数量，向所在地的县级人民政府公安机关备案。个人自用购买少量高锰酸钾的，无须备案。

运输的易制毒化学品与易制毒化学品运输许可证或者备案证明载明的品种、数量、运入地、货主及收货人、承运人等情况不符，运输许可证种类不当，或者运输人员未全程携带运输许可证或者备案证明的，由公安机关责令停运整改，处 5000 元以上 5 万元以下的罚款；有危险物品运输资质的，运输主管部门可以依法吊销其运输资质。个人携带易制毒化学品不符合品种、数量规定的，没收易制毒化学品，处 1000 元以上 5000 元以下的罚款。

（三）《中华人民共和国监控化学品管理条例》

《中华人民共和国监控化学品管理条例》于 1995 年国务院令第 190 号发布，2011 年修订。

1. 立法目的

为了加强对监控化学品的管理，保障公民的人身安全和保护环境，制定本条例。

2. 主要内容

本条例共二十七条，国家对第二类、第三类监控化学品和第四类监控化学品中含磷、硫、氟的特定有机化学品的生产实行特别许可制度；未经特别许可的，任何单位和个人均不得生产。特别许可办法，由国务院化学工业主管部门制定。要求需要进口或者出口第一类监控化学品和第二类、第三类监控化学品及其生产技术、专用设备的，应当委托被指定单位代理进口或者出口。除被指定单位外，任何单位和个人均不得从事这类进出口业务。

（四）《使用有毒物品作业场所劳动保护条例》

《使用有毒物品作业场所劳动保护条例》于2002年国务院第57次常务会议审议通过，2002年国务院令第352号公布施行。

1. 立法目的

为了保证作业场所安全使用有毒物品，预防、控制和消除职业中毒危害，保护劳动者的生命安全、身体健康及其相关权益，根据职业病防治法和其他有关法律、行政法规的规定，制定本条例。

2. 主要内容

本条例共八章，七十一条，从适用范围，作业场所的预防措施，劳动过程的防护，职业健康监护，劳动者的权利与义务，监督管理等方面进行了规定。

用人单位应当与劳动者订立劳动合同，将工作过程中可能产生的职业中毒危害及其后果、职业中毒危害防护措施和待遇等如实告知劳动者，并在劳动合同中写明，不得隐瞒或者欺骗。劳动者在已订立劳动合同期间因工作岗位或者工作内容变更，从事劳动合同中未告知的存在职业中毒危害的作业时，用人单位应当依照前款规定，如实告知劳动者，并协商变更原劳动合同有关条款。用人单位违反以上规定的，劳动者有权拒绝从事存在职业中毒危害的作业，用人单位不得因此单方面解除或者终止与劳动者所订立的劳动合同。

用人单位有关管理人员应当熟悉有关职业病防治的法律、法规以及确保劳动者安全使用有毒物品作业的知识。用人单位应当对劳动者进行上岗前的职业卫生培训和在岗期间的定期职业卫生培训，普及有关职业卫生知识，督促劳动者遵守有关法律、法规和操作规程，指导劳动者正确使用职业中毒危害防护设备和个人使用的职业中毒危害防护用品。劳动者经培训考核合格，方可上岗作业。

从事使用有毒物品作业的劳动者在存在威胁生命安全或者身体健康危险的情况下，有权通知用人单位并从使用有毒物品造成的危险现场撤离。用人单位不得因劳动者依据前款规定行使权利，而取消或者减少劳动者在正常工作时享有的工资、福利待遇。

劳动者应当学习和掌握相关职业卫生知识，遵守有关劳动保护的法律、法规和操作规程，正确使用和维护职业中毒危害防护设施及其用品；发现职业中毒事故隐患时，应当及时报告。作业场所出现使用有毒物品产生的危险时，劳动者应当采取必要措施，按照规定正确使用防护设施，将危险加以消除或者减少到最低限度。

（五）《安全生产许可证条例》

《安全生产许可证条例》于2004年由国务院令第397号公布，2014年第二次修订。

1. 立法目的

为了严格规范安全生产条件，进一步加强安全生产监督管理，防止和减少生产安全事故，根据《中华人民共和国安全生产法》的有关规定，制定本条例。

2. 主要内容

本条例共二十四条，要求任何单位或者个人对违反本条例规定的行为，有权向安全生产许可证颁发管理机关或者监察机关等有关部门举报。

企业取得安全生产许可证，应当具备下列安全生产条件：特种作业人员经有关业务主管部门考核合格，取得特种作业操作资格证书；从业人员经安全生产教育和培训合格；依法参加工伤保险，为从业人员缴纳保险费；有职业危害防治措施，并为从业人员配备符合国家标准或者行业标准的劳动防护用品等。

（六）《生产安全事故报告和调查处理条例》

《生产安全事故报告和调查处理条例》于 2007 年国务院第 172 次常务会议通过。

1. 立法目的

为了规范生产安全事故的报告和调查处理，落实生产安全事故责任追究制度，防止和减少生产安全事故，根据《中华人民共和国安全生产法》和有关法律，制定本条例。

2. 主要内容

本条例共六章，四十六条，从适用范围，事故报告，事故调查，事故处理，法律责任等方面进行了规定。要求事故报告应当及时、准确、完整，任何单位和个人对事故不得迟报、漏报、谎报或者瞒报。任何单位和个人不得阻挠和干涉对事故的报告和依法调查处理。事故发生后，有关单位和人员应当妥善保护事故现场以及相关证据，任何单位和个人不得破坏事故现场、毁灭相关证据。

（七）《四川省安全生产条例》①

《四川省安全生产条例》于 2006 年由四川省人民代表大会常务委员会审议通过，2023 年修订。

1. 立法目的

为了加强安全生产工作，防止和减少生产安全事故，保障人民群众生命和财产安全，促进经济社会持续健康发展，根据《中华人民共和国安全生产法》等法律、行政法规，结合四川省实际，制定本条例。

2. 主要内容

本条例共七章，七十八条，涵盖了总则、生产经营单位的安全生产保障、从业人员的安全生产权利义务、安全生产的监督管理、生产安全事故的应急救援与调查处理、法律责任、附则等方面。要求生产经营单位应当按照国家、省有关规定对从业人员进行安全生产教育和培训，并如实记入从业人员教育和培训档案，未经安全生产教育和培训合格的人员不得上岗作业。

同时，生产经营单位必须安排专项经费为从业人员配备符合国家标准或者行业标准的劳动防护用品，并监督、教育从业人员按照使用规则佩戴和使用；不得以货币或者其他物品替代。购买和发放劳动防护用品的情况应当如实记录。

四、部门规章及规范性文件

（一）《危险化学品生产企业安全生产许可证实施办法》

《危险化学品生产企业安全生产许可证实施办法》于 2011 年国家安全生产监督管理

① 本书以四川省出台的政策为主，与笔者研究的方向及地区有关。

总局局长办公会议审议通过，自 2011 年 12 月 1 日起施行，2017 年第二次修正。

1. 立法目的

为了严格规范危险化学品生产企业安全生产条件，做好危险化学品生产企业安全生产许可证的颁发和管理工作，根据《安全生产许可证条例》《危险化学品安全管理条例》等法律、行政法规，制定本实施办法。

2. 主要内容

本办法从申请安全生产许可证的条件、安全生产许可证的申请、安全生产许可证的颁发、监督管理和法律责任等方面进行了规定，明确了从业人员劳动防护用品、安全生产责任、安全教育培训、工伤保险等方面的权利和职责。

（二）《危险化学品经营许可证管理办法》

《危险化学品经营许可证管理办法》于 2012 年国家安全生产监督管理总局局长办公会议审议通过，自 2012 年 9 月 1 日起施行，2015 年修正。

1. 立法目的

为了严格危险化学品经营安全条件，规范危险化学品经营活动，保障人民群众生命、财产安全，根据《中华人民共和国安全生产法》和《危险化学品安全管理条例》，制定本办法。

2. 主要内容

本办法共六章，四十条，从申请经营许可证的条件、经营许可证的申请与颁发、经营许可证的监督管理、法律责任等方面进行了规定，其中，要求从事危险化学品经营的单位应当登记注册为企业，从业人员依照有关规定开展安全生产教育和专业技术培训合格。

（三）《化学品物理危险性鉴定与分类管理办法》

《化学品物理危险性鉴定与分类管理办法》于 2013 年国家安全生产监督管理总局局长办公会议审议通过，自 2013 年 9 月 1 日起施行。

1. 立法目的

为了规范化学品物理危险性鉴定与分类工作，根据《危险化学品安全管理条例》，制定本办法。

2. 主要内容

本办法共四章，二十三条，从物理危险性鉴定与分类和法律责任等方面进行了规定，明确了化学品物理危险性鉴定和登记要求。

（四）《危险化学品重大危险源监督管理暂行规定》

《危险化学品重大危险源监督管理暂行规定》于 2011 年国家安全生产监督管理总局局长办公会议审议通过，自 2011 年 12 月 1 日起施行，2015 年修正。

1. 立法目的

为了加强危险化学品重大危险源的安全监督管理，防止和减少危险化学品事故的发生，保障人民群众生命财产安全，根据《中华人民共和国安全生产法》和《危险化学品安全管理条例》等有关法律、行政法规，制定本规定。

2. 主要内容

本规定共六章，三十七条，从辨识与评估、安全管理、监督检查和法律责任等方面进行了规定，明确了危险化学品重大危险源辨识方法和安全管理主体责任。

（五）《生产安全事故信息报告和处置办法》

《生产安全事故信息报告和处置办法》于2009年国家安全生产监督管理总局局长办公会议审议通过，自2009年7月1日起施行。

1. 立法目的

为了规范生产安全事故信息的报告和处置工作，根据《安全生产法》《生产安全事故报告和调查处理条例》等有关法律、行政法规，制定本办法。

2. 主要内容

本办法共五章，二十八条，从事故信息的报告、事故信息的处置、罚则等方面进行了规定，明确了事故信息报告的时限、内容和法律责任。

五、危险化学品安全生产相关标准

（一）《危险化学品从业单位安全标准化通用规范》（AQ 3013—2008）

本标准规定了危险化学品从业单位开展安全标准化的总体原则、过程和要求，用于指导危险化学品从业单位安全标准化系列的编制与实施。

本标准适用于中华人民共和国境内的危险化学品生产、使用、储存企业以及具备危险化学品储存设施的经营企业。

（二）《危险化学品储罐区作业安全通则》（AQ 3018—2008）

本标准规定了危险化学品储罐区作业安全的基本要求。

本标准适用于危险化学品储罐区内的作业，不适用于与装置一同布置的中间罐区、加装防爆材料储罐区、覆土罐区和洞罐区。

（三）《化学品安全技术说明书 内容和项目顺序》（GB/T 16483—2008）

本标准规定了化学品安全技术说明书的结构、内容和通用形式。

本标准适用于化学品安全技术说明书的编制。

化学品安全技术说明书提供了化学品（物质或混合物）在安全、健康和环境保护等方面的信息，推荐了防护措施和紧急情况下的应对措施。它是化学品的供应商向下游用户传递化学品基本危害信息（包括运输、操作、处置、储存和应急行动信息）的一种载体。同时，化学品安全技术说明书还可以向公共机构、服务机构和其他涉及该化学品的相关方传递这些信息。

（四）《危险货物运输包装通用技术条件》（GB 12463—2009）

本标准规定了危险货物运输包装的分类、基本要求、性能试验和检验方法、技术要求、类型和标记代号。

本标准适用于盛装危险货物的运输包装，是运输、生产和检验部门对危险货物运输包装质量进行性能试验和检验的依据。

（五）《化学品安全标签编写规定》（GB 15258—2009）

本标准是为规范化学品安全标签内容的表述和编写而制定的。安全标签是《工作场所安全使用化学品规定》《作业场所安全使用化学品公约》要求的预防和控制化学危害基本措施之一，主要是对市场上流通的化学品通过加贴标签的形式进行危险性标识，提出安全使用注意事项，向作业人员传递安全信息，以预防和减少化学危害，达到保障安全和健康的目的。

本标准规定了化学品安全标签的内容、编写要求和使用等内容，适用于爆炸品、压缩气体和液化气体、易燃液体、易燃固体、自燃物品和遇湿易燃物品、氧化剂和有机过氧化物、毒害品和腐蚀品以及其他对人体和环境具有危害的化学品安全标签的编写。

（六）《化学品分类和危险性公示 通则》（GB 13690—2009）

本标准按照 GHS 的要求对化学品的危险性进行了分类，并规定了危险化学品的公示。

本标准适用于常用危险化学品的生产、使用、储存和运输，也适用于其他化学品。

（七）《危险货物品名表》（GB 12268—2012）

本标准规定了危险货物品名表的一般要求、结构和危险货物品名表。

本标准适用于危险货物的运输、储存、经销及相关活动。

（八）《危险化学品重大危险源辨识》（GB 18218—2018）

本标准规定了辨识重大危险源的依据和方法。

本标准适用于危险物质的生产、使用、储存和经营等各企业或组织。

本标准不适用于：

（1）核设施和加工放射性物质的工厂，但这些设施和工厂中处理非放射性物质的部门除外。

（2）军事设施。

（3）采矿业，但涉及危险化学品的加工工艺及储存活动除外。

（4）危险化学品的运输。

（5）海上石油、天然气开采活动。

（九）《生产经营单位生产安全事故应急预案编制导则》（GB/T 29639—2020）

本标准规定了生产经营单位编制生产安全事故应急预案的编制程序、体系构成和综合应急预案、专项应急预案、现场处置方案以及附件。

本标准适用于生产经营单位的应急预案编制工作。

（十）《危险化学品企业特殊作业安全规范》（GB 30871—2022）

本标准规定了危险化学品企业动火作业、受限空间作业、盲板抽堵作业、高处作业、吊装作业、临时用电作业、动土作业、断路作业等特殊作业的安全要求。

本标准适用于危险化学品生产、经营（带储存）企业，化工及医药企业。

（十一）其他

如《石油化工企业设计防火标准（2018 年版）》（GB 50160—2008）。

第三节 从业人员安全生产从业要求、权利与义务

在危险物品的生产、经营、储存、装卸单位中，从业人员的专业素养与技能水平是保障企业安全生产、预防事故发生的基石。因此，制定严格且合理的从业人员安全生产责任制，不仅是对企业安全的保障，更是对从业人员生命安全的尊重。危险物品的生产、经

营、储存、装卸单位从业人员依法享有安全生产权利，同时也必须承担相应的法律义务。

一、从业人员安全生产从业要求

根据《安全生产法》等相关规定要求，生产经营单位必须加强安全生产管理，建立健全全员安全生产责任制和安全生产规章制度。危险物品的生产、经营、储存、装卸单位应当建立以下从业人员安全责任制。

（一）危险物品的生产、经营、储存、装卸单位车间（区队）主任安全生产责任

（1）车间（区队）主任是车间（区队）安全生产的第一责任人，对本车间（区队）的安全生产全面负责。

（2）保证国家安全生产法律法规和企业规章制度在本车间的贯彻执行，做到车间（区队）生产与安全生产同时计划、布置、检查、总结和评比。

（3）定期召开安全专题会议，听取安全员的工作汇报，及时解决生产中的安全问题。

（4）严格执行本单位隐患排查治理各项工作制度，深入排查本车间安全生产问题隐患，组织整改落实，并做好相关记录。

（5）组织拟定本车间（区队）的安全生产年度、季度、月计划。

（6）组织拟定本车间（区队）的安全生产教育培训计划，做好员工的安全生产教育培训。

（7）负责落实本单位的安全生产规章制度和操作规程，落实安全生产的措施计划。

（8）定期组织车间（区队）人员开展安全检查、危险源辨识、风险预判活动，发现安全隐患，立即组织整改，直至消除。

（9）加强设备装置的检修维护，严格执行检维修作业安全制度，保证设备、安全装置等设施处于完好状态。

（10）执行本单位外来施工作业安全管理制度，派员现场监督，督促承包、承租单位履行安全生产职责。

（11）对车间（区队）动火作业、临时用电作业、受限空间作业、高空作业、盲板抽堵作业、吊装作业、动土作业、断路作业、设备检修等特殊作业，按职责权限下达作业指令，指派专人进行现场作业监护。

（12）对车间（区队）具有安全风险的生产装置工艺、重要设备设施逐一组织制定并落实管控措施。

（13）加强班组管理，定期组织开展班组长安全培训。

（14）组织实施本车间（区队）人员的安全生产责任制绩效考核。

（15）本车间（区队）发生生产安全事故后，妥善保护事故现场，立即采取有效措施组织救援。

（16）法律、法规、规章以及本单位规定的其他安全生产职责。

（二）危险物品的生产、经营、储存、装卸生产班组长安全生产责任

（1）每天召开班前会，开展班前安全教育，告知班组作业区域的主要安全生产风险点、防范措施和事故应急措施，做好技术交底。

（2）加强班组安全培训，督促班组人员熟知工作岗位存在的危险因素、防范措施及

事故应急措施。

（3）严格执行本单位安全风险分级管控和隐患排查治理各项工作制度，组织开展班前、班中、班后安全检查或交接班检查，对班组作业区域进行安全风险隐患排查，落实安全防范措施，并做好相关记录。

（4）督促班组人员严格遵守本单位的安全生产规章制度和岗位安全操作规程，正确佩戴和使用劳动防护用品。

（5）对作业中发生的险情、突发事件及时报告，组织事故初期应急处置并采取措施保护现场。

（6）法律、法规、规章以及本单位规定的其他安全生产职责。

（三）危险物品的生产、经营、储存、装卸岗位员工安全生产责任

（1）严格遵守安全生产规章制度和操作规程，服从管理。

（2）积极参加安全学习和安全培训，掌握本职工作所需的安全生产知识，提高安全生产技能；从事特种作业的人员必须经过培训并取得相应的资格证书。

（3）认真开展岗前、岗中、交接班安全隐患排查，确保本岗位作业区域内相关机械设备、用电、环境等保持安全状况。

（4）发生生产安全事故后，事故现场有关人员应当立即报告本单位负责人；发现事故隐患或者其他不安全因素，应当立即向现场安全管理人员或者本单位负责人报告。

（5）正确佩戴和使用劳动防护用品。

（6）熟练掌握应急逃生知识，提高互救自救能力。

（7）法律、法规、规章以及本单位规定的其他安全生产职责。

二、从业人员的权利和义务

生产经营单位的从业人员依法获得安全生产保障的权利，并应当依法履行安全生产方面的义务。

1. 权利

（1）了解作业场所、工作岗位存在的危险、危害因素及防范和应急措施。

（2）对本单位的安全生产工作提出建议，对存在的问题提出批评、检举和控告。

（3）拒绝违章指挥和强令冒险作业。

（4）发现直接危及人身安全紧急情况时，停止作业或者采取可能的应急措施后撤离作业场所。

（5）因生产安全事故受到损害的，依法享有工伤保险的待遇和民事侵权损害赔偿请求权。

（6）法律法规规定的其他权利。

2. 义务

（1）严格落实岗位安全责任，服从管理，执行制度和规程，正确佩戴和使用劳动防护用品。

（2）接受安全生产培训教育，参加应急演练，掌握岗位安全知识，提高安全生产技能，增强生产安全事故预防和应急处置能力。

（3）作业前和作业结束后按照本单位的安全生产规章制度和操作规程，对本岗位负责的设备、设施、工具、安全防护装置、作业场所、物品堆放等进行安全检查。

（4）发现事故隐患或者其他不安全因素，应当立即向现场安全生产管理人员或者本单位负责人报告。

（5）发生生产安全事故时及时报告并按相关规定处置，紧急撤离时服从现场统一指挥。

（6）配合安全生产执法检查、生产安全事故调查等工作，如实提供有关情况。

（7）法律法规规定的其他义务。

第二章 危险化学品基础知识

化学品在人类生活和生产中有着不可缺少的地位，目前世界上现存的化学品已超过千万种，常用的也在700万种以上，其中约三分之一具有较大程度的危险性，属于危险化学品。由于各种危险化学品的组织和分子结构存在差异，其性质也各不相同。因此，了解其结构和理化性质规律，掌握危险化学品的分类、危险化学品安全标志种类及使用原则、危险化学品安全标签及安全技术说明书、危险化学品重大危险源登记建档与备案等知识，有助于正确认识危险化学品的性质。

第一节 危险化学品的分类

危险化学品目前有数千种，其性质各不相同，每一种危险化学品往往具有多种危险性，但是在多种危险性中，必有几种典型的危险性。本节将从危险化学品的概念、分类进行介绍。

一、危险化学品的相关概念

危险化学品是指具有毒害、腐蚀、爆炸、燃烧、助燃等性质，对人体、设施、环境具有危害的剧毒化学品和其他化学品。监控化学品、属于危险化学品的药品和农药的安全管理，依照《危险化学品安全管理条例》的规定执行。民用爆炸物品、烟花爆竹、放射性物品、核能物质和城镇燃气不属于危险化学品。

二、危险化学品的确定原则

我国对危险化学品的管理实行目录管理制度，列入《危险化学品目录（2015版）》的化学品就属于危险化学品或剧毒化学品。由于新化学品的不断出现，以及人们对化学品危险性研究的不断深入，《危险化学品目录（2015版）》中的2828个条目无法涵盖所有的危险化学品。因此，对于未列入危险化学品目录，且物理危险性尚未确定的化学品，需要对它的危险性进行鉴定与评估，如果危险性达到一定程度，应判定为危险化学品。对于“一定程度”的划分，就是危险化学品的确定原则，即根据化学品分类和标签系列国家标准，从化学品28类95个危险类别中，选取其中危险性较大的81个类别作为危险化学品的确定原则。

由此，可以将危险化学品分为两种：一种是列入目录的危险化学品；另一种是符合确定原则的危险化学品。列入目录的危险化学品一定满足确定原则，但符合确定原则的危险化学品并不一定列入目录。对于主要成分均为列入目录的危险化学品，并且主要成分质量比或体积比之和不小于70%的混合物（经鉴定不属于危险化学品确定原则的除外），可视其为危险化学品并按危险化学品进行管理。

三、危险化学品的分类及其危险特性

根据我国制定的化学品危险性分类和标签规范系列标准，化学品危险性分为物理危险、健康危害及环境危害三大类，28 小项，见表 2-1①。

表 2-1　危险化学品危险性分类汇总表

序号	危险种类	内　　容
1	物理危险	爆炸物、易燃气体、气溶胶（又称气雾剂）、氧化性气体、加压气体、易燃液体、易燃固体、自反应物质和混合物、自燃液体、自燃固体、自热物质和混合物、遇水放出易燃气体的物质和混合物、氧化性液体、氧化性固体、有机过氧化物、金属腐蚀物
2	健康危害	急性毒性、皮肤腐蚀/刺激、严重眼损伤/眼刺激、呼吸道或皮肤致敏、生殖细胞致突变性、致癌性、生殖毒性、特异性靶器官毒性——一次接触、特异性靶器官毒性——反复接触
3	环境危害	危害水生环境——急性危害、危害水生环境——长期危害、危害臭氧层

（一）物理危险

1. 爆炸物

爆炸物包括爆炸物质（或混合物）、爆炸品、烟火制品。

爆炸物质（或混合物）是指能通过化学反应在内部产生一定速度、一定温度与压力的气体，且对周围环境具有破坏作用的一种固体或液体物质（或其混合物）。

爆炸品是指包含一种或多种爆炸物质或其混合物的物品，不包括那些含有一定数量的爆炸物或其混合物的装置，当这些装置内的爆炸物不小心或无意中被点燃或引爆时产生迸射、着火、冒烟、放热或巨响等效果，不会在装置外产生任何效应。

烟火制品是指包含一种或多种烟火物质或其混合物的物品。烟火物质（或混合物）是指能发生非爆轰且自供氧放热化学反应的物质或混合物，并产生热、光、声、气、烟等几种效果的组合。

爆炸物按其爆炸危险性的大小分为以下六项。

（1）具有整体爆炸危险的物质、混合物和制品（整体爆炸是实际上瞬间引燃几乎所有内装物的爆炸）。例如，三硝基甲苯（TNT）、硝化棉、硝化甘油、黑火药及其制品等。

（2）具有迸射危险但无整体爆炸危险的物质、混合物和物品。

（3）具有燃烧危险和较小的爆轰危险或较小的迸射危险或两者兼有，但没有整体爆炸危险的物质、混合物和物品，燃烧产生显著辐射热，或者一个接一个地燃烧，同时产生较小的爆轰或迸射作用或两者兼有。例如，二硝基苯、苦味酸钠、苦味酸铵等。

（4）不存在显著爆炸危险的物质、混合物和物品，即使被点燃或引爆也只存在较小

① 危险化学品的分类基于《全球化学品统一分类和标签制度》（简称 GHS）的《化学品分类和标签规范》系列标准（GB 30000. 2—2013 ~ GB 30000. 29—2013），《危险化学品目录》（2015 版）与《化学品分类和危险性公示 通则》（GB 13690—2009）等国家标准。

的危险，并且可以最大限度地控制在包装件内，抛出碎片的质量和抛射距离不超过有关规定；外部火烧不会引起包装件内装物发生整体爆炸。

（5）具有整体爆炸危险，但本身又很不敏感的物质或混合物。虽然具有整体爆炸危险，但极不敏感，以至于在正常条件下引爆或由燃烧转至爆轰的可能性非常小。例如，铵油炸药、铵沥蜡炸药等。

（6）极不敏感且无整体爆炸危险的物品，这些物品只含极不敏感爆轰物质或混合物和那些被证明意外引发的可能性几乎为零的物品。

2. 易燃气体

易燃气体是指在 20 ℃和 101. 3 kPa 时与空气混合有一定易燃范围的气体，能发生燃烧爆炸的危险，与空气混合能形成爆炸性混合物，遇热源和明火有燃烧爆炸的危险。易燃气体分为以下两类。

（1）在 20 ℃和 101. 3 kPa 时与空气的混合物中体积分数为 13% 或更少时可点燃的气体；或不论易燃下限如何，与空气混合，可燃范围至少为 12 个百分点的气体。

（2）在 20 ℃和 101. 3 kPa 时，除上述（1）中的气体之外，与空气混合时有易燃范围的气体。

例如，甲烷的危害主要在于它的爆炸性，它在空气中爆炸范围为 5% ~ 15%，也就是说甲烷与空气（或氧气）在这个浓度范围内均匀混合，形成预混气，遇着火源就会发生爆炸。甲烷遇热源和明火有燃烧爆炸的危险，与氯气、次氯酸、液氧及其他强氧化剂接触反应剧烈。乙烷与氟、氯等接触会发生剧烈的化学反应，且具有窒息性。丙烷与氧化剂接触猛烈反应，气体比空气重，能在较低处扩散到相当远的地方，遇火源会着火回燃。

3. 易燃气溶胶

气溶胶是指气溶胶喷雾器（系任何不可重新灌装的容器，该容器用金属、玻璃或塑料制成）内装压缩、液化或加压溶解的气体（包含或不包含液体、膏剂或粉末），并配有释放装置以使内装物喷射出来，在气体中呈现不同形态，如悬浮的固态或液态微粒，也可形成泡沫、膏剂或粉末，还能以液态或气态的形式出现。

气溶胶通过其易燃成分、化学燃烧热以及酌情有关泡沫试验（用于泡沫气溶胶）、点火距离试验和封闭空间试验（用于喷雾气溶胶）等数据进行分类。

以气体气溶胶判定逻辑为例：首先判断含易燃成分是否不大于 1%，并且燃烧热小于 20 kJ/g，若是，则判定为不易燃气溶胶；若否，则再判断含易燃成分是否不小于 85%，并且燃烧热不小于 30 kJ/g，若是判定为极易燃气溶胶；若否则判定为易燃气溶胶。

易燃气溶胶能发生燃烧的危险，与空气混合能形成爆炸性混合物，遇热源和明火有燃烧爆炸的危险。

4. 氧化性气体

氧化性气体是指一般通过提供氧气，比空气更能导致或促使其他物质燃烧的任何气体，氧化能力大于 23. 5% 的纯净气体或气体混合物①。

① 氧化性气体采用《化学品危险性分类试验方法 气体和气体混合物燃烧潜力和氧化能力》（GB/T 27862—2011）规定的方法确定。

氧化性气体可引起或加剧燃烧，作为氧化剂助燃等。发生火灾时，氧化性气体会加剧火势的蔓延，甚至发生爆炸，造成更大的损失。

5. 加压气体

加压气体是指 20 ℃下，压力等于或大于 200 kPa（表压）下装入储器的气体，或液化气体、冷冻液化气体。加压气体包括压缩气体、液化气体、溶解气体、冷冻液化气体。加压气体的分类见表 2-2。

表 2-2 加压气体分类表

类别	标准
压缩气体	在-50 ℃加压封装时完全是气态的气体，包括所有临界温度不大于-50 ℃的气体
液化气体	在高于-50 ℃的温度下加压封装时部分是液体的气体。它又分为： （1）高压液化气体：临界温度在-50~65 ℃之间的气体； （2）低压液化气体：临界温度高于 65 ℃的气体
冷冻液化气体	封装时由于其温度低而部分是液体的气体
溶解气体	加压封装时溶解于液相溶剂中的气体

注：临界温度是指高于此温度无论压缩程度如何纯气体都不能被液化的温度。

内装高压气体的容器，遇热可能发生爆炸；若内装冷冻液化气体的容器，则可能造成低温灼伤或损伤。

6. 易燃液体

易燃液体是指闪点不大于 93 ℃（闭杯）的液体，在常温下极易着火燃烧。易燃液体分为四类：类别 1，闪点小于 23 ℃且初沸点不大于 35 ℃；类别 2，闪点小于 23 ℃且初沸点大于 35 ℃；类别 3，闪点不小于 23 ℃且不大于 60 ℃；类别 4，闪点大于 60 ℃且不大于 93 ℃。

易燃液体的危险特性有以下三个方面。

（1）闪点低，着火能量小（多数小于 1 mJ），爆炸危险大，甚至火星、热表面也可致燃。加之有不少易燃液体的电阻率较大，在操作、运送时容易积聚静电，其能量足以引起燃烧与爆炸。氧化剂也可以使易燃液体燃烧或爆炸（如环戊二烯和硝酸）。

（2）沸点低（多数低于 100 ℃），汽化快，可源源不断供应可燃蒸气。加之易燃液体的黏度大多比较小，具有很高的流动性，易向四周扩散，并漂浮于地面、工作台面（因易燃液体蒸气大多比空气重），更加增大了燃烧爆炸的危险性。

（3）多数有毒。

7. 易燃固体

易燃固体是指容易燃烧或通过摩擦可能引燃或助燃的固体。易于燃烧的固体为粉状、颗粒状或糊状物质，它们在与燃烧着的火柴等火源短暂接触即可点燃，且火焰迅速蔓延，非常危险。易燃固体有以下四个方面特性。

（1）燃点低，易点燃。易燃固体的着火点都比较低，一般都在 300 ℃以下。在常温下只要有很小能量的着火源就能引起燃烧。有些易燃固体当受到摩擦、撞击等外力作用时也能引起燃烧。绝大多数易燃固体与酸、氧化剂接触，尤其是与强氧化剂接触时，能够引起着火和爆炸。

（2）绝大多数易燃固体与酸、氧化剂接触，尤其是与强氧化剂接触时，能够引起着火和爆炸。

（3）本身或燃烧产物有毒有害。很多易燃固体本身具有毒害性，或燃烧后产生有毒的物质。

（4）自燃性强。易燃固体中的赛璐珞、硝化棉及其制品等在积热不散时，都容易自燃起火。

8. 自反应物质和混合物

自反应物质或混合物是指即使没有氧（空气）也容易发生激烈放热分解的热不稳定液态或固态物质或者混合物，不包括根据 GHS① 分类为爆炸物、有机过氧化物或氧化性物质和混合物。

自反应物质或混合物如果在实验室试验中其组分容易起爆、迅速爆燃或在封闭条件下加热时显示剧烈效应，应视为具有爆炸性质。自反应物质根据其危险程度分为 7 个类型，即 A～G 型。

这 7 种类型的危害略有不同，A 型为遇热可能爆炸，B 型为遇热可能起火或爆炸，C 型、D 型、E 型和 F 型为遇热可能起火。任何自反应物质或混合物，在实验室试验中，既绝不在空化状态下起爆也绝不爆燃，在封闭条件下加热时显示无效应，而且无任何爆炸力，将定为 G 型自反应物质。其中，A 型的危险性最大。

9. 自燃液体

自燃液体是指即使数量小也能在与空气接触后 5 min 之内引燃的液体。

自燃液体多具有容易氧化、分解的性质，且燃点较低。在未发生自燃前，一般都经过缓慢的氧化过程，同时产生一定热量，当产生的热量越来越多，积热使温度达到该物质的自燃点时便会自发地着火燃烧。

凡能促进氧化反应的一切因素均能促进自燃。空气、受热、受潮、氧化剂、强酸、金属粉末等能与自燃液体发生化学反应或对氧化反应有促进作用，它们都是促使自燃液体自燃的因素。

10. 自燃固体

自燃固体是指即使数量小也能在与空气接触 5 min 内着火的固体。

自燃固体同自燃液体一样，多具有容易氧化、分解的性质，且燃点较低。在未发生自燃前，一般都经过缓慢的氧化过程，同时产生一定热量，当产生的热量越来越多，积热使温度达到该物质的自燃点时便会自发地着火燃烧。

凡能促进氧化反应的一切因素均能促进自燃。空气、受热、受潮、氧化剂、强酸、金属粉末等能与自燃固体发生化学反应或对氧化反应有促进作用，它们都是促使自燃固体自燃的因素。

---

① 《全球化学品统一分类和标签制度》（Globally Harmonized System of Classification and Labeling of Chemicals，简称 GHS，又称“紫皮书”）是由联合国于 2003 年出版的指导各国建立统一化学品分类和标签制度的规范性文件，因此也常被称为联合国 GHS。

11. 自热物质和混合物

自热物质和混合物是指除自燃液体或自燃固体外，与空气反应不需要能量供应就能够自热的固态或液态物质或混合物，此物质或混合物与自燃液体或自燃固体不同之处在于仅大量（公斤级）并经过长时间（数小时或数天）才会发生自燃。

自热物质或混合物的自热是一个过程，其中物质或混合物与（空气中的）氧气逐渐发生反应，产生热量。如果热产生的速度超过热损耗的速度，该物质或混合物的温度便会上升。经过一段时间，可能导致自发点火和燃烧。

自热物质分为两类，第 1 类物质的危险性表现为自热，可能燃烧；第 2 类物质的危险性表现为数量大时自热，可能燃烧。

12. 遇水放出易燃气体的物质和混合物

遇水放出易燃气体的物质和混合物，指的是固态或液态的物质或它们所组成的混合物，这类物质或混合物在与水发生作用时，很容易呈现出自燃的特性，或者会释放出达到危险数量的易燃气体。

遇水放出易燃气体的物质和混合物分为 3 类：第 1 类的危险性表现为遇水可放出可自燃的易燃气体，其危险性较强；第 2、3 类的危险性表现为遇水可放出易燃气体，危险性较第 1 类稍弱。释放出易燃气体后，与空气混合达到爆炸极限，遇点火源极易发生燃烧爆炸。

13. 氧化性液体

氧化性液体是指其本身未必可燃，但通常会放出氧气可能引起或促使其他物质燃烧的液体。

氧化性液体的危险类别：第 1 类的危险性表现为可能引起燃烧或爆炸，或作为强氧化剂起作用；第 2、3 类的危险性表现为可能加剧燃烧，或作为氧化剂起作用。

14. 氧化性固体

氧化性固体是指其本身未必可燃，但通常会放出氧气可能引起或促使其他物质燃烧的固体。

氧化性固体的危险类别：第 1 类的危险性表现为可能引起燃烧或爆炸，或作为强氧化剂起作用；第 2、3 类的危险性表现为可能加剧燃烧，或作为氧化剂起作用。

15. 有机过氧化物

有机过氧化物是指含有二价—O—O—结构的液态或固态有机物质，可视为一个或两个氢原子被有机基团替代的过氧化氢衍生物。此外，还包括有机过氧化物配制物（混合物）。有机过氧化物是可发生放热自加速分解、热不稳定的物质或混合物。

此外，它们可具有易于爆炸分解、迅速燃烧、对撞击或摩擦敏感、与其他物质发生危险反应的一种或多种性质，如果其配制品在实验室试验中容易爆炸、迅速爆燃或在封闭条件下加热时显示剧烈效应，则认为有机过氧化物具有爆炸性质。

有机过氧化物按其危险性程度分为从 A~G 型七种类型。A 型的危险性表现为遇热可能引起爆炸；B 型的危险性表现为遇热可能引起燃烧或爆炸；C、D、E、F 型的危险性表现为遇热可能引起燃烧；G 型的危险性表现为在实验室试验中，既绝不在空化状态下起爆也绝不爆燃，在封闭条件下加热时显示无效应，而且无任何爆炸力。

16. 金属腐蚀物

金属腐蚀物是指通过化学作用会显著损伤甚至毁坏金属的物质或混合物。

金属腐蚀物的危害在于可能腐蚀金属，腐蚀时，在金属的界面上发生了化学或电化学多相反应，使金属转入氧化（离子）状态。这会显著降低金属材料的强度、塑性、韧性等力学性能，破坏金属构件的几何形状，增加零件间的磨损，恶化电学和光学等物理性能，缩短设备的使用寿命，甚至造成火灾、爆炸等灾难性事故。

（二）健康危害

1. 急性毒性

急性毒性是指经口或经皮肤给予物质的单次剂量或在 24 h 内给予的多次剂量，或者 4 h 的吸入接触发生的急性有害影响。急性毒性危害分为五个类别，急性毒性值（近似）用 LD_{50} 值（经口、皮肤接触）或 LC_{50} 值（吸入）表示，或用急性毒性估计值（ATE）表示。急性毒性危险特性详见表 2-3。

表 2-3　急性毒性危险特性汇总

<table>
<tr><th>接触途径</th><th>类别 1</th><th>类别 2</th><th>类别 3</th><th>类别 4</th><th>类别 5</th></tr>
<tr><td>经口</td><td>吞咽致命</td><td>吞咽致命</td><td>吞咽会中毒</td><td>吞咽有害</td><td>吞咽可能有害</td></tr>
<tr><td>经皮肤</td><td>皮肤接触会致命</td><td>皮肤接触会致命</td><td>皮肤接触会中毒</td><td>皮肤接触有害</td><td>皮肤接触可能有害</td></tr>
<tr><td>气体</td><td rowspan="3">吸入致命</td><td rowspan="3">吸入致命</td><td rowspan="3">吸入会中毒</td><td rowspan="3">吸入有害</td><td rowspan="3">吸入可能有害</td></tr>
<tr><td>蒸气</td></tr>
<tr><td>粉尘和烟雾</td></tr>
</table>

2. 皮肤腐蚀/刺激

皮肤腐蚀是指对皮肤造成不可逆损害的结果，即施用试验物质 4 h 内，可观察到表皮和真皮坏死。典型的腐蚀反应具有溃疡、出血、血痂的特征，而且在 14 d 观察期结束时，皮肤完全脱发区域和结痂处由于漂白而褪色。

皮肤刺激是指施用试验物质达到 4 h 后对皮肤造成可逆损害的结果。

皮肤腐蚀/刺激分为以下三类。

（1）类别 1 为皮肤腐蚀性，又分为 1A、1B 和 1C 三个子类别，会造成严重皮肤灼伤和眼损伤。

（2）类别 2 为皮肤刺激性，会造成对皮肤刺激。

（3）类别 3 为导致微弱的皮肤刺激。

3. 严重眼损伤/眼刺激

严重眼损伤是将受试物施用于眼睛前部表面进行暴露接触，引起了眼部组织损伤，或出现严重的视觉衰退，且在暴露后的 21 d 内尚不能完全恢复。

眼刺激是将受试物施用于眼睛前部表面进行暴露接触后，眼睛发生的改变，且在暴露后的 21 d 内出现的改变可完全消失，恢复正常。

严重眼损伤/眼刺激分类如下。

（1）类别 1 为导致严重眼部损伤，对眼睛造成不可逆影响，如角膜损伤。

（2）类别 2A 为导致严重眼部刺激，如角膜浑浊，在正常 21 d 观察期内完全复原。

（3）刺激类别 2B 为眼部刺激，如角膜混浊，在正常 7 d 观察期内完全复原。

4. 呼吸道或皮肤致敏

呼吸道致敏物是指吸入后会导致呼吸道过敏的物质。皮肤致敏物是指皮肤接触后会导致过敏的物质。

致敏包括两个阶段：第一个阶段是个体因接触某种过敏原而诱发特定免疫记忆；第二个阶段是引发，即某一过敏个体因接触某种过敏原而产生细胞介导或抗体介导的过敏反应。

呼吸道或皮肤致敏危险类别分为呼吸道致敏和皮肤致敏。吸入呼吸道致敏物质可能导致过敏、哮喘症状或呼吸困难。皮肤致敏物质可能导致皮肤过敏反应。

5. 生殖细胞的致突变性

生殖细胞致突变性是指化学品引起人类生殖细胞发生可遗传给后代的突变。突变是指细胞中遗传物质的数量或结构发生永久性改变。生殖细胞致突变性物质分为两种不同的类别。

（1）类别 1 是指已知引起人类生殖细胞发生可遗传性突变或被认为可能引起人类生殖细胞可遗传突变的物质。类别 1 又分为类别 1A 和 1B，类别 1A 为已知引起人类生殖细胞发生可遗传突变的物质，类别 1B 为应被认为可能引起人类生殖细胞可遗传突变的物质。

（2）类别 2 为由于可能导致人类生殖细胞可遗传性突变而引起人们关注的物质。

6. 致癌性

致癌物是指可导致癌症或增加癌症发生率的化学物质或化学物质混合物，在实施良好的动物实验性研究中诱发良性和恶性肿瘤的物质也被认为是假定的或可疑的人类致癌物，除非有确凿证据显示该肿瘤形成机制与人类无关。

产生致癌危险的化学品的分类基于该物质的固有性质，具体分类如下。

（1）类别 1A 为可导致癌症，根据流行病学和/或动物的数据，已知对人类有潜在致癌危险性。

（2）类别 1B 为可导致癌症，预期对人类有潜在致癌危险性，化学品分类主要根据动物的证据。

（3）类别 2 为怀疑可能导致癌症，可疑的人类致癌物，根据由人类和/或动物研究得到的证据进行分类，但该证据不足以信服可将该化学品分在类别 1 中。

7. 生殖毒性

生殖毒性包括对成年雄性和雌性性功能和生育能力的有害影响，以及在后代中的发育毒性。生殖毒性被细分为两个主要方面。

（1）对性功能和生殖能力的有害影响。如对雌性和雄性生殖系统的改变，对分娩怀孕结果的有害影响。

（2）对子代发育的有害影响。如指对怀孕期间的有害影响，这些影响能在生物体生命周期的任何阶段显露出来，表现为发育中的生物体死亡、结构畸形、生长改变以及功能缺陷。

8. 特异性靶器官毒性——一次接触

一次接触物质和混合物引起的特异性、非致死性的靶器官毒性作用，包括所有明显的健康效应，可逆的和不可逆的，即时的和迟发的功能损害。一次接触特异性靶器官毒性的危害分类如下。

（1）类别 1 会损伤器官。单次暴露对人体造成明显特定靶器官系统毒性的物质，或根据实验动物研究的证据能推定有潜力对人体造成明显特定靶器官系统毒性的物质。

（2）类别 2 可能损伤器官。根据实验动物研究的证据，可以推定单次暴露可能对人体的健康造成潜在危害的物质。

（3）类别 3 可能引起呼吸道刺激或眩晕。

目标器官效应不符合把物质划入上述类别 1 或类别 2 的标准。这些效应在接触后的短暂时间内有害地改变人类功能，但人类可在一段合理的时间内恢复不留下显著的组织或功能改变。本类别仅包括麻醉效应和呼吸道刺激。

特异性靶器官毒性可能以与人类有关的任何途径发生，如以口服、皮肤接触或吸入途径发生。

9. 特异性靶器官毒性——反复接触

反复接触物质和混合物引起的特异性、非致死性的靶器官毒性作用，包括所有明显的健康效应，可逆的和不可逆的，即时的和迟发的功能损害。

10. 吸入危害

吸入指液态或固态化学品通过口腔或鼻腔直接进入或者因呕吐间接进入气管和下呼吸道系统。吸入毒性包括化学性肺炎、不同程度的肺损伤或吸入后死亡等严重急性效应。吸入危害分类。

（1）类别 1 为吞咽或进入呼吸道可能致死。已知引起人类吸入毒性危险的化学品或者被看作引起人类吸入毒性危险的化学品。物质划入类别 1 的依据是具有可靠人类证据的烃类、松脂油和松木油，或 40 ℃运动黏度小于等于 20. 5 mm^2/s 的烃类。

（2）类别 2 为吞咽或进入呼吸道可能有害。因假定会引起人类吸入毒性危险而可能引起吸入危害的化学品，可根据现有的动物研究以及表面张力、水溶性、沸点和挥发性等做出判断，40 ℃时运动黏度小于等于 14 mm^2/s，除至少有 3 个但不超过 13 个碳原子的正伯醇、异丁醇和有不超过 13 个碳原子的甲酮划入类别 1 以外。

（三）环境危害

1. 对水生环境的危害

物质对水环境的危害由 3 个急性类别和 4 个慢性类别组成。急性和慢性类别有不同的适用。物质的急性类别 1 至类别 3 的分类仅根据急性毒性数据来确定。对于某混合物划分为慢性类别，可从它各组分的试验得到降解性和生物富集性。

1）急性水生毒性

急性水生毒性是指物质对短期接触它的生物体造成伤害的固有性质。

急性水生毒性分为三类：急性Ⅰ对水中生物有剧毒；急性Ⅱ对水中生物有毒性；急性Ⅲ对水中生物有害。

2）慢性水生毒性

慢性水生毒性是指物质对水生有机体暴露过程中引起的相对于该有机体生命周期测定的有害影响的潜力或实际性质。

慢性水生毒性分四类：慢性Ⅰ对水中生物具有剧烈毒性，有害影响长时间持续；慢性Ⅱ对水中生物具有毒性，有害影响长时间持续；慢性Ⅲ对水中生物有害，且影响长时间持续；慢性Ⅳ可能对水中生物具有长时间持续性危害。

2. 对臭氧层的危害

消耗臭氧层物质生产和使用过程中的排放对臭氧层破坏产生直接的作用，因而对人类健康和环境造成了较大的负面影响。通过臭氧消耗潜能值来衡量对大气臭氧层的破坏性，即某种化合物的差量排放相对于同等质量的三氯氟甲烷而言，对整个臭氧层的综合扰动的比值。

危害臭氧层的物质和混合物分类标准按照《蒙特利尔议定书》① 附件中列出的任何受管制物质，或任何混合物至少含有一种浓度不小于0.1%的被列入《蒙特利尔议定书》附录A。

第二节　危险化学品安全标志

危险化学品生产企业应当提供与其生产的危险化学品相符的化学品安全技术说明书，并在危险化学品包装（包括外包装件）上粘贴或者拴挂与包装内危险化学品相符的化学品安全标签。化学品安全技术说明书和化学品安全标签所载明的内容应当符合国家标准的要求。

一、危险化学品安全标志种类

根据常用危险化学品的危险特性和类别，设主标志16种，副标志11种②。

二、危险化学品安全标志图形

主标志为由表示危险特性的图案、文字说明、底色和危险品类别号四个部分组成的菱形标志。副标志图形中没有危险品类别号。标志图案见表2-4、表2-5③。

三、危险化学品安全标志的使用原则

1. 标志的使用原则

当一种危险化学品具有一种以上的危险性时，应用主标志来表示主要的危险性类别，并用副标志来表示其他主要的危险性类别。

2. 标志的使用方法

危险货物正式运输名称及相应编号，应标示在每个包装件上。如果是无包装物品，标记应标示在物品上、其托架上，或其装卸、存储、发射装置上④。

---

① 蒙特利尔议定书全名为“蒙特利尔破坏臭氧层物质管制议定书（Montreal Protocol on Substances that Deplete the Ozone Layer）”，是联合国为了避免工业产品中的氟氯碳化物对地球臭氧层继续造成恶化及损害，承续1985年保护臭氧层维也纳公约的大原则，于1987年9月16日邀请所属26个会员国在加拿大蒙特利尔所签署的环境保护公约。该公约自1989年1月1日起生效。1991年中国政府正式加入。

② 常用危险化学品标志由《化学品分类和危险性公示　通则》（GB 13690—2009）规定，该标准对常用危险化学品按其主要危险特性进行了分类，并规定了危险品的包装标志，既适用于常用危险化学品的分类及包装标志，也适用于其他化学品的分类和包装标志。

③ 标志的尺寸、颜色及印刷按《危险货物包装标志》（GB 190—2009）的有关规定执行。

④ 标志的使用方法按照《危险货物包装标志》（GB 190—2009）的有关规定执行。

表 2-4　危险化学品主要安全标志

 标志 1 爆炸品标志 底色：橙红色 图形：正在爆炸的炸弹（黑色） 文字：黑色	 标志 2 易燃气体标志 底色：正红色 图形：火焰（黑色或白色） 文字：黑色或白色
 标志 3 不燃气体标志 底色：绿色 图形：气瓶（黑色或白色） 文字：黑色或白色	 标志 4 有毒气体标志 底色：白色 图形：骷髅头和交叉骨形（黑色） 文字：黑色
 标志 5 易燃液体标志 底色：红色 图形：火焰（黑色或白色） 文字：黑色或白色	 标志 6 易燃固体标志 底色：红白相间的垂直宽条（红 7、白 6） 图形：火焰（黑色） 文字：黑色
 标志 7 自燃物品标志 底色：上半部白色 图形：火焰（黑色或白色） 文字：黑色或白色	 标志 8 遇湿易燃物品标志 底色：蓝色 图形：火焰（黑色） 文字：黑色

表2-4(续)

 标志 9 氧化剂标志 底色：柠檬黄色 图形：从圆圈中冒出的火焰（黑色） 文字：黑色	 标志 10 有机过氧化物标志 底色：柠檬黄色 图形：从圆圈中冒出的火焰（黑色） 文字：黑色
 标志 11 有毒品标志 底色：白色 图形：骷髅头和交叉骨形（黑色） 文字：黑色	 标志 12 剧毒品标志 底色：白色 图形：骷髅头和交叉骨形（黑色） 文字：黑色
 标志 13 一级放射性物品标志 底色：上半部黄色 图形：上半部三叶形（黑色）， 下半部一条垂直的红色宽条 文字：黑色	 标志 14 二级放射性物品标志 底色：上半部黄色 图形：上半部三叶形（黑色）， 下半部两条垂直的红色宽条 文字：黑色
 标志 15 三级放射性物品标志 底色：上半部黄色，下半部白色 图形：上半部三叶形（黑色），下半部三条垂直的红色宽条 文字：黑色	 标志 16 腐蚀品标志 底色：上半部白色，下半部黑色 图形：上半部两个试管中液体分别向金属板和手上滴落； 下半部为白色“腐蚀品”字样在黑色背景上

表 2-5　危险化学品副安全标志

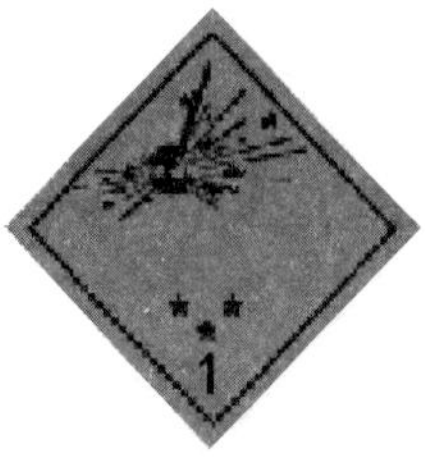 标志 1 爆炸品标志 底色：橙红色 图形：正在爆炸的炸弹（黑色） 文字：黑色	 标志 2 易燃气体标志 底色：红色 图形：火焰（黑色） 文字：黑色或白色
 标志 3 不燃气体标志 底色：绿色 图形：气瓶（黑色或白色） 文字：黑色	 标志 4 有毒气体标志 底色：白色 图形：骷髅头和交叉骨形（黑色） 文字：黑色
 标志 5 易燃液体标志 底色：红色 图形：火焰（黑色） 文字：黑色	 标志 6 易燃固体标志 底色：红白相间的垂直宽条（红色有 7 条、白色有 6 条） 图形：火焰（黑色） 文字：黑色
 标志 7 自燃物品标志 底色：上半部白色，下半部红色 图形：火焰（黑色） 文字：黑色或白色	 标志 8 遇湿易燃物品标志 底色：蓝色 图形：火焰（黑色） 文字：黑色

表2-5(续)

 标志 9 氧化剂标志 底色：柠檬黄色 图形：从圆圈中冒出的火焰（黑色） 文字：黑色	 标志 10 有毒品标志 底色：白色 图形：骷髅头和交叉骨形（黑色） 文字：黑色
 标志 11 腐蚀品标志 底色：上半部白色，下半部黑色 图形：上半部两个试管中液体 分别向金属板和手上滴落（黑色） 文字：（下半部）白色	

3. 其他注意事项

GHS[1] 的危险化学品图形标志与 TDG[2] 危险货物运输图形标志相似，底色和图形颜色不一样。

第三节　危险化学品安全标签及安全技术说明书

安全标签是预防和控制化学危害的基本措施之一，主要是对市场上流通的化学品通过加贴标签的形式进行危险性标识，提出安全使用注意事项，向作业人员传递安全信息，以预防和减少化学危害，达到保障安全和健康的目的[3]。

① 《全球化学品统一分类和标签制度》（Globally Harmonized System of Classification and Labeling of Chemicals，简称 GHS，又称“紫皮书”）是由联合国于 2003 年出版的指导各国建立统一化学品分类和标签制度的规范性文件，因此也常被称为联合国 GHS。

② 《关于危险货物运输的建议书 规章范本》（United Nations Recommendations on the Transport of Dangerous Goods，简称 TDG，又称“橘皮书”），是由联合国制定的一部关于危险货物运输的国际规章。

③ 《化学品安全标签编写规定》（GB 15258—2009）是为规范化学品安全标签内容的表述和编写而制定的标准。

一、危险化学品安全标签

化学品安全标签是用于标示化学品所具有的危险性和安全注意事项的一组文字、象形图和编码组合，它可粘贴、挂拴或喷印在化学品的外包装或容器上。

（一）化学品标识要素

化学品安全标签包括化学品标识、象形图、信号词、危险性说明、防范说明、应急咨询电话、供应商标识、资料参阅提示语等要素①。

1. 化学品标识

用中文和英文分别标明化学名称或通用名称。名称要求醒目清晰，位于标签的上方。名称应与化学品安全技术说明书中的名称一致。

对于混合物应标出对其危险性分类有贡献的主要组分的化学名称或通用名称、浓度或浓度范围。当需要标出的组分较多时，组分个数以不超过 5 个为宜。对于属于商业机密的成分可以不标明，但应列出其危险性。

2. 象形图

象形图应使用黑色符号加白色背景，红框要足够宽，以便醒目。

3. 信号词

信号词指标签上用来表明危险的相对严重程度和提醒用户注意潜在危险的词语，根据化学品的危险程度和类别，用“危险”“警告”两个词分别进行危害程度的警示。信号词位于化学品名称的下方，要求醒目、清晰。

4. 危险性说明

危险性说明指分配一个危险种类和类别的短语，用来描述一种危险产品的危险性质，在情况合适时还包括其危险程度。危险性说明是对化学品危险特性的简要概述，位于信号词下方。

5. 防范说明

表述化学品在处置、搬运、储存和使用作业中所必须注意的事项和发生意外时简单有效的救护措施等，要求内容简明扼要、重点突出。该部分应包括安全预防措施、意外情况（如泄漏、人员接触或火灾等）的处理、安全储存措施及废弃处置等内容。

6. 供应商标识

供应商名称、地址、邮编和电话等。

7. 应急咨询电话

填写化学品生产商或生产商委托的 24 小时化学事故应急咨询电话。国外进口化学品安全标签上应至少有一家中国境内的 24 小时化学事故应急咨询电话。

8. 资料参阅提示语

提示化学品用户应参阅化学品安全技术说明书。

（二）危险信息先后排序

---

① 《化学品分类和标签规范》（GB 30000. 2～30000. 31—2013）对化学品标识、象形图、信号词、危险性说明、防范说明、应急咨询电话、供应商标识、资料参阅提示语有详细要求。

当某种化学品具有两种及两种以上的危险性时，安全标签的象形图、信号词、危险性说明的先后顺序规定如下。

1. 象形图先后顺序

物理危险象形图的先后顺序根据危险货物的主危险性和次危险性确定，以下危险性类别的危险性总是主危险：爆炸物、易燃气体、易燃气溶胶、氧化性气体、高压气体、自反应物质和混合物、发火物质、有机过氧化物①。

对于健康危害，按照以下先后顺序：如果使用了骷髅和交叉骨图形符号，则不应出现感叹号；如果使用了腐蚀图形符号，则不应出现感叹号来表示皮肤或眼睛刺激；如果使用了呼吸致敏物的健康危害图形符号，则不应出现感叹号来表示皮肤致敏物或者皮肤/眼睛刺激。

2. 信号词先后顺序

存在多种危险性时，如果在安全标签上选用了信号词“危险”，则不应出现信号词“警告”。

3. 危险性说明先后顺序

所有危险性说明都应当出现在安全标签上，按物理危险、健康危害、环境危害顺序排列。

（三）安全标签使用方法及注意事项

1. 使用方法

（1）安全标签应粘贴、挂栓或喷印在化学品包装或容器的明显位置。

（2）当与运输标志组合使用时，运输标志可以放在安全标签的另一面版，将之与其他信息分开，也可放在包装上靠近安全标签的位置。后一种情况下，若安全标签中的象形图与运输标志重复，安全标签中的象形图应删掉。

（3）对组合容器，要求内包装加贴（挂）安全标签，外包装加贴运输象形图，如果不需要运输标志可以加贴安全标签。

2. 位置

（1）桶、瓶形包装：安全标签的粘贴、喷印位置位于桶、瓶侧身。

（2）箱状包装：安全标签的粘贴、喷印位置位于包装端面或侧面明显处。

（3）袋、捆包装：安全标签的粘贴、喷印位置位于包装明显处。

3. 使用注意事项

（1）安全标签的粘贴、挂栓或喷印应牢固，保证在运输、储存期间不脱落，不损坏。

（2）安全标签应由生产企业在货物出厂前粘贴、挂栓或喷印。若要改换包装，则由改换包装单位重新粘贴、挂栓或喷印标签。

（3）盛装危险化学品的容器或包装，在经过处理并确认其危险性完全消除之后，方可撕下安全标签，否则不能撕下相应的标签。

（四）样例

1. 安全标签样例（表 2-6）

---

① 其他主要危险性的确定按照联合国《关于危险货物运输的建议书规章范本》危险性先后顺序确定方法。

表2-6 安全标签样例

化学品名称 A组分：40%；B组分：60%

危险

极易燃液体和蒸气，食入可致死，对水生生物毒性非常大

【预防措施】
(1) 远离热源、火花、明火、热表面。使用不产生火花的工具作业。
(2) 保持容器密闭。
(3) 采取防止静电措施，容器和接收设备接地、连接。
(4) 使用防爆电器、通风、照明及其他设备。
(5) 戴防护手套、防护眼镜、防护面罩。
(6) 操作后彻底清洗身体接触部位。
(7) 作业场所不得进食、饮水或吸烟。
(8) 禁止污水排入环境。
【事故响应】
(1) 如皮肤（或头发）接触：立即脱掉所有被污染的衣服。用水冲洗皮肤、淋浴。
(2) 误食：催吐，立即就医。
(3) 收集泄漏物。
(4) 发生火灾时，使用干粉、泡沫、二氧化碳灭火。
【安全储存】
(1) 在阴凉、通风良好处储存。
(2) 上锁保管。
【废弃处置】
本品或其容器采用焚烧法处置。

请参阅化学品安全技术说明书

供应商：×××××××××××××××× 电话：××××××

地址：×××××××××××××××××× 邮编：××××××

化学事故应急咨询电话：××××××

2. 简化标签样例（表2-7）

对于小于或等于100 mL的化学品小包装，为方便标签使用，安全标签要素可以简化。

表2-7　简化标签样例

化学品名称

危险   

极易燃液体和蒸气，食入可致死，对水生生物毒性非常大

请参阅化学品安全技术说明书

供应商：××××××××××××××××　　电话：×××××

化学事故应急咨询电话：××××××

二、化学品安全技术说明书

化学品安全技术说明书（SDS）提供了化学品（物质或混合物）在安全、健康和环境保护等方面的信息，推荐了防护措施和紧急情况下的应对措施。在一些国家，化学品安全技术说明书又称为物质安全技术说明书（MSDS）。

（一）化学品安全技术说明书（SDS）的内容

化学品安全技术说明书（SDS）是一份传递化学品危害信息的重要文件。将按照十六大项内容提供化学品的信息，具体内容如下。

1. 化学品及企业标识

主要标明化学品的名称，该名称应与安全标签上的名称一致。建议同时标注供应商的产品代码。应标明供应商的名称、地址、电话号码、应急电话、传真和电子邮件地址。该部分还应说明化学品的推荐用途和限制用途。

2. 危险性概述

该部分应标明化学品主要的物理和化学危险性信息，以及对人体健康和环境影响的信息。如果该化学品存在某些特殊的危险性质，也应在此处说明。

如果已经根据GHS对化学品进行了危险性分类，应标明GHS危险性类别。同时，应注明GHS的标签要素，如象形图或符号、防范说明、危险信息和警示词等。象形图或符号如火焰、骷髅和交叉骨可以用黑白颜色来表示。GHS分类未包括的危险性（如粉尘爆炸危险）也应在此处注明。

应注明人员接触后的主要症状及应急综述。

3. 成分/组成信息

该部分应注明该化学品是物质还是混合物。

如果是物质，应提供化学名或通用名、美国化学文摘登记号（CAS 号）及其他标识符。

如果某种物质按 GHS 分类标准分类为危险化学品，则应列明包括对该物质的危险性分类产生影响的杂质和稳定剂在内的所有危险组分的化学名或通用名以及浓度或浓度范围；如果是混合物，不必列明所有组分。

如果按 GHS 标准被分类为危险的组分，并且其含量超过了浓度限值，应列明该组分的名称信息、浓度或浓度范围。对于已经识别出的危险组分，应该提供被识别为危险组分的化学名或通用名、浓度或浓度范围。

4. 急救措施

该部分应说明必要时应采取的急救措施及应避免的行动，此处填写的文字应该易于被受害人和（或）施救者理解。

根据不同的接触方式将信息细分为：吸入、皮肤接触、眼睛接触和食入。

该部分应简要描述接触化学品后的急性和迟发效应、主要症状和对健康的主要影响，详细资料可在毒理学信息部分列明。如有必要，本项应包括对保护施救者的忠告和对医生的特别提示，还要给予及时的医疗护理和特殊的治疗。

5. 消防措施

该部分应说明合适的灭火方法和灭火剂，如有不合适的灭火剂也应在此处标明。应标明化学品的特别危险性（如产品是危险的易燃品），标明特殊灭火方法及保护消防人员的特殊防护装备。

6. 泄漏应急处理

该部分应包括作业人员防护措施、防护装备，应急处置程序，环境保护措施，泄漏化学品的收容、清除方法及所使用的处置材料（如果和第 13 部分不同，列明恢复、中和和清除方法）等信息，并提供防止发生次生危害的预防措施。

7. 操作处置与储存

（1）操作处置。应描述安全处置注意事项，包括防止化学品人员接触、防止发生火灾和爆炸的技术措施和提供局部或全面通风、防止形成气溶胶和粉尘的技术措施等，还应包括防止直接接触不相容物质或混合物的特殊处置注意事项。

（2）储存。需要描述安全储存的条件（适合的储存条件和不适合的储存条件）、安全技术措施、同禁配物隔离储存的措施、包装材料信息（建议的包装材料和不建议的包装材料）。

8. 接触控制和个体防护

（1）列明容许浓度，如职业接触限值或生物限值。

（2）列明减少接触的工程控制方法。

（3）列明容许浓度的发布日期、数据出处、试验方法及方法来源。

（4）列明推荐使用的个体防护设备。例如，呼吸系统防护、手防护、眼睛防护、皮肤和身体防护等。

（5）标明防护设备的类型和材质。

（6）化学品若只在某些特殊条件下才具有危险性，如量大、高浓度、高温、高压等，应标明这些情况下的特殊防护措施。

9. 理化特性

主要描述化学品的外观及理化性质等方面的信息，包括：化学品的外观与性状（如物态、形状和颜色）、气味、pH 值（须指明浓度）、熔点/凝固点、沸点、初沸点和沸程、闪点、燃烧上下极限或爆炸极限、蒸气压、蒸气密度、密度/相对密度、溶解性、辛醇/水分配系数、自燃温度、分解温度。如果必要，还应包括气味阈值、蒸发速率、易燃性（固体、气体）。也应提供化学品安全使用的其他资料，例如放射性或体积密度等。必要时，应提供数据的测定方法。

10. 稳定性和反应性

该部分应描述化学品的稳定性和在特定条件下可能发生的危险反应，应包括：应避免的条件（例如：静电、撞击或震动）、不相容的物质和危险的分解产物（一氧化碳、二氧化碳和水除外）。

填写该部分时，应考虑提供化学品的预期用途和可预见的错误用途。

11. 毒理学信息

该部分应全面、简洁地描述使用者接触化学品后产生的各种毒性作用（健康影响），主要信息包括：急性毒性、皮肤刺激或腐蚀、眼睛刺激或腐蚀、呼吸或皮肤过敏、生殖细胞突变性、致癌性、生殖毒性、特异性靶器官系统毒性——一次性接触、特异性靶器官系统毒性——反复接触、吸入危害。还可以提供毒代动力学、代谢和分布信息①。

12. 生态学信息

该部分提供化学品的环境影响、环境行为和归宿方面的信息，如：化学品在环境中的预期行为，可能对环境造成的影响/生态毒性；持久性和降解性；潜在的生物累积性；土壤中的迁移性。

13. 废弃处置

该部分包括为安全和有利于环境保护而推荐的废弃处置方法信息。这些处置方法适用于化学品（残余废弃物），也适用于任何受污染的容器和包装。

14. 运输信息

该部分包括国际运输法规规定的编号与分类信息，这些信息应根据不同的运输方式，如陆运、海运和空运进行区分。包括：联合国危险货物编号（UN 号）、联合国运输名称、联合国危险性分类、包装组、海洋污染物（是/否）；提供使用者需要了解或遵守的其他与运输或运输工具有关的特殊防范措施。

15. 法规信息

该部分应标明使用本 SDS 的国家或地区中，管理该化学品的法规名称。提供与法律相关的法规信息和化学品标签信息。提醒下游用户注意当地废弃处置法规。

16. 其他信息

该部分应进一步提供上述各项未包括的其他重要信息。例如：可以提供需要进行的专业培训、建议的用途和限制的用途等。

（二）化学品安全技术说明书的使用与管理

① 体外致突变试验数据如 Ames 试验数据，在生殖细胞致突变条目中描述。

危险化学品经营单位在经营中对安全技术说明书和安全标签的使用与管理应做到以下九点。

（1）向供货方索取并向用户提供安全技术说明书。保证经营的危险化学品必须有化学品安全技术说明书和化学品安全标签。

（2）建立经营危险化学品的化学品安全技术说明书档案。在危险化学品生产企业有新的危害特性公告以及修订安全技术说明书等资料时，及时予以调整和传递给用户。

（3）按照安全技术说明书的规定，掌握商品的危险性，制定购销管理规定及安全操作规程，培训作业人员。

（4）按照安全技术说明书提供的商品的危险性安排适合的储存仓库和储存方式。

（5）按照安全技术说明书研究确定商品养护措施。

（6）按照安全技术说明书安排适合的运输。

（7）按照安全技术说明书制定消防措施。

（8）按照安全技术说明书制定安全防护措施。

（9）按照安全技术说明书制定急救措施。

第四节　危险化学品重大危险源

为了有效管理危险化学品生产、储存、使用和经营单位的危险化学品重大危险源，危险化学品单位应当采取一系列措施，包括重大危险源登记建档与备案，定期对重大危险源的安全设施和安全监测监控系统进行检测、检验，并进行经常性维护、保养，保证其有效、可靠运行。此外，还应明确重大危险源中关键装置、重点部位的责任人或责任机构，并对重大危险源的安全生产状况进行定期检查，及时采取措施消除事故隐患。

一、重大危险源概念

危险化学品重大危险源是指长期地或临时地生产、储存、使用和经营危险化学品，且危险化学品的数量等于或超过临界量的单元。

单元是指涉及危险化学品的生产、储存装置、设施或场所，分为生产单元和储存单元。临界量是指某种或某类危险化学品构成重大危险源所规定的最小数量。

二、重大危险源登记、建档与备案

1. 重大危险源登记建档

生产经营单位对重大危险源应当登记建档，进行定期检测、评估、监控，并制定应急预案，告知从业人员和相关人员在紧急情况下应当采取的应急措施。

从事危险化学品生产、储存、使用和经营的单位应当对辨识确认的重大危险源及时、逐项进行登记建档。重大危险源档案应当包括下列文件、资料。

（1）辨识、分级记录。

（2）重大危险源基本特征表。

（3）涉及的所有化学品安全技术说明书。

（4）区域位置图、平面布置图、工艺流程图和主要设备一览表。

（5）重大危险源安全管理规章制度及安全操作规程。

（6）安全监测监控系统，措施说明，检测、检验结果。

（7）重大危险源事故应急预案、评审意见、演练计划和评估报告。

（8）安全评估报告或者安全评价报告。

（9）重大危险源关键装置、重点部位的责任人、责任机构名称。

（10）重大危险源场所安全警示标志的设置情况。

（11）其他文件、资料。

2. 重大危险源备案

生产经营单位应当按照国家有关规定将本单位重大危险源及有关安全措施、应急措施报有关地方人民政府应急管理部门和有关部门备案。有关地方人民政府应急管理部门和有关部门应当通过相关信息系统实现信息共享。

危险化学品单位在完成重大危险源安全评估报告或者安全评价报告后 15 日内，应当填写重大危险源备案申请表，连同重大危险源档案材料，报送所在地县级人民政府安全生产监督管理部门备案（重大危险源安全管理规章制度及安全操作规程文件资料只需提供清单）。

县级人民政府安全生产监督管理部门应当每季度将辖区内的一级、二级重大危险源备案材料报送至设区的市级人民政府安全生产监督管理部门。设区的市级人民政府安全生产监督管理部门应当每半年将辖区内的一级重大危险源备案材料报送至省级人民政府安全生产监督管理部门。

重大危险源出现下列情形之一的，危险化学品单位应当及时更新档案，并向所在地县级人民政府安全生产监督管理部门重新备案。

（1）重大危险源安全评估已满三年的。

（2）对构成重大危险源的装置、设施或者场所进行新建、改建、扩建的。

（3）危险化学品的种类、数量、生产、使用工艺或者储存方式以及重要设备、设施等发生变化，影响重大危险源级别或者风险程度的。

（4）外界生产安全环境因素发生变化，影响重大危险源级别和风险程度的情况。

（5）发生危险化学品事故造成人员死亡，或者 10 人以上受伤，或者影响到公共安全的。

（6）有关重大危险源辨识和安全评估的国家标准、行业标准发生变化的。

三、重大危险源监控

危险化学品单位应当根据构成重大危险源的危险化学品种类、数量、生产、使用工艺（方式）或者相关设备、设施等实际情况，按照下列要求建立健全安全监测监控体系，完善控制措施。

（1）重大危险源配备温度、压力、液位、流量、组分等信息的不间断采集和监测系统，以及可燃气体和有毒有害气体泄漏检测报警装置，并具备信息远传、连续记录、事故预警、信息存储等功能；一级或者二级重大危险源，具备紧急停车功能，记录的电子数据的保存时间不少于 30 天。

（2）重大危险源的化工生产装置装备满足安全生产要求的自动化控制系统；一级或者二级重大危险源，装备紧急停车系统。

（3）对重大危险源中的毒性气体、剧毒液体和易燃气体等重点设施，设置紧急切断装置；对毒性气体的设施，设置泄漏物紧急处置装置；涉及毒性气体、液化气体、剧毒液体的一级或者二级重大危险源，配备独立的安全仪表系统（SIS）。

（4）重大危险源中储存剧毒物质的场所或者设施，设置视频监控系统。

（5）安全监测监控系统必须符合国家标准或行业标准的规定。

危险化学品单位应当按照国家有关规定，定期对重大危险源的安全设施和安全监测监控系统进行检测、检验，并进行经常性维护、保养，保证重大危险源的安全设施和安全监测监控系统有效、可靠运行。维护、保养、检测应当做好记录，并由有关人员签字。

第三章　危险化学品风险辨识与防控

危险化学品企业全面辨识防控危险有害因素和安全风险，可以有效提升安全生产预防预控能力，因此风险辨识与防控是危险化学品企业安全生产管理的关键环节。

第一节　危险化学品风险辨识

风险辨识是全面系统地分析各种风险事件存在和可能发生的概率以及损失的严重程度。通过识别危险有害因素，确定其对安全的潜在影响，并采取相应的控制措施，可以降低事故风险，减少事故发生的可能性，保护人员和设备的安全。

一、危险有害因素辨识的基础

危险有害因素尽管表现形式不同，但从本质上讲，之所以能造成人员伤亡、财产损失、环境破坏，均可归结为存在能量和有害物质，以及对能量和有害物质失去控制。

（一）能量和有害物质

能量、有害物质是危险有害因素产生的根源，也是最根本的危险有害因素。一般地说，系统具有的能量越大，存在的有害物质的数量越多，系统的潜在危险性和危害性也越大。另外，只要进行生产活动，就需要相应的能量和物质，因此生产活动中的危险有害因素是客观存在的，是不能完全消除的。

1. 能量

能量是做功的动力，一切产生、供给能量的能源和能量的载体在一定条件下，都可能是危险有害因素。例如：反应釜爆炸产生的冲击波，带电导体上的电能，各类机械运动部件、工件产生的动能，高温作业及放热反应的热能等，都是由于能量意外释放形成的危险因素。

2. 有害物质

有害物质在一定条件下能损伤人体的生理机能、破坏设备和环境，是主要的危险有害因素。例如：作业或储存场所中存在的易燃易爆、有毒、腐蚀性化学品，窒息性气体，粉尘等。

（二）对能量和有害物质失去控制

一方面，人们需要能量、物质在系统中进行生产；另一方面，又必须约束和控制能量及有害物质，防止失控。如果失控就会造成能量、有害物质的意外释放和泄漏，从而造成人员伤害和财产损失，所以失控也是一类危险有害因素，它主要体现在人的因素、物的因素、环境因素、管理因素四个方面。

1. 人的因素

人的因素是指在生产活动中，来自人员自身或人为性质的危险有害因素，见表3-1①。

表3-1 人的因素分类

代码	名称	说明
11	心理性、生理性危险和有害因素	
1101	负荷超限	
1102	健康状况异常	伤病期等
1103	从事禁忌作业	
1104	心理异常	
1105	辨识功能缺陷	
1199	其他心理、生理性危险和有害因素	
12	行为性危险和有害因素	
1201	指挥错误	
1202	操作错误	
1203	监护失误	
1299	其他行为性危险和有害因素	

2. 物的因素

物的因素是指机械、设备、设施、材料等方面存在的危险和有害因素，见表3-2②。

表3-2 物的因素分类

代码	名称	说明
21	物理性危险和有害因素	
2101	设备、设施、工具、附件缺陷	
2102	防护缺陷	
2103	电危害	
2104	噪声	
2105	振动危害	
2106	电离辐射	包括X射线、γ射线、α粒子、β粒子、中子、质子、高能电子束等
2107	非电离辐射	
2108	运动物危害	
2109	明火	
2110	高温物质	
2111	低温物质	

① 《生产过程危险和有害因素分类与代码》（GB/T 13861—2022）将人的因素分为2大类、10中类、17小类。

② 《生产过程危险和有害因素分类与代码》（GB/T 13861—2022）将物的因素分为3大类、24中类、109小类。

表3-2（续）

代码	名称	说明
2112	信号缺陷	
2113	标志标识缺陷	
2114	有害光照	包括直射光、反射光、眩光、频闪效应等
2115	信息系统缺陷	
2199	其他物理性危险和有害因素	
22	化学性危险和有害因素	
2201	理化危险	
2202	健康危险	
2299	其他化学性危险和有害因素	
23	生物性危险和有害因素	
2301	致病性微生物	
2302	传染病媒介物	
2303	致害动物	
2304	致害植物	
2399	其他生物性危险和有害因素	

3. 环境因素

环境因素是指生产作业环境的危险有害因素，见表3-3①。

表3-3 环境因素分类

代码	名称	说明
31	室内作业场所环境不良	
3101	室内地面滑	室内地面、通道、楼梯被任何液体、熔融物质润湿，结冰或有其他易滑物等
3102	室内作业场所狭窄	
3103	室内作业场所杂乱	
3104	室内地面不平	
3105	室内梯架缺陷	包括楼梯、阶梯、电动梯和活动梯架，以及这些设施的扶手、扶栏和护栏、护网等
3106	地面、墙和天花板上的开口缺陷	包括电梯井、修车坑、门窗开口、检修孔、孔洞、排水沟等
3107	房屋基础下沉	
3108	室内安全通道缺陷	包括无安全通道，安全通道狭窄、不畅等

① 《生产过程危险和有害因素分类与代码》（GB/T 13861—2022）将环境因素分为3大类、24中类、109小类。

表3-3(续)

代码	名 称	说 明
3109	房屋安全出口缺陷	包括无安全出口、设置不合理等
3110	采光照明不良	照度不足或过强、烟尘弥漫影响照明等
3111	作业场所空气不良	自然通风差、无强制通风、风量不足或气流过大、缺氧、有害气体超限等，包括受限空间作业
3112	室内温度、湿度、气压不适	
3113	室内给、排水不畅	
3114	室内涌水	
3199	其他室内作业场所环境不良	
32	室外作业场地环境不良	
3201	恶劣气候与环境	包括风、极端的温度、雷电、大雾、冰雹、暴雨、雪、洪水、浪涌、泥石流、地震、海啸等
3202	作业场地和交通设施湿滑	包括铺设好的地面区域、阶梯、通道、道路、小路等被任何液体、熔融物质润湿，冰雪覆盖或有其他易滑物等
3203	作业场地狭窄	
3204	作业场地杂乱	
3205	作业场地不平	包括不平坦的地面和路面，有铺设的、未铺设的、草地、小鹅卵石或碎石地面和路面
3206	交通环境不良	包括道路、水路、轨道、航空
3207	脚手架、阶梯和活动梯架的缺陷	包括这些设施的扶手、扶栏和护栏、护网等
3208	地面及开口缺陷	包括升降梯井、修车坑、水沟、水渠、路面、排土场、尾矿库等
3209	建（构）筑物和其他结构缺陷	包括建筑中或拆毁中的墙壁、桥梁、建筑物；筒仓、固定式粮仓、固定的槽罐和容器；屋顶、塔楼；排土场、尾矿库等
3210	门和周界设施缺陷	包括大门、栅栏、畜栏、铁丝网、电子围栏等
3211	作业场地地基下沉	
3212	作业场地安全通道存在缺陷	包括无安全通道，安全通道狭窄、不畅等
3213	作业场地安全出口存在缺陷	包括无安全出口、设置不合理等
3214	作业场地光照不良	光照不足或过强、烟尘弥漫影响照明等
3215	作业场地空气不良	自然通风差或气流过大、作业场地缺氧、有害气体超限等，包括受限空间作业
3216	作业场地温度、湿度、气压不适	
3217	作业场地涌水	
3218	排水系统故障	例如：排土场、尾矿库、隧道等
3299	其他室外作业场地环境不良	
33	地下（含水下）作业环境不良	不包括以上室内室外作业环境已列出的有害因素
3301	隧道/矿井顶板或巷帮缺陷	例如：矿井冒顶

表3-3(续)

代码	名　称	说　明
3302	隧道/矿井作业面缺陷	例如：矿井片帮
3303	隧道/矿井底板缺陷	
3304	地下作业面空气不良	无风，风速超过规定的最大值或小于规定的最小值，氧气浓度低于规定值，有害气体浓度超限等，包括受限空间作业
3305	地下火	
3306	冲击地压（岩爆）	井巷或工作面周围岩体，由于弹性变形能的瞬时释放而产生突然剧烈破坏的动力现象
3307	地下水	
3308	水下作业供氧不当	
3399	其他地下作业环境不良	
39	其他作业环境不良	
3901	强迫体位	生产设备、设施的设计或作业位置不符合人类工效学要求而易引起作业人员疲劳、劳损或事故的一种作业姿势
3902	综合性作业环境不良	显示有两种以上作业环境致害因素且不能分清主次的情况
3999	以上未包括的其他作业环境不良	

4. 管理因素

管理因素是指管理和管理责任缺失所导致的危险和有害因素，见表3-4①。

表3-4　管理因素分类

代码	名　称	说　明
41	职业安全卫生管理机构设置和人员配备不健全	
42	职业安全卫生责任制不完善或未落实	包括平台经济等新业态
43	职业安全卫生管理制度不完善或未落实	
4301	建设项目“三同时”制度	
4302	安全风险分级管控	
4303	事故隐患排查治理	
4304	培训教育制度	
4305	操作规程	包括作业指导书
4306	职业卫生管理制度	
4399	其他职业安全卫生管理规章制度不健全	包括事故调查处理等制度不健全
44	职业安全卫生投入不足	

① 《生产过程危险和有害因素分类与代码》（GB/T 13861—2022）中将管理因素分为6大类、14中类。

表3-4(续)

代码	名　称	说　明
45	应急管理缺陷	
4501	应急资源调查不充分	
4502	应急能力、风险评估不全面	
4503	事故应急预案缺陷	包括预案不健全、可操作性不强、无针对性
4504	应急预案培训不到位	
4505	应急预案演练不规范	
4506	应急演练评估不到位	
4599	其他应急管理缺陷	
49	其他管理因素缺陷	

二、危险有害因素辨识方法

危险有害因素辨识是事故预防、安全评价、重大危险源监督管理、建立应急救援体系和职业健康安全管理体系的基础。许多系统安全评价方法，都可用来进行危险有害因素的辨识。危险有害因素的分析需要选择合适的方法。常用的辨识方法大致可分为两大类。

（一）经验分析法

适用于有可供参考先例、有以往经验可以借鉴的危险有害因素辨识过程，不能应用在没有先例的新系统中。

（1）对照法是指对照有关标准、法规、检查表或依靠分析人员的观察分析能力，借助于经验和判断能力直观地分析评价对象的危险性和危害性的方法。对照法是辨识中常用的方法，其优点是简便、易行，其缺点是受辨识人员知识、经验和资料的限制，可能出现遗漏。为弥补个人判断的不足，常采取专家会议的方式来相互启发、交换意见、集思广益，使危险有害因素的辨识更加细致、具体。

对照事先编制的检查表辨识危险有害因素，可弥补知识、经验不足的缺陷，具有方便、实用、不易遗漏的优点，但必须事先编制完整适用的检查表。

（2）类比法是指利用相同或相似系统或作业条件的经验、安全生产事故的统计资料来类推、分析评价对象的危险有害因素。例如：生产工艺相同或相似的企业，在失控方式、事故概率等方面极其相近，作业环境的监测数据、尘毒浓度也具有相似性，这就说明其危险有害因素及导致的后果是完全可以类推的。

（二）系统安全分析方法

常用的系统安全分析方法有安全检查表法（SCL）、工作危害分析法（JHA）、危险与可操作性分析法（HAZOP）等。

1. 安全检查表法

安全检查表法是依据相关的标准、规范，对工程、系统中已知的危险类别、设计缺陷以及与一般工艺设备、操作、管理有关的潜在危险性和有害性进行判别检查的方法，是系统安全工程的一种最基础、最简便、广泛应用的系统危险性评价方法。

安全检查表法适用于对静态设备设施的风险分析识别。

2. 工作危害分析法

工作危害分析法是通过对工作步骤的详细分析，识别出每个步骤中可能存在的危害和风险，并采取相应的安全措施来预防和减少事故的发生。

工作危害分析法适用于对作业活动中存在的风险分析识别。

3. 危险与可操作性分析法

通过研究工艺管线和仪表图、带控制点的工艺流程图（PID）或工厂的仿真模型，重点分析由管路和每一个设备操作所引发潜在事故的影响，应选择相关的参数，例如流量、温度、压力和时间，并检查每一个参数偏离设计条件的影响。采用经过挑选的关键词表，例如“大于”“小于”“部分”等，来描述每一个潜在的偏离。最终应识别出所有的故障原因，得出当前的安全保护装置和安全措施。所做的评估结论包括非正常原因、不利后果和所要求的安全措施。

HAZOP 既适用于设计阶段，又适用于现有的生产装置。

三、危险有害因素辨识范围和内容

1. 确定辨识范围

根据企业功能分区或者工艺流程将企业全部区域划分为功能相对独立的单元，如生产区（反应岗位、精馏岗位、后处理岗位、成品岗位等）、储罐区、办公区等，然后逐个单元分别进行辨识，对单元内所有涉及的作业活动、设备设施进行一一梳理和确认。

2. 危险有害因素辨识分类

根据《生产过程危险和有害因素分类与代码》（GB/T 13861—2022）分为 4 类：人的因素、物的因素、环境因素、管理因素。

3. 危险有害因素可能造成的事故后果

包括人身伤害、财产损失、装置或工序停车、违法、工作环境破坏、环境污染等。

四、化工企业危险有害因素辨识

危险有害因素辨识主要从安全生产管理、危险化学品、生产工艺过程、主要设备（装置）、厂址选择、总图布置、储运过程、公用工程及辅助系统、作业环境、重大危险源等方面进行。

（一）作业活动危险有害因素辨识

1. 作业活动单元划分

1）生产操作类

（1）日常正常操作：工艺操作、转动设备启停倒换、储罐切换运行、备用机泵机组盘车、消防设备设施操作、电气仪表设备操作、现场巡检、其他日常操作。

（2）异常工况处理：停水、停电、停气（汽）、停风、停止进料的处理，设备故障处理，工艺参数异常处理，其他异常工况。

（3）装置或单元开停车：装置或单元开车和停车，以及交付前的安全条件确认作业，如泄压、降温、置换、通风等。

（4）采样分析、脱水排凝、人工加料（剂）、汽车装卸车、火车装卸车、成型包装、库房叉车转运、库房起重转运、加热炉点火、铁路槽车洗车、输煤机检查、清胶清聚合物、清罐内污油等危险作业、配变电室停送电倒闸操作、场地清理、其他属于生产操作类的作业活动。

2）检维修类

（1）动火、受限空间、高处、临时用电、动土、断路、吊装、盲板抽堵等特殊作业。

（2）设备管线保温保冷、设备管线防腐、机泵机组维修、阀门及法兰检维修、安全阀爆破片拆装、电气仪表设备设施维修、消防设备设施检维修、设备管线打开、脚手架搭设、设备设施检测（罐体和管道探伤、测厚，防雷设施检测等）、机泵换油、其他检维修作业。

（3）建设项目施工、技改技革项目施工。

2. 辨识单元内作业活动项目

根据划分的单元，辨识单元内作业活动项目，并列出《作业活动排查清单》，以锅炉房的作业活动为例可分为点火作业、水质化验作业、巡检作业、炉膛检维修作业等，见表3-5。

表3-5　作业活动排查清单

单位：　　　　　　　　　　　　　　　　　　单元：

序号	名称（×××班组/区域/场所）	作业活动	备注
	锅炉房	点火作业	
		水质化验作业	
		巡检作业	
		……	

3. 分解作业活动

将作业活动分解为若干个相连的作业步骤。作业步骤的划分要合理，每个作业步骤均应有明确的作业目的进行界定，防止作业步骤的划分过粗或过细，一般限定在3~10步为宜。如果作业流程长、步骤多，可先将该作业活动分为几大块，每块为一个大步骤，再将大步骤分为几个小步骤。

4. 辨识各个作业步骤的危险有害因素

根据分解的作业步骤，对每个作业步骤伴随的危险有害因素进行辨识分析，填录《作业活动危险有害因素辨识清单》，见表3-6。

表3-6　作业活动危险有害因素辨识清单

单位：　　　　　　　　　　　　　单元：　　　　　　　作业活动名称：

序号	作业步骤	危险有害因素	导致的后果	备注

（二）设备设施危险有害因素辨识

1. 设备设施单元划分

（1）炉类：锅炉、转化炉、开工加热炉、气化炉、其他炉类。

（2）塔类：吸收塔、再生塔、解吸塔、汽（气）提塔、精馏塔、蒸馏塔、水洗塔、碱洗塔、洗涤塔、浓缩塔、冷却塔、其他塔。

（3）反应器类：合成塔、反应釜、其他反应器。

（4）储罐及容器类：储罐、储槽、分离器（罐）、缓冲罐、混合器（槽）、闪蒸器（槽）、其他储罐及容器。

（5）冷换设备类：水冷器、冷凝器、凝结器、加热器、预热器、其他冷换设备。

（6）转动设备类：各类型压缩机、风机、空压机、各类型泵、其他转动设备。

（7）起重运输设备类：各类起重机械、厂内机动车辆、其他起重运输设备。

（8）供配电设备设施：发电机、变压器、配电柜、配电箱、电缆、其他供配电设备设施。

（9）管廊：架空管廊、地下管廊。

（10）建（构）筑物：厂房、办公楼等。

2. 列出单元内《设备设施排查清单》

建立《设备设施排查清单》，样式见表 3-7。

表 3-7　设备设施排查清单

单位：　　　　　　　　　　　　　　单元：

序号	名称（×××班组/岗位）	设备设施名称	位号/类别	备注

3. 辨识设备设施的危险有害因素

建立《设备设施危险有害因素清单》，样式见表 3-8。

表 3-8　设备设施危险有害因素辨识清单

单位：　　　　　　　　　　　　　　单元：　　　　　　　　岗位名称：

序号	设备设施名称	危险有害因素	导致的后果	备注

（三）重大危险源辨识

1. 重大危险源辨识指标

生产单元、储存单元内存在危险化学品的数量等于或超过规定的临界量，即被定为重大危险源。单元内存在的危险化学品的数量根据危险化学品种类的多少区分为以下两种情况。

（1）生产单元、储存单元内存在的危险化学品为单一品种时，该危险化学品的数量即为单元内危险化学品的总量，若等于或超过相应的临界量，则定为重大危险源。

（2）生产单元、储存单元内存在的危险化学品为多品种时，按式（3-1）计算，若满足该计算，则定为重大危险源。

$$S=\frac{q_1}{Q_1}+\frac{q_2}{Q_2}+\cdots+\frac{q_n}{Q_n}\geqslant 1 \tag{3-1}$$

式中 S——辨识指标；

q_1，q_2，…，q_n——每种危险化学品的实际存在量，t；

Q_1，Q_2，…，Q_n——与每种危险化学品相对应的临界量，t。

2. 重大危险源分级

1）重大危险源的分级指标

采用单元内各种危险化学品实际存在量与其相对应的临界量比值，经校正系数校正后的比值之和 R 作为分级指标。

2）重大危险源分级指标的计算方法

重大危险源的分级指标按式（3-2）计算。

$$R=\alpha\left(\beta_1\frac{q_1}{Q_1}+\beta_2\frac{q_2}{Q_2}+\cdots+\beta_n\frac{q_n}{Q_n}\right) \tag{3-2}$$

式中 R——重大危险源分级指标；

α——该危险化学品重大危险源厂区外暴露人员的校正系数；

β_1，β_2，…，β_n——与每种危险化学品相对应的校正系数；

q_1，q_2，…，q_n——每种危险化学品实际存在量，t；

Q_1，Q_2，…，Q_n——与每种危险化学品相对应的临界量，t。

根据单元内危险化学品的类别不同，设定校正系数 β 值。在表 3-9 范围内的危险化学品，其 β 值按表 3-9 确定；未在表 3-9 范围内的危险化学品，其 β 值按表 3-10 确定。

表 3-9 部分毒性气体校正系数 β 的取值

名称	校正系数 β
一氧化碳	2
二氧化硫	2
氨	2
环氧乙烷	2
氯化氢	3
溴甲烷	3
氯	4

表 3-10 未在表 3-9 中的危险化学品校正系数 β 的取值

类别	符号	校正系数 β
急性毒性	J_1	4
	J_2	1
	J_3	2
	J_4	2
	J_5	1
爆炸物	$W_{1.1}$	2
	$W_{1.2}$	2
	$W_{1.3}$	2

根据危险化学品重大危险源的厂区边界向外扩展 500 m 范围内常住人口数量，按照表 3-11 设定暴露人员校正系数 α 值。

表 3-11 暴露人员校正系数 α 的取值

厂外可能暴露人员数量	校正系数 α
100 人以上	2.0
50~99 人	1.5
30~49 人	1.2
1~29 人	1.0
0 人	0.5

3. 重大危险源分级标准

根据计算出来的 R 值，按表 3-12 确定危险化学品重大危险源的级别。

表 3-12 重大危险源级别和 R 值的对应关系

重大危险源级别	R 值
一级	$R \geqslant 100$
二级	$100 > R \geqslant 50$
三级	$50 > R \geqslant 10$
四级	$R < 10$

（四）风险评价与分级

危险有害因素辨识出来后，需要将风险（危险）程度量化，计算每项危险有害因素的风险大小，并分析判断、确定风险等级。

1. 风险评价方法的选择

企业应根据所确定的评价对象的作业性质和危害复杂程度，选择有效、可行的风险评价方法进行风险评价。本书推荐两种常用方法实施危险有害因素风险评价：一是工作危害分析法（JHA），适用于对作业活动中存在的风险进行分析识别；二是安全检查表法（SCL），适用于对静态设备设施的风险进行分析识别。

2. 风险等级评估

企业应对所识别的危险有害因素进行科学评估，确定最大危害程度和可能影响的最大范围，以便采取有效或适当的控制措施，从而把风险降低或控制在可以容许的程度。本书推荐企业采用风险矩阵法进行风险评估，具体步骤如下。

（1）确定所识别的危害发生的后果严重程度，重点考虑人身伤亡、财产损失以及对周边环境的影响，见表3-13。

表3-13　危害及影响的后果严重性（S）取分参考

分值	危害后果	人身伤亡程度	直接经济损失/万元	环境
5	重大	死亡；全部丧失劳动能力；慢性职业病	≥50	较大以上突发环境事件；危险物质泄漏，现场以外地方长期影响，10年内不可消除的
4	较大	重伤；急性职业中毒	10~50	一般突发环境事件；危险物质泄漏，对现场以外某些区域有长期伤害，可消除的
3	中等	轻伤，造成损失工时事故；作业场所职业危害因素超标	1~10	受伤，造成损失工时事故；作业场所职业危害因素超标
2	一般	轻微伤害，需要一些急救处理；短时间身体不适	0.5~1	现场受控制的泄漏，没有长期损害
1	轻微	伤害可以忽略，不用离岗	≤0.5	危险物质泄漏，不影响现场以外区域，微损，可很快清除

注：取各指标中影响程度最大的分值。

（2）确定发生危害事故事件的可能性有多大，重点从定性、定量的角度和类似事件发生频次的统计数据，考虑危害发生的可能性，见表3-14。

表3-14　危害事件发生的可能性（L）取分参考表

分值	可能性	说　　明
5	非常高	事件极有可能发生。例如：在现场没有采取防范措施及监测、保护、控制措施，或危害的发生不能被发现（没有监测系统），或在正常情况下经常发生此类事故或事件
4	高	事件很可能发生。例如：危害的发生不容易被发现，现场没有监测系统，也未做过任何监测，或在现场有控制措施，但未有效执行或监控措施不当，或危害常发生或在预期情况下发生
3	中等	事件有可能发生。例如：没有保护措施（没有保护装置、现场没有监测系统），或曾经做过监测，或过去曾经发生类似事故或事件，或在异常情况下发生过类似事故或事件

表3-14（续）

分值	可能性	说　　明
2	低	事件有可能不发生。例如：危害一旦发生能及时发现，并定期进行监测，或现场有防范控制措施，并能有效执行，或过去偶尔发生危险事故或事件
1	非常低	事件几乎不会发生。例如：有充分、有效的防范、控制、监测、保护措施，或员工安全卫生意识相当高，严格执行操作规程，极不可能发生事故或事件

（3）确定风险等级。结合所辨别的危害发生的可能性及后果严重性构成的风险矩阵，确定其风险的大小以及可接受程度。风险评价的结果可分为以下几种：重大风险（$R=LS$：15~25）、较大风险（$R=LS$：9~12）、一般风险（$R=LS$：5~8）、轻微（低）风险（$R=LS$：1~4），分别用红、橙、黄、蓝标识，实施分级管控，见表3-15。

表3-15　风险度（R）及等级划分表

风险度 $R=LS$	等级		色标	备　　注
15~25	一级	重大风险	红	立即采取工程、技术、管理等措施降低风险，制定降低风险的整改方案，落实整改时限要求
9~12	二级	较大风险	橙	采取针对性措施降低风险，建立运行控制程序，定期检查、测量及评价
5~8	三级	一般风险	黄	采取一定控制措施，定期检查并制定完善操作规程、作业指导书，保存记录
1~4	四级	轻微（低）风险	蓝	加强管理，持续改进，加强检查并保存记录

3. 作业活动风险评价

（1）依据《作业活动危险有害因素辨识清单》，应用风险矩阵法对识别出的每个作业活动、作业步骤的风险大小进行评价，确定风险等级，提出建议控制措施，填录《作业活动风险评价表》，见表3-16。

表3-16　作业活动风险评价表

单位：　　　　　　　　单元：　　　　　　　　作业活动名称：

序号	作业步骤	危害有害因素	现有安全控制措施	可能性 L	后果严重性 S	风险度 R	风险等级	采取的削减措施	风险是否可接受

（2）按照公司、车间、班组三级对识别出的作业活动风险进行分级管控，填录《作业活动风险分级管控信息表》（表3-17），建立作业活动风险分级管控信息台账。

表 3-17　作业活动风险分级管控信息表

单位：　　　　　　　　　　　　单元：　　　　　　　　　日期：

序号	作业活动名称	危害有害因素	风险级别	控制措施	管控层级

注：以任一项作业步骤的最大风险等级作为该项作业活动的风险等级。

4. 设备设施风险评价

（1）根据《设备设施危险有害因素辨识清单》（表 3-8），应用风险矩阵法对清单内的所有设备设施进行风险分析与评价，确定风险等级，提出建议控制措施，填录《设备设施风险评价表》，见表 3-18。

表 3-18　设备设施风险评价表

单位：　　　　　　　　　　　　单元：

序号	设备设施名称	检查项目	主要偏差的主要后果	现有安全措施	可能性 L	后果严重性 S	风险度 R	风险等级	建议改正/控制措施

（2）按照公司、车间、班组三级对识别出的设备设施风险进行分级管控，填录《设备设施风险分级管控信息表》（表 3-19），建立设备设施风险分级管控信息台账。

表 3-19　设备设施风险分级管控信息表

单位：　　　　　　　　　　　　单元：　　　　　　　　　日期：

序号	设备设施名称	危害有害因素	风险级别	控制措施	管控层级

第二节　危险化学品风险防控

化工生产中使用的原料、生产中的中间体和产品很多都是易燃、易爆的物质，而化工生产过程又多为高温、高压，若工艺与设备设计不合理、设备制造不合格、操作不当或管理不善，容易发生事故，造成人员伤亡及财产损失。因此，风险防控对于化工生产的安全运行是十分重要的。

一、防火防爆

（一）防火防爆基本原理

引发火灾的条件是：可燃物、助燃物和点火源同时存在、相互作用。引发爆炸的条件是：爆炸品（内含还原剂及氧化剂）或者是可燃物、空气的混合物、引爆能源三个要素同时存在、相互作用。如果采取措施避免或者消除上述条件，就可以防止火灾或爆炸事故的发生。

防止火灾爆炸事故发生的基本原则为：一是防止和限制可燃系统的形成；二是消除各类点火源；三是阻止和限制火灾爆炸的蔓延扩展。

（二）防火防爆技术措施

为了达到预防、限制、灭火、安全疏散的目的，采取的安全措施包括以下四个方面。

1. 防止燃爆系统的形成

1）根据物质的危险特性进行控制

首先在工艺上进行控制，以火灾爆炸危险性小的物质代替危险性大的物质；其次根据物质的物化特性，采取不同的防火防爆措施。

对本身具有自燃能力的物质，遇空气能自燃，遇水能自燃、爆炸的物质，应分别采取隔绝空气、防水防潮或采取通风、散热、降温等措施，防止发生燃烧或爆炸。

两种相互接触能引起燃烧爆炸的物质不能混存，更不准相互接触；遇酸碱能分解、燃烧、爆炸的物质要严禁与酸碱接触，对机械作用比较敏感的物质要轻拿轻放。

对易燃、易爆气体或蒸气要根据它们与空气的相对密度采用相应的排空方法和防火防爆措施。密度小于空气的易燃气体可直接向高空排放，而相对密度大的气体，例如硫化氢（相对密度为 1.19），应采用火炬的方式燃烧排空。对可燃液体，要根据物质的沸点、饱和蒸气压考虑设备的耐压强度、储存温度、保温降温措施，根据它们的闪点、爆炸范围、扩散性采取相应的防火防爆措施。

对于不稳定的物质，在储存中应添加稳定剂。例如：异戊二烯、苯乙烯、氯乙烯、丙烯腈等有聚合放热自燃爆炸的危险，储存时要加入对苯二酚、苯酮等作为阻聚剂。对受到阳光作用能生成具有爆炸性过氧化物的乙二醇丁醚等液体，必须存放在金属桶内或暗色的玻璃瓶中。

物质的带电性能，直接关系到在生产、储运过程中是否能产生静电危险，对能产生静电的物质要采取防静电措施。

2）防止可燃物外溢泄漏

密闭设备系统是防止易燃气体、蒸气、粉尘与空气形成爆炸性混合物的最有力措施之一。对于带压设备，更需要保持其密闭性，防止易燃气体、蒸气、粉尘逸出到空气中；负压操作可有效地防止系统中的爆炸性气体、有毒气体向系统外逸散。但在负压条件下，要防止系统的密闭性差，导致空气吸入到系统内，特别是在打开阀门时，外界空气通过缝隙进入负压系统，达到气体混合物的爆炸极限而导致爆炸。为了保证设备的密闭性，应注意以下几点安全要求。

（1）有燃烧爆炸危险的设备管道，少用法兰连接，尽量使用焊接。必须使用法兰连接的，应根据压力的要求，选用不同的法兰。密封垫圈的选用要符合温度、压力、介质的要求，一般危险化学品生产采用金属缠绕垫，高温高压、腐蚀性介质的工艺可采用聚四氟乙烯塑料垫圈。

（2）输送易燃气体、液体的管道应采用无缝钢管，盛装腐蚀性介质的容器底部尽量不装设阀门，腐蚀性液体应从顶部抽吸排出。

（3）接触高锰酸钾、氯酸钾、硝酸钾、漂白粉等氧化剂的生产传动装置要严加密封，定期更换润滑油，防止粉尘进入变速箱中与润滑油混触引起火灾。

（4）对带压的设备系统，要严格控制压力，防止超压。在定期检修时，要做气密性检验和耐压强度实验。

实际生产过程中发生的可燃物泄漏，包括正常运转中的泄漏，停水、电、气等异常情况下的泄漏，以及检修开停车时引起的泄漏，按泄漏时的压力情况可分为高压喷出、常压流出和真空吸入。造成可燃物泄漏的原因很多，而预防泄漏的关键则是防止误操作，加强设备的维修保养，严禁超量、超温、超压。防止设备管道的泄漏，必须在设备管道的运行过程中做好各种安全检查，定期检修，并制定制止突发泄漏的应急措施。对危险大的装置，应设置远距离遥控切断阀，以备装置异常时立即和其他装置隔离。为防止误操作，重要的阀门应采取两级控制，并采取挂标志、加锁等措施。各种管线应涂不同颜色，不同管线上的阀门相隔一定的距离。

3）惰性气体保护

化工生产中常用的惰性气体有氮气、二氧化碳等没有燃爆危险的气体，使用最为广泛的是氮气。惰性气体作为保护性气体可以阻止形成燃烧爆炸系统，常在以下几个环境使用。

（1）压碎、研磨、筛分、混合易燃固体物质及粉状物料输送时，用惰性气体做覆盖保护。

（2）在易燃气体或蒸气的物料系统中，充入惰性气体，使系统保持正压，防止形成爆炸性混合物。

（3）利用惰性气体正压输送易燃粉料、液体或高温物料。

（4）对能产生火花的电器、仪表采用充氮正压保护。

（5）对易燃易爆系统进行动火作业时，用惰性气体吹扫，置换出系统中的易燃气体和蒸气。

（6）有火灾爆炸危险的设备、储槽、管线等与惰性气体管路相连，当发生危险时，可用惰性气体覆盖，进行保护和灭火。

惰性气体在化工生产中应用很广，输送惰性气体的管路往往与多种危险物质生产系统相连通，但若易燃易爆或具有腐蚀性的介质窜入惰性气体系统，不但起不到保护作用，反而能产生很大的危险。因此，一般在管道上安装止回阀，防止危险物料窜入惰性气体系统。

4）通风置换

在有火灾爆炸危险的场所内，尽管采取措施使设备密闭，但总会有部分易燃气体、蒸气或粉尘泄漏出来。采用通风置换、除尘可以降低场所内可燃物的含量，是防止形成爆炸性混合物的一个重要措施。

用于通风措施的空气，不应循环使用。排风设备和送风设备应独立设置通风室，与易燃易爆气体、粉尘隔绝，温度超过 80 ℃的空气或其他气体的排风设备，应用非燃烧材料制成。有燃烧爆炸危险的粉尘排风系统，应采用不产生火花的除尘设备。当粉尘与水接触能生成爆炸性气体时，不应采用湿式除尘系统，通风管道不宜穿过防火墙，以免发生火灾时，火势顺管道通过防火墙而扩散蔓延。

5）安全监测及联锁

（1）信号报警。在化工生产中，出现危险状态时，信号报警装置可以警告操作人员并使其采取措施，消除事故隐患。通常发出的报警信号有声、光等形式，而报警装置一般都和测量仪表相联系，当有关测量参数超过控制指标时，该装置就会发出相应的报警信号。保险装置在信号装置发出危险信号时，能自动采取措施消除不正常状态或扑救危险状况。例如：当气体燃烧炉燃料压力降得太低时，便会熄火，此时可燃气仍继续流出，并扩散到整个炉内，重新点火时就有可能发生爆炸。为防止这种事故，应在输气管上安装紧急自动切断阀，当炉火熄灭时，自动切断气源。又如：当可燃物发生局部燃烧时，信号系统把测出的信号传至紧急自动切断阀，扑灭已点燃的小火，避免造成灾害。

（2）安全联锁。安全联锁是利用机械或电气控制依次接通各仪器或设备，并使之发生联系，若不符合规定的程序，则仪器和设备便不能启动、运转或停车，以达到安全生产的目的。在化工生产中，联锁装置常被用于以下环境：①同时或依次开启两种物料的阀门；②反应至一定程度时需要用惰性气体保护；③打开设备前应预先解除压力或降温时；④当两种或多种部件、设备、机器由于误操作而容易引发事故时；⑤当工艺控制参数达到某一危险值，立即启动紧急处理装置时；⑥危险部位或区域禁止无关人员入内时。

例如：硫酸和水的混合操作中，必须先往设备中注水后再注入硫酸，如果先加硫酸，水会浮在硫酸表面形成水层，加上水和浓硫酸混合放热，表面的水层会迅速沸腾，大量酸性水珠四溅，十分危险，为此可将注水阀和注酸阀进行联锁，这样可以防止疏忽颠倒操作顺序。

（3）火灾爆炸监测装置。火灾爆炸监测装置主要是指火灾探测器和易燃气体监测仪。

火灾探测器是发现火灾苗头的设备，它能测出火灾初期陆续出现的火灾信息。火灾探测器分为接触式探测和非接触式探测两类，接触式探测主要有感温探测、感烟探测、气体探测、静电探测等多种类型；非接触式探测主要有火焰探测、声音探测、图像探测等类型。利用以上各种探测器可组装成火灾报警器、报警网、自动灭火系统。

易燃气体监测仪主要是指在生产和使用可燃性气体的场所使用的监控可燃性气体泄漏和其在空气中含量的监测仪。在易泄漏易燃气体或蒸气的部位，设置固定式易燃气体监测仪，以随时监测泄漏情况。易燃气体监测仪探测器安装高度应考虑泄漏物质气态的相对密度。例如：监测相对密度大于空气的液化石油气，应安装在距地面 0.3~0.6 cm 处；监测相对密度小于空气的天然气、煤气等宜安装在设备上方或天花板附近。易燃气体监测仪的报警控制单元要安装在控制室。对危险性很大的部位，宜采用强制性定向接收装置，利用空气抽出器或水喷射器抽取气样。对没有设置固定监测仪的其他部位，应用便携式易燃气体监测仪随时检测。另外，在检修动火前必须用便携式易燃气体监测仪随时检测，以保证检修工作的顺利进行。

各类易燃气体监测仪在使用中一般要注意以下几点：①防止检测元件催化剂中毒失效；②定期更换检测元件；③定期检查标定零点和量程，即校正。

2. 对点火源进行控制

火源是危险化学品企业生产不可缺少的重要能源，也是引发火灾爆炸事故的主要危险因素。因此，必须对火源实行科学、严格的管理，既要合理利用作为能源的火源，又要控制和消除引起火灾爆炸事故的点火源。

能引发事故的点火源有明火，摩擦和撞击，高温表面，自燃发热，电气、静电火花，热射线，雷电等。

1）明火

明火包括加热用火、检修用火、高架火炬、吸烟及其他。根据化工系统火灾爆炸重大事故的统计，明火引发的事故占 50% 以上。因此，严格控制管理明火，对防火防爆十分重要。

（1）加热用火。生产用明火加热炉应集中布置在厂区的边缘，位于装置全年最小频率风向的下风侧，与露天布置的液化烃设备和甲类生产厂房的防火间距不小于 30 m。加热炉的燃料室与设备应分开或隔离，加热炉的钢支架应覆盖耐火极限不小于 1. 5 h 的耐火层，烧燃料气的加热炉应设长明灯和火焰监测器。为防止烟筒飞火，炉膛内的燃烧要充分，烟筒要有足够的高度并安装阻火器。对熬炼设备要经常检查，防止烟道窜火和熬锅破漏。熬锅内物料不能过满，以防溢出并要严格控制加热温度。

（2）检修用火。使用气焊、电焊、喷灯进行安装和维修时，必须办理动火证，在采取了防护措施，确保安全后方能动火。在对生产、盛装易燃物料的设备、管道进行动火作业时，要严格执行隔离、置换、清洗、动火分析等规定，使用惰性气体进行吹扫置换并经气体分析合格后方可动火。化工企业动火前半小时的合格分析的标准：①爆炸下限小于 4% 的易燃气体、蒸气，其被测浓度应不大于 0. 2%；②爆炸下限大于或等于 4% 的易燃气体、蒸气，其被测浓度应不大于 0. 5%；③混合气体以爆炸下限最低的为合格标准；④氧含量为 19. 5% ~23. 5%。

当需要动火的系统与其他设备连通时，应将相连接的管道拆下断开或加堵金属盲板隔绝，防止易燃的物料进入检修系统，在动火时发生燃烧或爆炸。金属盲板除保持严密不漏气外，还应能承受一定的压力。

在积存易燃气体或蒸气的管沟、深坑、下水道及其附近区域，没有消除危险前，不能进行动火作业。电焊线破残应及时更换或修理，不能利用与有燃烧爆炸危险的生产设备相连接的金属件连接电焊地线，以防在电路接触不良的地方产生高温或电火花。在有爆炸危险的场所使用喷灯，应按动火制度将周围可燃物清理干净。

（3）高架火炬。高架火炬应布置于生产区、全厂重要设施全年最小频率风向的上风侧，与相邻居住区、工厂的防火间距不小于 120 m，与厂区内的装置、储罐、设施距离不小于 90 m。火炬的顶部应有可靠的点火设施和防止下“火雨”的措施。严禁排入火炬的易燃气体携带可燃液体，火炬周围的 30 m 内，禁止易燃气体放空。装置内火炬的高度应使火焰的辐射热不致影响到人身和设备的安全。

（4）其他。香烟燃烧温度最高可达 650~800 ℃，为防止吸烟引发火灾爆炸事故，化工企业禁止吸烟。可采取的措施包括设立明显的禁烟标志，建立严格的吸烟制度，生产区域内严禁吸烟；在生产、使用易燃液体的场所，严禁带入火柴、打火机和香烟等。

汽车等机动车辆的排气管喷火，也能引起易燃物料的燃烧爆炸。为防止各种车辆排气管喷火引起火灾，进入厂区或生产区域的车辆，必须在排气管上安装火星熄灭器。

2）摩擦和撞击

机器上转动部分的摩擦，铁器的互相撞击或铁器工具打击混凝土地面等，都有可能产生高温火花，这种火花可以认为是撞击或摩擦下来的高温固体颗粒。如果火花微粒的直径是 0.1 mm，根据测试其携带的热量是 1.76 mJ；如果火花微粒的直径是 1 mm，其带有的热能就是 176 mJ。由于火花带有的能量超过了大多数易燃气体、蒸气、粉尘的最小点火能量，因此摩擦与撞击往往成为火灾爆炸的起因，在易燃易爆的场所，要避免发生摩擦和撞击，防止燃烧爆炸产生。

（1）摩擦。机器上的轴承缺油、润滑不均时，会因摩擦而发热，引起附着的可燃物着火。因此对设备的轴承等传动部位要经常检查、及时加油，保持良好润滑，及时清除附着的可燃污垢。

（2）撞击。易燃易爆场所内，避免使用铁器工具，应采用青铜合金制作的安全工具。具有燃烧、爆炸危险的生产厂房内，禁止穿带钉子的鞋，地面应采用不发生火花的材料铺设。

装运盛装易燃易爆危险品的金属容器时，不要拖拉、抛掷、震动，防止互相撞击产生火花。倾倒或抽取可燃液体时，用铜锡合金或铝皮等不产生火花的材料将容易摩擦撞击的部位覆盖起来。

为了防止铁制零件随物料带入设备内发生撞击起火，应在粉碎机、搅拌机、混合机等设备上安装磁力离析器，吸出、剔出铁制零件。在破碎、研磨特别危险物质的过程中，采用惰性气体保护。例如：碳化钙受潮后可能产生乙炔，所以在粉碎过程需要加入氮气保护。

3）高温表面

化工企业的加热、干燥装置，高温物料输送管线，高压蒸汽管路及反应设备等，其表面温度都比较高，能成为燃烧爆炸的点火源。为防止发生事故，主要措施是采用绝热材料对热表面进行保温隔热处理，防止易燃物料与高温设备、管道表面相接触。高温表面上的污垢和物料要经常清除，防止局部过热。

4）自燃发热

某些易燃易爆物质具有自燃发热的特性。例如：硝化棉、赛璐珞、黄磷及一些含油物质等。硝化棉、赛璐珞的自燃一般发生在高温潮湿的条件下，因此它们应存放在通风阴凉干燥处。黄磷应存放在水中与空气隔绝，防止发生自燃。油布、油纸应放入铁桶内，放置在安全地方，并应及时清理，以防自燃。

5）电气、静电火花

电火花是易燃气体、蒸气、粉尘与空气混合物燃烧爆炸的点火源之一。在具有燃烧爆炸的危险场所，如果电气设备不符合防爆设计的要求，则电气设备所产生的火花、电弧和危险温度就可能导致火灾爆炸事故的发生。静电火花也可引起易燃气体、蒸气、粉尘的燃烧爆炸。在化工生产中，物料泄漏喷出、摩擦、搅拌，液体以及粉体物料的输送均可因产生静电而导致火灾爆炸事故的发生。防止静电危害的基本途径有：在工艺方面控制静电的发生量；采用泄漏导移的方法，消除静电荷积聚；利用设备生产出异性电荷，来中和生产过程中产生的静电电荷，使其呈中性。限制输送速度、降低物料移动中的摩擦速度或液体物料在管道中的流速等工作参数，可限制静电产生。

6）热射线（日光）

直射的太阳光通过凸透镜，弧形、有气泡或者不平的玻璃等，被聚焦形成高温焦点，可能会点燃易燃物。为此，有爆炸危险的厂房及库房必须采取遮阳措施。例如：门窗玻璃涂上白漆或者采用磨砂玻璃。

7）雷电

雷电是自然界中的静电放电现象。雷电所产生的火花温度之高可以熔化金属，也是火灾爆炸事故的祸根之一。化工企业应落实防雷措施，铺设防雷装置。

3. 限制燃烧爆炸的蔓延扩散

限制火灾爆炸蔓延扩散是防止已发生的燃烧爆炸扩展到其他邻近部位，是防灾的一条重要措施。

1）阻火装置

阻火装置是为了防止外部火焰或火星进入有燃烧爆炸危险的设备、管道、容器，或阻止火焰在设备和管道之间扩展，防止火灾爆炸发生。常用的阻火装置主要包括阻火器、回火防止器、单向阀、安全液封等。

（1）阻火器。在容易引起燃烧爆炸的高热设备、燃烧室、高温氧化炉、高温反应器上，输送易燃气体、易燃液体的管线之间，以及易燃液体、易燃气体的容器、设备、管道的排气管末端，常用阻火器阻火。其阻火原理是火焰在管中蔓延的速度随着管径的减小而降低，同时随着管径的减小，热损失的增大，火焰熄灭。常用的阻火器有机械阻火器、液封阻火器和料封阻火器等。

（2）回火防止器。回火防止器是在气焊或气割作业时，防止火焰进入容器并阻止火焰在管路中蔓延的阻火装置。它的作用原理和阻火器相同。回火防止器通常安装在乙炔发生器、乙炔瓶、乙炔管道上。乙炔站要安装容量大的集中式回火防止器，操作岗位通常配置容量小的回火防止器，只供一把焊枪或气割枪使用。

（3）单向阀。单向阀也称止逆阀、止回阀，仅允许液体向一定的方向流动，遇有回流时即自动关闭，可防止高压窜入低压，引起管道、容器和设备的爆裂；也可作为易燃气体管线上的防止回火的安全装置。例如：液化石油气瓶上的调压阀。如果水、水蒸气、空气、氮气等辅助管线与易燃气体、液体的设备、管线相连接，为防止在不正常条件下出现的倒流造成事故，在辅助管线上也应设置单向阀。气体压缩机、油泵等在停电、停气和不正常条件下可能出现倒流造成事故的，应在压缩机和油泵出口管线上设置单向阀。在高、低压系统之间，为防止高压窜入低压造成事故，在低压系统上要设置单向阀。

（4）安全液封。安全液封用于低压系统的阻火，一般装在气体管线与生产设备之间，或设置在污水管道之间，有敞开式和封闭式两种。液封阻火的基本原理是由于有液体封在进出气管之间，在液封两侧的任何一侧着火，火焰都将在液封处被熄灭，从而阻止火势蔓延。在化工企业污水管网上常设置水封井，水封井内的水封高度不得低于 250 mm。安全水封的使用过程中要注意检查水位，冬季要防止结冻。

2）阻火设施

阻火设施是指把火灾限定在一定范围内，阻断火势蔓延的安全构件或设施。常用的阻火设施有防火门、防火墙、防火堤、事故罐、防火集流坑等几种。

3）防爆泄压装置

防爆泄压装置是指设置在工艺设备上或承压容器上，能够防止压力突然升高或爆炸冲击波对设备、容器破坏的安全防护装置，主要有安全阀、爆破片、泄爆门等。生产系统内一旦发生爆炸或压力剧增时，可以通过这些设施将超高压力释放出去，以减少巨大压力对设备、系统的破坏或者减少事故损失。

4）隔离

对火灾、爆炸危险性大的装置，采取分区隔离和远距离操作等措施，一旦发生火灾爆炸可大大减少灾害带来的损失。

总平面设计时，应合理安排工厂布局，装置与装置、装置与库区之间要留出足够的安全距离。

各生产工序之间，也要按照危险程度采取适当的隔离措施。对危险程度大的工序可以采用隔离操作和设置防爆墙等措施，将操作人员和生产设备隔离，以保护人员和其他设施的安全。例如：精细化工反应工艺危险度达到 5 级并要实施产业化的项目，在设计时，应设置在防爆隔离区域中，设置完善的超压泄爆设施，实现全面自控，除装置安全技术规程和岗位操作规程中对于进入隔离区域有明确规定的，反应过程中操作人员不应进入隔离区域内。

二、防中毒、窒息

化工生产中所使用的原材料、产品、中间产品、副产品以及含于其中的杂质，生产中的“三废”中的毒物等均属于工业毒物。中毒的可能性伴随整个生产过程，做好毒物的管理、中毒的防护和救助工作，是十分重要的。

（一）防毒、窒息基本原理

1. 工业毒物与职业中毒

毒物侵入人体后与人体组织发生化学或物理化学作用，并在一定条件下破坏人体的正常生理机能，引起某些器官和系统发生暂时性或永久性的病变，这种病变称之为中毒。在生产过程中由工业毒物引起的中毒即为职业中毒。

2. 工业毒物的分类

化工生产中，工业毒物是广泛存在的。其中许多物质对人体有毒害作用。由于毒物的化学性质各不相同，因此分类的方法很多，下面介绍几种常用的分类方法：①按物理形态可分为气体、蒸气、烟、雾、粉尘；②按化学类属可分为无机毒物、有机毒物；③按毒作用性质大致可分为刺激性毒物、窒息性毒物、麻醉性毒物、全身性毒物。

3. 工业毒物的毒性

1）毒性及其评价指标

毒物的剂量与反应之间的关系，用“毒性”一词来表示，毒性反映了化学物质对人体产生有害作用的能力。毒性一般以化学物质引起实验动物某种毒性反应所需的剂量表示。对于吸入中毒，则用空气中该物质的浓度表示。

某种毒物的剂量（浓度）越小，表示该物质毒性越大，通常用实验动物的死亡数来反映物质的毒性，常用的评价指标有以下几种。

（1）绝对致死剂量或浓度（LD_{100} 或 LC_{100}）是指使全组染毒动物全部死亡的最小剂量或浓度。

（2）半数致死剂量或浓度（LD_{50} 或 LC_{50}）是指使全组染毒动物半数死亡的剂量或浓度，是将动物实验所得的数据经统计处理而得的。

（3）最小致死剂量或浓度（MLD 或 MLC）是指使全组染毒动物中有个别动物死亡的剂量或浓度。

（4）最大耐受剂量或浓度（LD_0 或 LC_0）是指使全组染毒动物全部存活的最大剂量或浓度。

上述各种“剂量”通常是用毒物的质量（mg）与动物的体重（kg）之比（即 mg/kg）来表示。“浓度”常用单位体积（m^3 或 L）空气中所含毒物的质量（mg 或 g）（即 mg/m^3、g/m^3、mg/L）来表示。

2）毒物的急性毒性分类

毒物的急性毒性分类见表 3-20①。

表 3-20　急性毒性分类

<table>
<tr><th>接触途径</th><th>单位</th><th>类别 1</th><th>类别 2</th><th>类别 3</th><th>类别 4</th><th>类别 5</th></tr>
<tr><td>经口</td><td>mg/kg</td><td>5</td><td>50</td><td>300</td><td>2000</td><td rowspan="2">5000
（见注）</td></tr>
<tr><td>经皮肤</td><td>mg/kg</td><td>50</td><td>200</td><td>1000</td><td>2000</td></tr>
<tr><td>气体</td><td>mL/L</td><td>0.1</td><td>0.5</td><td>2.5</td><td>20</td><td rowspan="3">（见注）</td></tr>
<tr><td>蒸气</td><td>mg/L</td><td>0.5</td><td>2.0</td><td>10</td><td>20</td></tr>
<tr><td>粉尘和烟雾</td><td>mg/L</td><td>0.05</td><td>0.5</td><td>1.0</td><td>5</td></tr>
</table>

注：1. 如果现有的可靠证据表明 LD_{50}（或 LC_{50}）在类别 5 的数值范围内或者其他动物研究或人类毒性效应表明对人类健康的急性影响值得关注，那么通过外推、评估或测量数据，将该物质划入此类别，但前提是没有充分理由将物质划入此类别。

2. 通过外推、评估或测量数据，将该物质划入此类别，但前提是没有充分理由将物质划入更危险的类别，并且：现有的可靠信息表明对人类有显著的毒性效应；当以经口、吸入或经皮肤途径进行试验，剂量达到类别 4 的值时，可观察到死亡；当进行的试验剂量达到类别 4 的值时，腹泻、背毛蓬松或外表污秽除外，专家判断证实有明显的毒性临床征象；专家判断证实，在其他动物研究中，有可靠信息表明可能存在潜在的明显的急性效应。

3）影响毒性的因素

工业毒物的毒性大小或作用特点常因其本身的理化特性、毒物间的联合作用、环境条

① 根据《化学品分类和标签规范 第 18 部分：急性毒性》（GB 30000.18—2013）将急性毒性根据 LD_{50}/LC_{50} 值推算分为 5 类。

件及个体的差异等许多因素而异。

（1）分子化学结构不同，毒物的毒性差异很大。

（2）物质的物理化学性质对毒性的影响是多方面的，其中影响人体的毒性作用主要有三个方面：可溶性、挥发性和分散度。

（3）多种毒物共存时，具有联合作用。综合毒性有相加作用、相乘作用或拮抗作用。拮抗作用即多种毒物联合作用的毒性低于各个毒物毒性的总和。例如：氨和氯的联合作用即属此类。此外，生产性毒物与生活性毒物的联合作用也很常见。例如：嗜酒的人易中毒，因为酒精可增加铅、汞、砷、四氯化碳、甲苯、二甲苯、氨基和硝基苯、硝化甘油、氮氧化物以及硝基氯苯等毒物的吸收能力，故接触这类物质的人不宜饮酒。

（4）不同的生产方法、操作方法及生产环境对毒物作用的影响不同。

（5）在同样条件下接触同样的毒物，往往有些人长期不中毒，而有些人却发生中毒，这是由人体对毒物的耐受性不同所致。

4. 窒息危害

窒息危险性是窒息性气体特有的危害性。窒息性气体是能对人或生物机体产生严重危害的有毒气体，它可使全身组织细胞得不到氧气或不能利用氧气，结果导致组织细胞损伤，以神经系统症状最为突出。

常见的窒息性气体有一氧化碳、硫化氢、氰化氢等。这些化合物进入机体后导致的组织细胞缺氧各不相同。一氧化碳进入体内后主要与红细胞的血红蛋白结合，形成碳氧血红蛋白，使红细胞失去携氧能力，从而使组织细胞得不到足够的氧气。氰化氢进入机体后，氰离子直接作用于细胞色素氧化酶，使其失去传递电子能力，结果导致细胞不能摄取和利用氧，引起细胞内窒息。硫化氢进入机体后的作用是多方面的。硫化氢与氧化型细胞色素氧化酶中的三价铁结合，抑制细胞呼吸酶的活性，导致组织细胞缺氧。硫化氢也可与谷胱甘肽的硫基结合，使谷胱甘肽失活，加重组织细胞的缺氧。另外，高浓度硫化氢通过对嗅神经、呼吸道黏膜神经及颈动脉窦和主动脉体的化学感受器的强烈刺激，导致呼吸麻痹，甚至猝死。

（二）防毒、防窒息技术措施

预防为主、防治结合是开展防毒、防窒息工作的基本原则。综合防毒、防窒息措施主要包括技术措施、管理教育措施、个体防护措施三个方面。

1. 防毒、防窒息技术

防毒、防窒息技术措施包括预防措施和净化回收措施两部分。预防措施是指尽量减少与工业毒物直接接触的措施；净化回收措施是指受生产条件的限制，仍然存在有毒物质散逸的情况下，可采用通风排毒的方法将有毒物质收集起来，再用各种净化法消除其危害。

1）预防措施

（1）代替。在化工生产中使用原料及各种辅助材料时，尽量以无毒、低毒物料代替有毒、高毒物料，尤其是以无毒物料代替有毒物料，是从根本上解决工业毒物对人造成危害的最佳措施。例如：采用无苯稀料、无铅油漆、无汞仪表等措施。

（2）改革工艺。改革工艺即在选择新工艺或改造旧工艺时，应尽量选用生产过程中不产生或少产生有毒物质或将这些有毒物质消灭在生产过程中的工艺路线。在选择工艺路线时，应把有毒无毒作为权衡选择的主要条件，同时要把此工艺路线中所需的防毒费用纳入技术经济指标中去。改革工艺大多是通过改动设备，改变作业方法，或改变生产工序等，以达到不用或少用、不产生或少产生有毒物质的目的。

例如：在镀锌、铜、镉、锡、银、金等电镀工艺中，要使用氰化物作为配合剂，氰化物是剧毒物质且用量大，在镀槽表面易散发出剧毒的氰化氢气体，采用无氰电镀工艺，就是通过改革电镀工艺，改用其他物质代替氰化物起到配合剂的作用，从而消除氰化物对人体的危害。

（3）密闭。防止有毒物质从生产过程散发、外逸，关键在于生产过程的密闭程度。生产过程的密闭包括设备本身的密闭及投料、出料，物料的输送、粉碎、包装等过程的密闭。如生产条件允许，应尽可能使密闭的设备内保持负压，以提高设备的密闭效果。

（4）隔离。隔离就是把工人操作的地点与生产设备隔离开来。可以把生产设备放在隔离间内，采用排风装置使隔离间内保持负压状态；或将工人的操作地点放在隔离间内，采用向隔离间内输送新鲜空气的方法使隔离间内处于正压状态。当工人远离生产设备时，就要使用仪表控制生产或采用自行调节，以达到隔离的目的。如生产过程是间歇的，也可以将产生有毒物质的操作安排在工人人数最少时进行，即所谓的“时间隔离”。

2）净化回收措施

生产中采用一系列预防措施后，仍然会有有毒物质散逸，如受生产条件限制设备无法完全密闭，或采用低毒代替高毒而并不是无毒等，此时必须对作业环境进行治理，以达到国家职业卫生标准。治理措施就是将作业环境中的有毒物质收集起来，然后采取净化回收的措施。

（1）通风排毒。对于逸出的有毒气体、蒸气或气溶胶，要采用通风排毒的方法收集或稀释。将通风技术应用于防毒，以排风为主。在排风量不大时可以依靠门窗渗透来补偿，排风量较大时则需考虑车间进风的条件。

通风排毒可分为局部排风和全面通风换气两种。局部排风是把有毒物质从发生源直接抽出去，然后净化回收；而全面通风换气则是用新鲜空气将作业场所中的有毒气体稀释到符合国家职业卫生标准。前者处理风量小，处理气体中有毒物质浓度高，较为经济有效，也便于净化回收；而后者所需风量大，无法集中，故不能净化回收。因此，采用通风排毒措施时应尽可能采用局部排风的方法。

局部排风系统由排风罩、风道、风机、净化装置等组成。涉及局部排风系统时，首要的问题是选择排风罩的形式、尺寸以及所需控制的风速，从而确定排风量。

全面通风换气适用于低毒物质，有毒气体散发源过于分散且散发量不大的情况；或虽有局部排风装置但仍有散逸的情况。全面通风换气可作为局部排风的辅助措施。采用全面通风换气措施时，应根据车间的气流条件，使新鲜气流先经过工作地点，再经过污染地点。数种溶剂蒸气或刺激性气体同时散发于空气中时，全面通风换气量应按各种物质分别稀释至最高容许浓度所需空气量的总和计算；其他有害物质同时散发于空气中时，所需风量按需用风量最大的有害物质计算。

全面通风换气量可按换气次数进行估算，换气次数即每小时的通风量与通风房间的容积之比。

对于可能突然释放高浓度有毒物质或燃烧爆炸物质的场所，应设置事故通风装置，以满足临时性大风量送风的要求。考虑事故排风系统的排风口位置时，要把安全作为重要因素。事故通风量同样可以通过相应的事故通风换气次数来确定。

（2）净化回收。局部排风系统中的有害物质浓度较高，往往高出容许排放浓度的几倍甚至更多，必须对其进行净化处理，净化后的气体才能排入大气中。对于浓度较高、具有回收价值的有害物质应进行回收并综合利用、化害为利。

2. 有毒作业管理

有毒作业环境管理的目的是控制甚至消除作业环境中的有毒物质，使作业环境中有毒物质的浓度降低到职业接触限值，从而减少甚至消除对劳动者的危害。有毒作业环境的管理主要包括以下几个方面内容。

1）管理措施

（1）健全组织机构。职业病危害严重的用人单位，应当设置或者指定职业卫生管理机构或者组织，配备专职职业卫生管理人员。其他存在职业病危害的用人单位，劳动者超过 100 人的，应当设置或者指定职业卫生管理机构或者组织，配备专职职业卫生管理人员；劳动者在 100 人以下的，应当配备专职或者兼职职业卫生管理人员，负责本单位的职业病防治工作。

（2）合同管理。用人单位应当与劳动者订立劳动合同，将工作过程中可能产生的职业中毒危害及其后果、职业中毒危害防护措施和待遇等如实告知劳动者，并在劳动合同中写明，不得隐瞒或者欺骗。劳动者在已订立劳动合同期间因工作岗位或者工作内容变更，从事劳动合同中未告知的存在职业中毒危害的作业时，用人单位应当依照前款规定，如实告知劳动者，并协商变更原劳动合同有关条款。

（3）建立健全规章制度。存在职业病危害的用人单位应当制定职业病危害防治计划和实施方案，建立、健全下列职业卫生管理制度和操作规程。具体内容如下。

培训教育。用人单位应当对劳动者进行上岗前的职业卫生培训和在岗期间的定期职业卫生培训，普及职业卫生知识，督促劳动者遵守职业病防治的法律、法规、规章、国家职业卫生标准和操作规程。用人单位应当对职业病危害严重岗位的劳动者，进行专门的职业卫生培训，经培训合格后方可上岗作业。因变更工艺、技术、设备、材料，或者岗位调整导致劳动者接触的职业病危害因素发生变化的，用人单位应当重新对劳动者进行上岗前的职业卫生培训。

定期进行作业环境检测。用人单位应当按照国务院卫生行政部门的规定，定期对使用有毒物品作业场所职业中毒危害因素进行检测、评价。检测、评价结果存入用人单位职业卫生档案，定期向所在地卫生行政部门报告并向劳动者公布。从事使用高毒物品作业的用人单位应当至少每一个月对高毒作业场所进行一次职业中毒危害因素检测；至少每半年进行一次职业中毒危害控制效果评价。高毒作业场所职业中毒危害因素不符合国家职业卫生标准和卫生要求时，用人单位必须立即停止高毒作业，并采取相应的治理措施；经治理，职业中毒危害因素符合国家职业卫生标准和卫生要求的，方可重新作业。

严格执行“三同时”。新建、改建、扩建的工程建设项目和技术改造、技术引进项目可能产生职业病危害的，建设单位应当按照国家有关建设项目职业病防护设施“三同时”

监督管理的规定，进行职业病危害预评价，职业病防护设施设计、职业病危害控制效果评价及相应的评审，组织职业病防护设施验收。

现场公示公告。产生职业病危害的用人单位，应当在醒目位置设置公告栏，公布有关职业病防治的规章制度、操作规程、职业病危害事故应急救援措施和工作场所职业病危害因素检测结果。存在或者产生职业病危害的工作场所、作业岗位、设备、设施，应当在醒目位置设置图形、警示线、警示语句等警示标识和中文警示说明①。警示说明应当载明产生职业病危害的种类、后果、预防和应急处置措施等内容。存在或者产生高毒物品的作业岗位，应当按照《高毒物品作业岗位职业病危害告知规范》（GBZ/T 203—2007）的规定，在醒目位置设置高毒物品告知卡，告知卡应当载明高毒物品的名称、理化特性、健康危害、防护措施及应急处理等告知内容与警示标识。

2）作业管理

用人单位应当为劳动者提供符合国家职业卫生标准的职业病防护用品，并督促、指导劳动者按照使用规则正确佩戴、使用，不得发放钱物替代发放职业病防护用品。用人单位应当对职业病防护用品进行经常性的维护、保养，确保防护用品有效，不得使用不符合国家职业卫生标准或者已经失效的职业病防护用品。

在可能发生急性职业损伤的有毒、有害工作场所，用人单位应当设置报警装置，配置现场急救用品、冲洗设备、应急撤离通道和必要的泄险区。现场急救用品、冲洗设备等应当设在可能发生急性职业损伤的工作场所或者临近地点，并在醒目位置设置清晰的标识。

在可能突然泄漏或者逸出大量有害物质的密闭或者半密闭工作场所，用人单位还应当安装事故通风装置以及与事故排风系统相联锁的泄漏报警装置。

3）健康管理

对从事接触职业病危害因素作业的劳动者，用人单位应当按照《用人单位职业健康监护监督管理办法》，《放射工作人员职业健康管理办法》，《职业健康监护技术规范》（GBZ 188—2014）及《放射工作人员健康要求及监护规范》（GBZ 98—2020）的要求组织上岗前、在岗期间、离岗时的职业健康检查，并将检查结果书面如实告知劳动者。职业健康检查费用由用人单位承担。

用人单位应当为劳动者建立职业健康监护档案，并按照规定的期限妥善保存②。职业健康监护档案应当包括劳动者的职业史，职业病危害接触史，职业健康检查结果、处理结果和职业病诊疗等有关个人健康资料。劳动者离开用人单位时，有权索取本人职业健康监护档案复印件，用人单位应当如实、无偿提供，并在所提供的复印件上签章。

3. 个体防护技术

职业病危害个人防护用品是指劳动者在职业活动中个人随身穿（佩）戴的特殊用品。这些用品能消除或减轻职业病危害因素对劳动者健康的影响，如防护帽、防护服、防护手套、防护眼镜、防护口（面）罩、防护耳罩（塞）、呼吸防护器和皮肤防护用品等。根据有毒物质进入人体的三条途径：呼吸道、皮肤、消化道，相应地采取各种有效措施，保护

① 按照《工作场所职业病危害警示标识》（GBZ 158—2003）的规定设置。

② 按照《用人单位职业健康监护监督管理办法》的规定。

劳动者个人。

1）呼吸道防护

正确使用呼吸防护用品是防止有毒物质从呼吸道进入人体引起职业中毒的重要措施之一，需要指出的是，这种防护只是一种辅助性的保护措施，而根本的解决办法在于改善劳动条件，降低作业场所有毒物质的浓度。用于防毒的呼吸器材，主要是过滤式防毒呼吸器和隔离式防毒呼吸器。

（1）过滤式防毒呼吸器。过滤式防毒呼吸器是靠佩戴人员自主呼吸克服部件阻力，防御有毒有害气体或蒸气、颗粒物（如毒烟、毒雾）等危害其呼吸系统或眼面部的净气式防护用品。过滤式防毒呼吸器使用时要注意以下几点：①根据作业环境不同有害气体选用过滤元件；②工作场所有毒物浓度超标小于等于10倍使用自吸过滤半面罩，工作场所有毒物浓度超标小于等于100倍使用自吸过滤全面罩，100倍以上不得使用自吸式面罩；③使用前检查面罩是否漏气，呼吸阀是否正常；④在使用过程中，感到异味、咳嗽、刺激、恶心等不适症状，感觉气量供给不足、呼吸不畅，或出现其他不适情况，应立即撤出现场。

（2）隔离式防毒呼吸器。主要有空气呼吸器和长管呼吸器，最常见的是空气呼吸器。

正压式空气呼吸器自携储存压缩空气的储气瓶，呼吸时使用气瓶内的气体，不依赖外界环境气体，任一呼吸循环过程，面罩内压力均大于环境压力。压力表应固定在肩带易观察的位置上，并随时观察，掌握作业时间。尽量保持平稳呼吸，防止过快消耗压缩空气。使用空气呼吸器时应两人以上共同作业，相互监护。进入密闭环境或受限空间作业，应同时配备通信设备，保持与外部的联系。监护指挥人员要控制使用时间，及时提醒作业人员撤离工作现场。

劳动者在佩戴后产生不良生理或心理反应者在作业时应慎用空气呼吸器。根据预判作业时间，备足备用气源。若连续工作时间较长，应采用气瓶组或其他形式空气呼吸器。

在使用空气呼吸器时出现下列情况应立即撤离有害环境：空气呼吸器报警；呼吸时感到有异味；出现咳嗽、刺激、憋气、恶心等不适症状；安全泄放装置排气；部件损坏；压力表出现不明原因的快速下降。

长管呼吸器使佩戴者的呼吸器官与周围空气隔绝，并通过长管得到可供呼吸空气。长管呼吸器按供气方式分为自吸式长管呼吸器、连续供气式长管呼吸器和按需供气式长管呼吸器。

自吸式长管呼吸器的送气管长度应小于等于10 m，且不得有接头；其他长管呼吸器的送气管总长度应小于等于80 m，送气管的接头应小于等于3处。使用前检查供气管接头不能与作业场所其他气体导管接头通用。每根送气管只能为一个面罩或头罩供气。自吸式长管呼吸器的进气端应安装防止异物进入的低阻空气过滤器。呼吸空气质量应符合《呼吸防护用压缩空气技术要求》（GB/T 31975—2015）要求，不得使用纯氧或富氧空气。使用前检查面罩是否漏气，呼吸阀是否正常。不得将空气过滤器安装在腰带（固定带）或面罩上。使用前检查供气系统的气量是否满足使用者需求。在使用过程中，感到异味、咳嗽、刺激、恶心等不适症状，感觉气量供给不足、呼吸不畅，或出现其他不适情况，应立即撤出现场。

2）皮肤防护

皮肤防护主要依靠个人防护用品，如化学防护服、化学防护手套、化学防护鞋（靴）、防护眼镜等，这些防护用品可以避免有毒物质与人体皮肤的接触。以化学防护服为例，使用时应注意：根据作业环境选择不同类型的化学防护服；化学防护服应与化学防护手套、化学防护鞋（靴）等一同使用；化学防护服上衣袖子与防护手套、裤子与防护鞋（靴）之间等的结合部位应严密；使用中避免与坚硬、锋利的物体接触；穿着防护服的最长时间由空气供应，周围条件，穿着者身体和心理状况，工作频率和工作负荷等决定；化学防护服被化学物质持续污染时，必须在其规定的防护时间内更换；若化学防护服发生破损，应立即更换；如果同时佩戴空气呼吸器，工作时间受空气呼吸器的工作时间决定，要在气瓶用完之前提前更换；脱下防护服前，应使用除污设备进行洗消除污；在使用过程中，如有恶心、头昏眼花、心率快或过热症状，应立即离开工作区域并尽快脱掉防护服。

3）消化道防护

防止有毒物质从消化道进入人体，最主要的是做好个人卫生。

三、防泄漏

危险化学品企业在生产、储运和销售等环节，常常会发生泄漏，给企业带来了极大的危害，对企业的长周期安全平稳运行极为不利，还威胁到员工的生命安全。泄漏既损失了物料，又污染了环境，严重的还会引起火灾、爆炸、中毒等事故。

（一）泄漏的基本原理

化工生产中，物料的溢出和泄漏，通常是由人为操作错误、反应失去控制、设备损坏等造成的。

1. 腐蚀

腐蚀是指材料在周围介质的作用下所产生的破坏。引起破坏的原因可能是物理的、机械的因素，也可能是化学的、生物的因素等。在化工生产中，所用原材料及生产过程中的中间产品、产品等很多都具有腐蚀性，这些腐蚀性物料对建筑物、机械设备、仪器仪表等设施，均会造成腐蚀性破坏，从而影响生产安全。

在化工生产中，大量酸、碱等腐蚀性物料造成的事故，如设备基础下陷、厂房倒塌、管道变形开裂、泄漏、绝缘破坏、仪表失灵等，都严重影响正常的生产，危害人身安全。因此，在化工生产过程中，必须高度重视腐蚀与防护问题。

腐蚀按照机理可分为化学腐蚀、电化学腐蚀和物理腐蚀。

（1）化学腐蚀。材料和介质直接发生化学作用而引起的破坏称为化学腐蚀。金属在化学腐蚀过程中，非电解质溶液直接同金属表面的原子相互作用而形成腐蚀产物，没有电流产生，符合化学动力学规律。例如：镁在甲醇中的腐蚀，金属在干燥的高温气体中的腐蚀。非金属材料在电解质中或非电解质中均可发生化学腐蚀。

（2）电化学腐蚀。电化学腐蚀是指金属与电解质溶液发生电化学作用而引起的破坏。反应过程中同时有阳极失去电子和阴极获得电子以及电子的流动（电流），其历程服从电化学动力学的规律。金属在海水，工业用水，各种酸、碱、盐溶液中发生的腐蚀都属于电化学腐蚀。非金属材料一般不会发生电化学腐蚀。金属的电化学腐蚀是一种很普遍的腐蚀现象，其危害比化学腐蚀严重得多。

（3）物理腐蚀。非金属材料常发生物理腐蚀。有机高分子材料由于腐蚀介质经渗透扩散作用进入其内部，材料溶胀和溶解，性能下降。无机非金属材料由于孔隙的存在，孔隙中的腐蚀介质或腐蚀产物可能发生结晶、产生积聚和聚合，会引起内应力，造成物理破坏。金属材料很少发生物理腐蚀。

2. 密封失效导致泄漏

在危险化学品企业的生产过程中，大多设备管线的压力与温度是影响其密封性的重要原因。例如：在高温作用下，工艺介质的黏度变小，渗透性增加，介质对垫片和法兰的溶解与腐蚀作用将加剧，这在客观上对密封的要求提高了。同时，密封组合件各部分也存在较大温差，产生的温差应力使密封组合件各部分的热膨胀不均匀，在危险化学品生产中，在操作温度与操作压力的联合作用下，要求的密封比压增加，导致压紧面松弛，致使密封比压下降而产生泄漏。

3. 设备本身的缺陷导致泄漏

受机械制造技术的影响，一方面，机械加工产品的表面必然存在各种缺陷和形状尺寸的偏差，在机械零件连接处不可避免地会产生间隙，工作介质就会通过间隙面而产生泄漏；另一方面，在危险化学品生产中必然发生腐蚀、裂纹、磨损、老化、外力破坏、设计不尽合理、制造质量欠缺、安装不够精确、工艺条件变化、操作出现失误等问题，这些问题均可导致材料失效，进而出现泄漏。

4. 异常工况导致泄漏

在危险化学品企业的生产运行过程中，常常会出现如下情况：一是在生产遇到紧急情况时，系统温度的急升和急降，致使各个部件产生的膨胀不均匀，导致密封失效；二是操作人员未按操作规程进行操作，致使设备超温、超压，严重时可导致设备本体发生物理性爆炸，从而发生工艺气体、液体、固体的泄漏。

5. 人的因素导致泄漏

危险化学品的生产操作要求操作者技术熟练、安全意识强、安全技能高、安全培训到位，并取得安全操作证才能上岗作业。但是，在执行的过程中，某些危险化学品企业做得不到位，表现在如下几个方面：一是操作人员素质差，安全教育培训不到位，员工对规章、制度、规程等不了解，致使操作不平稳，甚至误操作，这样发生工艺泄漏的可能性增大；二是操作者思想麻痹，安全防范意识不强，在工作中常常表现出违章操作、侥幸心理、有章不循、盲目蛮干，由此发生的泄漏事故不胜枚举；三是管理不到位，在危险化学品生产过程中，责任不明确，管理制度不健全，制定的规程不详细，不具可操作性，这种状况下泄漏事故也时有发生；四是操作者责任心不强，没有强烈的主人翁意识，对生产工艺设备不按要求保养，巡回检查走过场，发现问题不报告也不及时处理，这样极有可能发生泄漏。

（二）化工泄漏的预防技术措施

泄漏治理的关键是要坚持预防为主，采取积极的预防措施，有计划地对装置进行防护、检修、改造和更新，变事后堵漏为事前预防，可以有效地减少泄漏的发生，减轻其危害。

1. 腐蚀防护技术

腐蚀不仅给人类带来了巨大的经济损失，而且危害人类生活与健康，因而引起了人们的重视。人们已经研究出并且还在继续研究开发各种不同的方法来减轻或者防止腐蚀造成的危害。这些方法统称为腐蚀防护技术。腐蚀防护技术可分为五大类。

1）材料选择

对于给定的腐蚀环境，选择合适的材料，可有效地防止或减轻腐蚀。合理选材是一个复杂的过程，这里仅介绍选材时要遵循的一些基本原则。

（1）材料的耐腐蚀性要满足使用要求。材料的耐腐蚀性是在一定条件下得到的数据，是相对而言的，还没有一种材料可耐任何腐蚀介质的作用，因此应根据设备所处的环境条件，选择耐腐蚀性能好的材料。选材时要考虑以下因素：①介质的性质。是酸性、中性，还是碱性；是氧化性的，还是还原性的；介质中的杂质是腐蚀性的，还是缓蚀性的；等等。②介质的温度。是高温，还是低温。有的材料不耐高温腐蚀，有的则在低温时会发生冷脆。③介质的压力。通常高压设备对材料的强度与耐腐蚀性的要求更高，铸铁、铅及非金属材料就难以胜任，使用设备衬里要考虑负压的影响。④流速。高流速，特别是带固体物料的流体介质要求用抗冲蚀的材料。⑤材料环境组合对各种局部腐蚀的敏感性。

另外，某些生产过程对产品纯度要求很严，选材时应防止某些粒子对产品的污染。例如：铅有毒，禁止用于食品和医药工业。有些材料的腐蚀产物和被冲蚀下来的微粒，会引起生产中不允许的副反应，或者造成某些催化剂中毒，这些材料就不能使用。

（2）材料的力学性能、物理性能和加工工艺性能要满足设备设计与加工制造要求。①力学性能。对于压力容器，当温度不高时，材料应具有足够的强度及塑韧性；在高温下，必须考虑材料有足够的蠕变极限。强度小的铅、纯铝以及一些非金属材料往往只能作设备衬里。承受交变或脉动载荷的设备、零部件，要优先考虑材料的疲劳强度。承受冲击（震动）载荷或在低温下使用的设备、构件，需要特别重视材料的韧性和脆转变温度。对于彼此接触而又有相对运动的机器零件或受高速流体（特别是带有固定粒子的流体）作用的零件，则必须考虑材料表面的耐磨性能指标（如硬度）。②物理性能。热导率和线胀系数是两个比较重要的指标。如制作换热器的材料要考虑导热性；制作设备衬里的材料或选用双金属制作设备时，必须考虑材料的线胀系数。③加工工艺性能。材料选定后，都要经过各种加工、成型或焊接等工艺才能制成具有一定形状、尺寸、精度和表面粗糙度的化工机器设备及零部件。铸、锻、压、机加工、焊接、热处理等性能是材料最主要的加工工艺性能，它们对机器设备的结构和功能有着重要影响，同时还影响材料的力学性能、耐腐蚀性能以及制造成本。

2）结构设计

结构设计对设备的耐腐蚀能力和使用寿命影响很大，在结构设计中要注意的问题很多。从防腐的角度来说，结构设计应遵循以下原则。

（1）留有足够的腐蚀余量。在存在腐蚀的条件下，结构设计时在按照强度要求计算出结构尺寸后，还应根据材料的腐蚀速度及设备或零件的设计寿命，加上足够的腐蚀余量。

（2）结构形式应尽量简单。结构形式简单便于防腐施工和检修。例如：在可能条件下采用圆筒结构比方形或其他形式好。

（3）防止残留液和沉积物造成腐蚀。设备或管线中的残留液体会引起浓差腐蚀，残留固体物料还可能引起沉积物腐蚀，因此，在结构设计时，应尽量使容器内的液体能够排干净。

（4）避免缝隙的存在：①尽量采用焊接代替铆接。焊接时尽量采用双面对接焊和连续焊，避免搭接焊和点焊；②法兰连接处的密封垫片不要伸到介质中，采用O形圈密封结构；③容器底部不要直接与混凝土基础接触，应采用支座使容器底部与基础隔开；④在存在缝隙的部位，应采用材料将缝隙密封起来。

（5）避免电偶腐蚀：①同一结构中尽可能采用相同材料，若必须采用不同材料，应选择在电偶序中电位相近的材料；②不同金属连接时，应采用绝缘措施；③避免引起大阴极、小阳极的结构。

（6）避免引起冲蚀的结构。高速流体常会引起冲蚀，在有支管接头的管道上应使接头不伸进水流干扰流动，在管径变化或弯头处，应采用流线型设计，有时为了防止高速流体冲刷容器壁，可以安装挡板或折流板。

（7）避免露点腐蚀。采用绝热的方法隔开“热桥”，可防止露点腐蚀。

（8）避免应力集中。避免应力集中的方法很多，例如：采用圆角过渡，避免尖角；避免交叉焊缝；尽量采用相同厚度的对接焊等。

3）表面工程技术

采用表面工程技术，如在材料表面喷、涂、渗、衬、镀上一层耐腐蚀性好的材料和使表面钝化等，可减轻或防止腐蚀。

（1）表面预处理。表面预处理对涂层影响很大，表面预处理的质量与涂层本身的性能对以后的使用性能和使用寿命的影响同等重要。表面预处理质量的好坏，直接影响涂层质量和涂层性能的充分发挥。①金属表面的预处理。在表面涂层以前，要求把金属表面处理平整清洁，目的是除去金属表面的锈迹、油污以及旧的防腐层。金属表面预处理的方法大致有机械法、化学法、电化学法和火焰清理法等。采用何种方法，应根据金属表面存在污染物的性质、严重程度以及施工条件、施工质量要求而定。②水泥制品表面的预处理。建筑设备基础和某些物料的储槽和污水处理池等都用混凝土制造。为了防止各种介质对水泥制品的侵蚀破坏，必须采取各种防护措施。水泥制品表面预处理的方法有干燥、脱碱。

（2）金属涂层。金属涂层按涂层金属与基体金属之间的电位关系分为阳极性涂层和阴极性涂层。涂层金属电位比基体金属负时为阳极性涂层。涂层金属电位比基体金属正时为阴极性涂层。当阴极性涂层有缺陷时，则构成大阴极小阳极的腐蚀电池，基体金属会遭到严重的局部腐蚀，因此这种涂层要完整，才能起保护的作用，镀锡、镍、铜、银等都属于这一类。

金属涂层按施工方法可分为电镀、化学镀、热浸镀、渗镀（扩散渗透）、喷涂、堆焊、离子注入、激光合金化、气相沉积、机械镀及衬里等。

（3）金属表面转化保护层。金属表面转化保护层是采用化学或电化学处理，使金属表面生成有一定保护性的薄膜，它主要用来防止大气腐蚀和弱腐蚀性介质的腐蚀。常见的处理方法有氧化处理和磷化处理。

（4）非金属涂层。在防腐工程中，经常采用涂、衬、搪、砌等方法，将各种有机高分子材料和无机非金属材料覆盖在设备或者零件表面，以达到防腐的目的。

4）电化学保护

电化学保护是利用外部电流改变金属在电解质溶液的电极电位，从而防止金属腐蚀，分阴极保护和阳极保护两种。

（1）阴极保护。阴极保护是利用外电源或连接在金属设备上的活泼金属，使金属阴极极化，从而使设备腐蚀速度大幅度降低。

阴极保护按其阴极电流的来源分为牺牲阳极保护和外加电流阴极保护。在被保护的金属上连接一个电位更负的金属作为系统的阳极，可促使被保护金属阴极极化，这种方法称为牺牲阳极保护，又称护屏保护。把被保护的金属与直流电源的负极相连，通入阴极电流使金属阴极极化，这种方法称为外加电流阴极保护。两种阴极保护在原理上完全相同，只是使被保护金属阴极极化而输入的阴极电流来源不同，前者靠另一个电位更负的金属的腐蚀溶解，后者靠外加直流电源。

目前，阴极保护主要应用于：淡水及海水中，防止码头、船舶、平台、闸门以及冷却设备的腐蚀；碱及盐类溶液中，防止储槽、蒸发罐、熬碱锅等的腐蚀；土壤中，防止管线、电缆、隧道等的腐蚀。阴极保护还可防止某些金属的局部腐蚀，如孔腐蚀、应力腐蚀、腐蚀疲劳等。

（2）阳极保护。阳极保护是用外电源使金属设备阳极极化，使金属的电位达到并保持在钝化区，从而防止金属的腐蚀。阳极保护系统一般由阳极（被保护金属）、辅助阴极、参比电极、直流电源和导线组成。

阳极保护主要应用于：硫酸、磷酸及有机酸中，防止储槽、加热器、SO_3 发生器的腐蚀；氨水及铵盐溶液中，防止储槽等的腐蚀。阳极保护效率高，又很经济，特别适用于氧化性较强的介质中。但当溶液中氯离子含量能破坏保护膜时，这种方法就不适用了。

5）腐蚀环境控制

腐蚀环境的控制包括改变环境条件（如浓度、温度、压力、流速、pH 值等）和添加缓蚀剂两部分。

（1）改变环境条件。①调整浓度。在有些情况下，适当提高或降低介质浓度，会大幅度降低腐蚀速度。例如：硝酸、硫酸和磷酸在高浓度时对一些金属的腐蚀性很小；降低硫酸浓度，可降低对铝的腐蚀速度。②调节 pH 值。工业冷却水、锅炉用水等，如果 pH 值过低，设备会发生氢去极化腐蚀，提高 pH 值，可有效控制腐蚀。常用的方法是加氨水，使水的 pH 值达 8.5~9.2，加氨时要注意确保水中的溶解氧量很少。加氨量也不宜过多，一般使水中含氨量小于 1.0~2.0 mg/L，否则会引起锅炉系统的黄铜件腐蚀破坏。③调节温度。大多数情况下，降低温度可降低金属的腐蚀速度，如酸对金属的腐蚀。但有些情况下提高温度也可降低腐蚀速度，因为温度升高可降低溶液中的氧浓度，如沸腾的水比不到沸腾的水的腐蚀性低。另外，对于露点腐蚀，适当提高温度或采用保温措施防止结露，可控制腐蚀。④流速控制。降低流速，可减轻介质对设备的冲刷，降低腐蚀速度。但是对于能钝化的金属，适当增加流速可能有利于钝化。

（2）添加缓蚀剂。在腐蚀工程中，人们常在腐蚀介质中添加少量能有效防止腐蚀发生或者降低腐蚀速度的物质，这种物质被称为缓蚀剂。缓蚀剂在循环冷却的水质处理和化学清洗中使用最普遍。目前缓蚀作用主要有以下几种：①吸附。缓蚀剂分子与金属表面由于有静电引力和分子间作用力而发生物理吸附或者和金属表面形成化学键而发生化学吸附。缓蚀剂分子吸附在金属表面，一方面使金属表面能下降，增加了金属的逸出功；另一方面形成的吸附层把腐蚀介质与金属表面隔离开，阻碍了与腐蚀反应有关的电荷或物质的迁移，从而起到抑制腐蚀的作用。②成膜。缓蚀剂能在金属表面生成一层难溶的保护膜，因而可起缓蚀作用。保护膜可以是缓蚀剂氧化金属表面生成的氧化膜，如铬酸钾在中性水中可以在氧化铁表面生成氧化铁钝化膜。③电化学。缓蚀剂通过加大腐蚀阴极过程或阳极过程的阻力（即极化）而减缓金属腐蚀。

由于腐蚀问题的复杂性，没有一类方法可以解决所有的腐蚀问题，应根据具体条件合理选用，在许多情况下，需要几种方法联合使用。

2. 管理制度要求

企业作为泄漏管理工作的责任主体，应明确负责泄漏管理的机构和职责，统筹安排制定企业泄漏管理的工作目标、工作计划，将泄漏管理与工艺、设备、检修、隐患排查等管理相结合，并在岗位责任中明确查漏、消漏、动静密封点管理等要求。企业还应针对逸散性泄漏、突发性泄漏制定泄漏分类、分级管理制度，建立和完善有关逸散性泄漏、突发性泄漏的检测、报告、处理、复检验证、泄漏原因分析以及风险管控措施等。定期组织员工积极开展泄漏检查，做好泄漏点的登记，制定处理方案，编制必要的应急预案并进行应急演练。

3. 泄漏风险评估

企业应对涉及危险化学品生产、储存、输送、使用、处置等过程的设备、设施、管线的泄漏源进行辨识，依据其危险特性和数量编制生产装置泄漏源管理清单。需纳入辨识的泄漏源至少应包括：可能释放出危险化学品的设备、设施、管道本体及连接部件；可能释放出《化学品分类和危险性公示 通则》（GB 13690—2009）所列出的爆炸物、易燃气体、易燃液体、自燃液体以及具有健康危险的有毒物质。

企业应对辨识出的泄漏源进行泄漏风险评估，并应用评估结果指导泄漏日常管理。评估过程包括：

采用定性、定量或两者结合的风险评估方法，对存在泄漏源的生产设施、设备单元进行风险分析；已经开展了风险评估的企业，可应用其泄漏事故的风险评估结果。

企业可按照过程安全管理的要求制定自身泄漏风险评估标准或采用其他适用的安全风险评估办法，明确可接受风险程度，对泄漏风险进行分级管控，可分为重大风险、较大风险、一般风险、低风险。

泄漏风险评估结果用于指导日常泄漏管理，根据泄漏风险分级结果及国家、行业相关标准，并结合企业实际情况制定检测频次；对重大风险和较大风险泄漏源应采取重点监控、加大巡检和检测频次、制定化学品泄漏专项应急预案等措施。

4. 设计过程

（1）对新、改、扩建项目以及技术改造项目，设计单位要优化工艺设计及设备设施选型，从源头控制泄漏，可采取以下技术措施：①选用先进的工艺路线设计，减少设备密封、管道连接等易泄漏点；在设计设备和管线的排放口、采样口时，采用加装盲板、丝堵、管帽、双阀等措施；②对存在极度危害和高度危害的介质、甲类可燃气体、液化烃等物质的工艺环节采用密闭取样系统设计；③有毒、可燃气体的安全泄压排放采取密闭设计；④根据储罐的设计压力、安全设施操作技术指标等合理选择呼吸阀的动作压力；⑤根据物料、流体腐蚀、冲刷带来的泄漏风险，采用升级设备管线材质、优化防腐等措施；⑥应合理设计处理泄漏事故的检修空间，对于存在危害性介质的装置，应合理设计逃生通道；⑦装置照明强度应达到巡检人员夜间目测检查各处泄漏点的要求；⑧存在易燃易爆、危害性介质泄漏或聚集可能的密闭空间，应按照相关标准配置通风置换设施；⑨应通过对压力管道的应力、振动分析，优化设计，防止压力管道在运行中位移、振动超过规范允许的范围而造成泄漏。

（2）涉及“两重点一重大”的生产装置和储存设施应根据国家有关规定和风险分析结果设置自动化控制系统、紧急停车系统、紧急切断装置或独立的安全仪表系统。可燃和有毒气体报警设备的安装和设置应符合《石油化工可燃气体和有毒气体检测报警设计规范》（GB/T 50493—2019）的规定。

（3）存在重大风险和较大风险的泄漏源宜采用无泄漏连接方式或低泄漏密封技术，例如：采用焊接连接、屏蔽泵、磁力泵、低泄漏垫片、低泄漏阀门、高压自紧式法兰等。

（4）存在重大风险和较大风险泄漏源的装置应配备主动式隔离设施或被动式隔离设施。主动式隔离设施主要用于及时切断突发性泄漏，以减少泄漏持续时间和泄漏量。被动式隔离设施能够将突发性泄漏的物料进行隔离，防止进一步扩散和漫流，包括围堰、事故池、双防罐、全防罐等，其设计容量应满足最大突发性泄漏的要求。

（5）企业应按照过程安全管理的要求落实变更管理，对化学品、工艺技术、设备、程序及操作过程等永久性或暂时性的变更进行有计划的管控，确定变更的类型、实施步骤等，预防变更后产生泄漏问题。

5. 生产运行

（1）制定工艺操作规程时，应根据操作步骤、工艺控制指标分析可能因操作原因导致的泄漏风险，制定相应措施，并在操作过程中严格落实。

（2）分析取样、导淋、放空排放操作结束后，及时关闭相关阀门，并定期检查其密封性。

（3）应定期检查和维护设备、管道、连接件的密封。对于有液体物料泄漏的填料密封应重新压紧或者补充填料。对于动设备密封应进行较高频次的检测、维护和保养，控制振幅及设备转轴温升在许可范围内，减少密封面磨损。

（4）针对关键大机组及存在高危害、高风险的动设备，宜配备动设备状态监测系统，对转速、温度、振动、载荷等反映运行状态的指标进行在线监测和预警。无法实现在线监测的可纳入离线监测管理，根据离线监测数据，判别设备运行状态，以加强设备运行管理，减少因设备故障导致的泄漏。

（5）设备维修前，作业人员应严格执行清空、清洗、隔离、确认等程序，避免设备打开后其中留存或未清理干净的物料泄漏或挥发。

（6）企业应根据设备风险分析结果，定期检查设备管道腐蚀、冲刷状况，采取措施控制腐蚀发生条件，提高设备、管道抗冲刷能力，避免泄漏发生。

6. 泄漏排查

（1）企业应对存在重大风险和较大风险的泄漏源加强日常巡检，充分利用人工巡检观察，皂液，便携式或移动式可燃、有毒气体探测器等多种手段排查泄漏点，并记录泄漏情况。重点关注各种渗漏、液滴、结块、污迹、气流、异味等多种泄漏现象，关注设备振动、声音异常，温度、压力、液位、固定式探测器异常，关注便携式探测器读数异常等。

（2）按照国家、行业和地方相关标准要求运行泄漏检测与修复程序，根据企业建立的设备动静密封点台账，按照《泄漏和敞开液面排放的挥发性有机物 检测技术导则》（HJ 733—2014）规定的检测方法对泵（轴封）、压缩机（轴封）、搅拌器（轴封）、阀门、法兰、连接件、泄压设备、取样连接系统及其他密封的逸散性泄漏情况进行检测，并记录检测值。

（3）应设置专门设计的仪器仪表，探测工艺系统的运行工况变化所造成的压力损失或流量损失，根据风险评估结果增加安全仪表系统。已有的安全仪表系统应进行安全完整性等级评估。

（4）对可燃和有毒气体报警设备（系统）定期校准。宜对关键部位的气体探测系统的可靠性进行评估，确保其覆盖率、可靠性、功能效果满足风险控制需求，可靠性指标不满足风险控制要求的气体探测系统应进行改造。

（5）对压力容器、压力管道及其部件按照特种设备相关管理要求进行预防性检测。其他设备、管道和部件根据风险评估结果建立预防性检测计划。对于可靠性低和泄漏风险高的外壳、密封、弯头等应增加检测频次。检验或检测出设备、管道完整性、密封性达不到防止泄漏标准的，应在设备、管道、部件的预测失效时间内进行预防性维修。检测措施及部位包括但不限于：针对设备、管道的腐蚀、减薄风险，采用壁厚检测；针对设备、管道的裂纹、鼓泡，采用微孔检验；管道的冲蚀检验；设备、管道连接焊口位置表面缺陷检验；压缩机、机泵等动设备的振动、温度状况监测，调节转轴偏心；安全阀、爆破片等防超压设施的检验与日常检查。

（6）当生产装置工况发生异常时，如工艺参数波动较大，温度、压力、液位计仪表失效等情况，应立即进行处置，外操人员增加巡检频次，密切关注重大风险和较大风险泄漏源是否发生泄漏。一旦发现泄漏，应立即报告并组织维修和处置。

（7）泄漏排查中发现设备、设施、管道、密封点等存在微量泄漏或逸散性泄漏时，应分析泄漏原因并进行风险评估，根据风险评估结果采取相应的处置措施，对不能立即维修的要对泄漏位置进行标记，并建立泄漏点管理清单。遇有大面积或严重的突发性泄漏时应设置警戒线或警戒区。

（8）泄漏排查人员进行现场检测排查时应做好个体防护，佩戴便携式可燃气体和（或）有毒气体探测器，防止泄漏排查过程中发生人员中毒等事故。

7. 规范操作

控制正常生产的操作条件，如压力、温度、流量、液位等，防止出现操作失误和违章操作，减少人为操作所致的泄漏事故，为此，有“操作前思考 30 s”的说法。

8. 维修和处理

（1）根据风险分析结果，对存在重大风险和较大风险泄漏源的设备、设施、管道、部件应进行预防性维修，维修应按计划在规定时间内完成。因生产连续运行或其他原因导致维修工作无法按时完成的，应挂标识牌并增加检查、检测的频次，采取防护性措施降低泄漏概率，并制定化学品泄漏专项应急预案减轻泄漏后果。预防性维修包括但不限于以下内容：①基于工况选择适宜的垫片，法兰螺栓实施定力矩管理，定期检查、更换阀门填料；②更换管道、设备的动、静密封件；③定期校验安全阀，更换爆破片，清理阻火器，检查呼吸阀；④对于存在温度、压力波动以及振动的设备、设施、管道上的密封点，应根据波动次数、波动幅度、振动频率，定期安排检查并定期更换密封材料；⑤严格执行压力容器和压力管道的日常巡回检查和定期检查，及时消除泄漏隐患；⑥已发生或经检验将要发生轻微泄漏的部位应采取堵漏措施，如打夹具等带压堵漏作业；⑦对消防水系统、可燃/有毒气体报警系统、紧急切断阀、报警和联锁进行功能测试和维护。

（2）企业应建立泄漏风险研判与决策机制，根据排查发现的泄漏严重程度、泄漏介质的危害性进行风险研判，根据风险研判结果，制定处置措施。一般情况下突发性泄漏和有毒有害物质逸散性泄漏应立即组织维修和处置，对于暂不具备维修条件的挥发性有机化合物（VOC）逸散性泄漏以及其他因装置运行暂不具备维修条件的泄漏点列入延迟修复清单，并制定监控方案，择机进行维修。监控中发现泄漏扩大的，应立即组织评估，对于风险不可控的泄漏应立即停车处理。

（3）对突发性泄漏进行维修与处理时，应按照应急处置方案进一步完善施工方案，并对处置过程中的安全风险进行评估。

（4）对有毒、有害介质的泄漏点进行维修与处置时，检维修人员应采取针对性的防范措施，做好个体防护，避免人员中毒伤害。

（5）对需要立即停车处置的严重泄漏事故，企业在处置过程中要做好检测、防火、防爆、隔离、警戒和疏散等相关工作，防止二次事故发生，造成更大的人员伤害和经济损失。

（6）在装置大检修前要对泄漏点进行统计分析，指导泄漏检修，提高泄漏检修的准确率，保障装置安全平稳运行。

第四章 危险化学品安全管理

危险化学品的生命周期划分为生产、储存、使用、经营运输、废弃等阶段，本章主要介绍危险化学品的生产、储存、包装装卸和运输、废弃物处置过程的安全管理要求，按照行业特性列出加油站、加气站、加氢站和实验室使用危险化学品的安全管理。

第一节 危险化学品生产安全管理

危险化学品生产过程的安全技术与化工工艺过程密不可分，本节主要介绍化工生产过程中常见的化工生产单元及其危险性分析，概述了化学反应过程的危险性，并指出危险化学品生产过程的安全管理要点。对危险化学品企业作业过程和典型危险化工工艺的安全管理将在本书第五章详细介绍。

一、定义

危险化学品生产企业是指依法设立且取得工商营业执照或者工商核准文件从事生产最终产品或者中间产品列入《危险化学品目录》的企业。故本节所称危险化学品生产是指危险化学品生产企业通过应用各类化工生产装置在一定工艺条件和流程下生产危险化学品的过程。

危险化学品生产的安全管理是指危险化学品生产企业在生产工艺过程中采取的安全技术和管理措施。

二、危险化学品生产的特点

由于化学品的品种状态繁多、工艺路线多变、工艺条件复杂和生产设备多样等因素，生产过程中涉及的化学品多为易燃易爆、有毒有害、腐蚀性的危险化学品，在高温、高压等工艺条件下，失控风险高，易发生火灾、爆炸、中毒等重特大事故，造成重大人员伤亡、环境危害、经济损失和社会影响，因而，危险化学品生产被纳入高危行业进行安全监管。

危险化学品生产具有以下 5 个特点。

（1）危险化学品生产的物料绝大多数具有潜在危险性。

（2）危险化学品生产工艺过程复杂、工艺条件苛刻。

（3）生产规模大型化、生产过程连续性。

（4）生产过程自动化程度高。

（5）间歇性操作、人工操作等方式仍然是众多化工企业生产的主要方式。

危险化学品生产过程一般划分为原料供应、化学反应、分离纯化、产品处理等基本生产阶段。

（1）原料供应：包括投料、粉碎、溶解、加热、加压、管道输送、称量、杂质去除、冷却等工艺。

（2）化学反应：化学反应是物质间的相互作用过程，通常被描述为原始物质（即反应物）转化为新的物质（即生成物）的过程。包括化合反应、分解反应、置换反应、复分解反应等反应类型。

（3）分离纯化：包括分馏、蒸馏、精馏、萃取、提纯、吸附、层析、离子交换、结晶、过滤等工艺。

（4）产品处理：包括干燥、造粒等，以及产品的包装储存。

根据生产工艺的不同，各生产阶段由不同的化工生产过程单元组合。化工生产过程特征可概括为“三传一反”；“三传”是指动量传递、热量传递、质量传递等三大类，是单元操作的理论基础；“一反”是指化学反应过程。

单元操作是指在化工生产过程中对某种特定物质进行的单一处理步骤，通常是物理过程，目的是改变物质的某些物理性质；单元操作不涉及化学反应，但可能会影响反应过程。单元反应是指在化学生产过程中对某种特定物质进行的单一化学反应步骤，目的是生成新的物质或改变原有物质的化学性质，单元反应通常涉及化学反应的速率、转化率、选择性等参数。

三、化工单元操作及其危险性分析

在不同生产阶段具有不同的安全生产风险特征，结合危险化学品物料的危险特性和事故致因4M要素，从“人的不安全行为、物的不安全状态、不良作业环境、管理措施欠缺”四个方面分析危险化学品生产过程的危险性和管控要点。

（一）化工单元操作分类

化工单元操作是指由各种化学生产过程中以物理为主的处理方法，是在化学工业生产中具有共同的物理变化特点、使用相似设备的基本操作。化工单元操作可归纳为5类。

（1）有关流体流动过程的操作，包括流体输送、过滤、固体流态化等。

（2）有关传热过程的操作，包括热交换，蒸发和冷凝等。

（3）有关传质过程的操作，即物质的传递，包括气体吸收、蒸馏、萃取、吸附、干燥等。

（4）有关热力过程的操作，即温度和压力变化的过程，包括液化、冷冻等。

（5）有关机械过程的操作，如固体输送、粉碎、筛分等。

（二）典型单元操作危险性分析

主要介绍加料、物料输送、加热、冷却、冷凝、冷冻、筛分、过滤、粉碎、混合、干燥、蒸发、蒸馏、熔融、加压、减压等典型单元操作危险性分析。

1）加料操作及其危险性分析

化工生产中加料方式一般有压入法、负压抽入法、人工法三种。加料操作过程主要危险性包括以下四项。

（1）加料顺序、温度、速率、压力等方式不当，引起反应失控。

（2）加料过程由于未充分置换、吹扫，设备密封性不符等因素，造成易燃易爆或毒性物料泄漏，引起火灾、爆炸、中毒、灼烫等事故。

（3）静电等点火源影响。因作业人员穿着易发静电的服装、钉鞋，使用易产生火花的工具等，作业场所未采取静电接地、不发火花地面、防爆电气等措施，使易燃易爆物料发生火灾、爆炸事故。

（4）个体防护和操作不当。加料人员未按要求穿戴防护用品（例如耐酸碱手套、防护面罩、防尘口罩等），以及在加料时工具运用不熟练、不合理操作和违章作业，是造成加料过程产生事故危害的重要因素。

2）物料输送操作及其危险性分析

各种原材料、中间产物、产品、副产品以及废物等物料需要采用特定方式输送到目标设备或场所。物料输送根据物料形态（如块状、粉状、液态、气态等）和物料特性（如易燃、易爆、有毒、腐蚀等）采用不同的输送方式和设备，物料本身的特性和设备操作是造成事故的主要因素。

物料输送操作过程主要危险性包括以下两点。

（1）粉尘危害。在开采、破碎、粉碎、筛分、包装、配料、混合、搅拌、散粉装卸、输送及除尘等生产过程会产生大量粉尘。块状与粉状物料在采用皮带输送、螺旋输送、刮板输送、链斗输送、斗式提升、高位密闭溜槽以及气力输送等设备输送过程中，由于作业人员违章操作或未佩戴防护用品，以及存在静电、电火花、明火等条件下，可能产生粉尘爆炸、中毒、职业病危害、机械伤害等事故。

（2）液态或气体物料输送过程物料泄漏，引起火灾、爆炸、中毒、灼烫等事故危害。液态物料和气态物料在输送过程可能因负压或憋压、腐蚀损害、材质问题、机械振动等因素造成设备和管道故障、损坏、密封不严等问题，引起物料泄漏。易燃易爆物料在管内流动过程与管壁摩擦会产生静电，缺少可靠的接地措施消除静电，可能引起火灾、爆炸事故。腐蚀性液体输送过程则因超压造成喷溅，由于人员未穿戴耐酸碱性的防护用品易导致灼烫事故。毒性气体泄漏时则易造成作业人员吸入引起中毒窒息事故。

3）加热操作及其危险性分析

加热操作是控制温度的重要手段，是指热源将热能传给较冷物质使其变热过程。加热方式主要包括直接用火加热（含烟道气加热）、蒸汽或热水加热、有机载体（或无机载体）加热、余热换热，以及电加热等。加热操作的危险性主要是加热速度控制不当，导致温度失控，进而引发设备超压、冲料、物料分解、化学反应失控。

4）蒸发与蒸馏操作及其危险性分析

（1）蒸发。蒸发操作是化工生产中产物浓缩或结晶前的主要操作过程，有时原料预处理也常用到。蒸发操作时的主要危险包括由于结晶、沉淀和污垢的产生会降低传热效率导致局部过热以及设备堵塞，甚至造成热敏性物质分解，并引起爆炸事故；蒸发器内溶液被蒸干，违章补加溶液大量汽化造成设备超压爆炸。

（2）蒸馏。蒸馏是化工生产中分离液体混合物、精制液体产品的最常用的操作过程。化工生产中的蒸馏操作有常压蒸馏、减压（真空）蒸馏和加压蒸馏三种。蒸馏过程的主要风险是蒸馏设备腐蚀破坏、系统密闭性差、冷却系统失效、蒸馏温度控制不当、蒸馏液体被蒸干、控制仪表失效等因素，导致物料冲料、超压爆炸、泄漏，引起火灾、中毒和爆炸等事故。

5）冷却、冷凝、冷冻操作及其危险性分析

冷却、冷凝和冷冻主要是使用冷却介质（空气、循环水、冷油、盐水、液氨、氟利昂、碳氢化合物等制冷剂）实现热交换，达到控制反应温度、转移积热等目的。

（1）冷却。将物料温度降低，且其过程中没有相变过程的操作称为冷却。根据冷却所用的方式和设备不同，分为直接冷却与间接冷却两类。间接冷却法在生产中使用最为广泛。常见故障或风险包括：①冷却操作时，冷却介质中断导致热量积累，系统温度、压力增大，易引起爆炸事故；②换热设备器壁因腐蚀、压力或热应变、振动、焊接点开裂、密封不严、老化、清洗方式不当等原因造成管壁破裂，形成壁侧介质串液（内漏）或物料泄漏（外漏）；③水质不符合要求，产生积垢，导致换热效率不足，增大流体阻力甚至造成堵塞。

（2）冷凝。由气相变为液相的降温过程称为冷凝。在蒸馏、精馏等操作中，冷凝是必需的操作，通过冷凝产生的相变，达到气液分离目的，冷凝也常与预热同时进行。冷凝与冷却的风险相似，冷凝过程中应注意的风险包括：①物料在蒸馏过程中，如果塔顶冷凝器冷却水中断，而釜内的物料仍在继续蒸馏循环，会造成系统由原来的常压或负压状态变成正压，超过设备的承受能力发生爆炸；②对于腐蚀性物料的冷却，选用的冷却设备、管道等耐腐蚀材料选型不符；③冷却设备的密闭性差，物料窜入冷却剂中；④因操作不当未将冷凝器中存在的积液消除；⑤冷却水或被预热的物料中断，流量控制错误。

（3）冷冻。将原料、反应物、产物降到比水或周围空气更低温度的操作称为冷冻或制冷。冷冻操作其实质是不断地由低温物体取出热量并传给高温物质（水或空气），以使被冷冻的物料温度降低。热量由低温物体到高温物体这一传递过程是借助冷冻剂实现。工业生产中广泛使用的冷冻剂包括氨、氟利昂、液态二氧化碳、液氮等。因冷冻种类和性质不同，冷冻过程的危险主要包括：①制冷设备故障，对于制冷系统的压缩机、冷凝器、蒸发器以及管路系统，由于耐压等级和气密性不足、压力表和安全阀等仪表设施故障，导致运行设备和管路产生裂纹、破坏、物料泄漏；②设备材质不当，低温材质的选择错误，引起低温脆裂。使用腐蚀性介质未采用耐腐蚀材质引起泄漏；③操作不当，违反操作流程、作业人员操作失误，导致物料泄漏、设备超压、温度失控等，紧急处置不当造成生产事故。

6）熔融操作及其危险性分析

在化工生产中常常将某些固体物料（如苛性钠、苛性钾、萘、磺酸等）熔融之后进行化学反应。熔融操作过程涉及高温、熔盐腐蚀性等危害因素，在碱熔过程中的碱屑或碱液飞溅到皮肤上或眼睛里会造成灼伤。碱融物和磺酸盐中含有无机盐等杂质，会造成局部过热、烧焦，致使熔融物喷出。

7）加压、减压操作及其危险性分析

利用压力变化改变化学反应进程，提高反应速率，降低反应温度条件，是压力操作的主要目的，涉及加压和减压操作。

（1）加压。加压操作的主要风险包括：①承压设备耐压等级不符合工艺和压力容器的基本要求，易发生容器爆炸事故或造成设备损坏使物料泄漏；②加压系统密闭性不足，造成物料泄漏，或造成压力下降，引起反应异常；③升压速度和压力失控，压力表故障导致显示错误或信息反馈不及时，造成超压，导致容器爆炸、喷料；④承压设备防爆安全附件（爆破片、安全阀、紧急泄放装置等）未按规定设置或选型不当，在超出反应控制条件下不能正常启用，引起装置爆炸事故。

（2）减压。减压操作是利用抽真空设备，使系统内形成负压，操作过程的主要风险包括：系统密闭性差，造成空气进入系统形成爆炸性混合物；真空度过大或控制不当，造成物料被抽出；作业操作不当，负压导致设备和管道损坏。

8）干燥操作及其危险性分析

干燥是化工生产中精制固体产品常用的操作过程。常用的干燥方式包括对流干燥和传导干燥。

（1）对流干燥。对流干燥设备主要有箱式干燥器、转筒干燥器、气流干燥器、沸腾干燥器和喷雾干燥器。操作时应注意的主要风险包括：①干燥温度失控。出现局部过热造成物料分解、易燃蒸气或粉尘逸出，引起燃烧爆炸；②干燥气流过程产生静电未及时消除。在对流干燥中，由于物料相互运动发生碰撞、摩擦易产生静电，容易引起干燥过程所产生的易燃气体和粉尘与空气混合发生爆炸；③干燥物料中存在自燃、毒性挥发物等有害杂质；④干燥设备未按规定清理，造成死角积料，在加热过程中长时间受热分解，引起火灾爆炸事故。

（2）传导干燥。传导干燥设备主要有滚筒干燥器和真空干燥器。

滚筒干燥器操作时的主要风险：刮刀与筒壁间隙过小、刮刀固定不牢，产生撞击火花；干燥加热不均匀，局部过热。

真空干燥器操作的主要风险是在消除真空时违反操作程序，温度未降低到要求就打开设备，混入空气，引起火灾爆炸。

9）吸收操作及其危险性分析

吸收操作是分离气体混合物、精制气体原料和产品最常用的操作过程。操作时应注意的主要风险包括：①系统密闭性差，吸收操作处理的气体混合物逸出造成燃烧、爆炸和中毒等事故；②吸收剂的使用、更换过程中违章操作，未穿戴防护用品，作业人员接触到具有腐蚀性的吸收剂造成化学性灼伤。

10）筛分、过滤操作及其危险性分析

过滤是进行固—液分离的通用方法。常用的过滤方法有加压过滤、真空过滤、离心过滤等几种。操作时应注意的主要风险包括：①静电危害，滤液通过过滤介质及板框运动都可能产生静电，引起易燃液体发生燃烧事故；②泄漏风险，压滤过程中滤板要避免液体泄漏，尤其是有危险性的液体，以免造成腐蚀及火灾等事故；③滤液蒸气进入真空系统，影响真空设备运转；④离心机过滤操作中，当负荷不均匀时会发生剧烈振动，造成轴承磨损、转鼓撞击外壳、物料飞溅等引发事故。

11）粉碎、混合操作及其危险性分析

（1）粉碎。粉碎操作是利用挤压、撞击、研磨和劈裂等方法，对采用固体物料作反应原料或作催化剂进行固体粉碎或研磨，将大块物料最终变为粉状的过程。粉碎或研磨有干法和湿法两类。粉碎研磨过程的主要风险包括：①粉碎研磨过程产生大量粉尘，粉碎研磨设备密闭性差，造成作业环境内粉尘弥漫、积聚。②研磨设备摩擦产生热和静电，对于进行可燃、易燃物质粉碎研磨的设备没有可靠的接地和防爆装置，引起粉尘燃烧爆炸。

（2）混合。包括液体与液体的混合、固体与液体的混合、固体与固体的混合；不包括气体与气体的混合。常用的混合设备有机械搅拌（如板式、框式、螺旋桨式、涡轮式等）和气流搅拌两种。混合操作时的主要风险包括：①采用机械搅拌进行混合的过程，桨叶强度不足，安装不牢固，桨叶过长，搅拌转速随意提高，容易导致电机超负荷、桨叶折断以及物料飞溅等事故；②对于混合能产生易燃易爆或有毒物质的过程，混合设备密闭差混入空气，引起燃烧爆炸事故；③物料混合过程产生静电，操作人员穿着易产生静电服装，缺少静电接地装置；④由于负荷过大导致电机烧坏或突然停电造成的搅拌停止，会导致物料局部过热等；⑤机械搅拌设备检修时，未切断电源并在电闸处明示或派专人看守，设备突然启动造成人身伤害。

12）萃取、结晶操作及其危险性分析

（1）萃取。萃取是指利用化合物在两种互不相溶（或微溶）的溶剂中溶解度或分配系数的不同，使化合物从一种溶剂内转移到另外一种溶剂中。经过反复多次萃取，将绝大部分的化合物提取出来的方法。萃取过程主要是选择合适的萃取剂，受萃取剂的性质影响可能存在火灾、爆炸、中毒、腐蚀、灼烫等伤害事故，应注意防火防爆、防中毒、防腐蚀的风险。

（2）结晶。结晶是固体物质以晶体状态从蒸气、溶液或熔融物中析出的单元操作。结晶方法主要包括蒸发结晶和降温结晶。结晶操作的风险主要是在加热蒸发过程中，温度和浓度控制不当造成过度蒸发使结晶物的分解，并引发火灾爆炸事故。

四、化学反应过程危险性分析

影响化学反应过程的因素十分复杂，反应过程发生失控造成事故的风险极大，针对化工工艺过程危险性分析的专业性强、难度大，是化工安全控制的重点和难点。

（一）化学反应的分类

按反应物与生成物的反应特征类型划分：化合反应、分解反应、置换反应、复分解反应。

按电子得失可分为：氧化还原反应、非氧化还原反应。氧化还原反应包括：自身氧化还原，还原剂与氧化剂反应。

按照能量变化分为吸热反应、放热反应。

按照反应物是否涉及有机化合物的化学反应划分：无机反应、有机反应。有机反应即涉及有机化合物的化学反应，是有机合成的基础。几种基本反应类型为：取代反应、加成反应、消除反应、周环反应、重排反应和氧化还原反应。典型化学反应包括加氢、氧化、硫化、硝化、酯化、过氧化、卤化、磺化、重氮化、烃化、酰化、氰化、水解、聚合、缩合、环合和重排反应等等化学合成反应过程。无机反应是只有无机物参加的反应，与有机反应相比，具有反应时间短、副反应相对少等特点。基本反应类型包括化合、分解、置换、复分解、氧化还原和非氧化还原。

（二）化学反应的危险性

化学反应过程的危险性主要是化工工艺过程中加料错误、反应条件失控、安全措施失效等因素造成反应物料非正常泄放，从而引发火灾、爆炸、中毒窒息、灼烫、环境污染等事故灾难。为加强化工工艺的安全监管，《重点监管危险化工工艺目录》中列出了 18 种危险化工工艺的反应类型、重点监控单元、工艺危险特点、典型工艺、重点监控工艺参数、安全控制的基本要求等内容，充分代表化学反应过程危险性，为分析化学反应过程的风险和制定管控措施提供了依据。详见本书第五章。

化学反应过程的危险性突出表现在以下 4 个方面。

1）反应物料失控

反应物料失控主要包括投料量、投料比例、物料种类、物料状态、投料速度等方面的失控。无论在自动化控制还是人工投料，人的操作失误或者控制仪表故障，均可能造成反应物料失控，导致反应过程失控。化学反应导致物料反应失控的主要原因包括：①因包装物未明确物料名称种类，造成操作人员加错物料；②称重或流量等计量仪表故障、人员操作失误造成反应物料比例失衡，引起反应失控；③作业人员违章操作、流量控制仪表故障等因素造成物料进料速度过快，从而导致反应速率过快，反应热失衡或副反应增加；④工艺控制参数变化、设备故障等因素引起非反应物料误入反应设备，引发事故。

2）反应热失控

温度是化工生产中的主要控制参数之一。不同的化学反应有其最适宜的反应温度，正确控制反应温度不但对保证产品质量、降低消耗具有重要意义，也是防火防爆的关键重点。反应过程中的反应热失控伴随着温度、压力、反应速率急剧上升，温度过高，能造成反应速度过快，一般温度每增加 10 ℃，反应速率增加约一倍，还会造成降温设施发生故障、液化气体和低沸点介质气化而发生冲料或爆炸，引起反应物的分解着火。温度过低，有时会造成反应减慢或停滞，还会使某些物料冻结，造成管路堵塞或破裂，致使易燃物泄漏发生火灾和爆炸。

化学反应导致热反应失控的主要原因包括：①物料投放过快、催化剂加入过多，原料配比、投料次序和时间不当，造成反应放热速度过快；②聚合、氧化、硝化反应等放热反应过程，反应放热过快，未采取有效措施终止反应进程，造成反应热积聚；③冷却剂选择不当、换热设备不能及时导出反应器中过多的热量，因器壁结垢传热效果变差，冷却剂供给设备发生故障、换热系统堵塞等原因，都可能导致反应热未能及时移出。传热壁面结疤不仅影响传热效率，更危险的是物料局部过热分解引起爆炸事故；④停电、搅拌系统故障，桨叶损坏、转速不够、桨叶形状不当，物料粉碎度不够等，则会使反应物料在器内分散不均匀，造成散热不良或局部反应过于剧烈。例如，苯与硫酸进行磺化反应时，物料加入后若迟开搅拌，会造成物料分层，搅拌开动后反应剧烈，冷却系统来不及将大量的反应热移走，导致热量积聚，温度升高，未反应完的苯受热气化，造成管线超压爆裂；⑤升温速度过快，温度、压力指示数显示错误、计量仪器仪表故障等原因引起物料化学反应的异常。

3）反应压力失控

化学反应过程（例如加氢、裂解、聚合等）往往需要在高温高压条件下进行，因反应物料体积、成分发生变化也会导致设备内压力变化，压力的失控会增加管道和容器的破裂风险，也会影响反应进程，导致爆炸事故的发生。导致化学反应过程压力失控的主要原因包括：①反应物选择不当，反应物选择不适合、反应物过量，导致反应速率过快，压力升高；②设备耐压性能不足，压力容器或压力管道材质缺陷、应力疲劳，抗压能力不足，压力容器的安全阀、爆破片等安全附件选型不当，无法及时释放过量的压力，可能导致压力失控；③催化剂选择错误，催化剂选择不当、催化剂的添加量、使用方式错误等因素，可能导致反应速率异常增加，进而引发压力失控；④反应温度控制不当，温度过高可能会导致反应速率增加，产生更多的产物，从而增加系统压力；⑤反应物的不稳定性，因反应过程中反应物料成分变化引起体积突然变化，以及某些反应物本身具有不稳定性，在反应过程中突然放出大量气体，导致压力失控；⑥违章操作或操作失误，操作人员在反应过程中疏忽大意、违章操作，或者操作不当，可能导致压力失控；⑦压力控制仪表故障，压力监测仪表、压力数据传输系统故障。例如：压力变送器的故障包括无输出、零点偏差、高低输出、输出波动等；电阻式远传压力表输出的电阻信号故障包括开路、短路、接触不良使显示仪表无指示、最小指示、指示波动等；⑧外部因素干扰，如外部的震动、撞击或者火源等干扰因素，可能引发反应失控。

4）反应设备缺陷

化工工艺设备种类繁多，形式多种多样。按工艺用途不同，可分为塔槽（罐）类、换热设备、反应器、干燥设备、分离器、加热炉和废热锅炉等。工艺设备一般都是在严格的生产条件下运行，设计不合理、制造缺陷、材料选择不当、腐蚀严重、违章作业、操作失误和维护管理不善等是导致反应设备发生安全事故主要原因。

（1）设备材质选型不当。因选材不当、材料本身存在缺陷或对材料不适当处理而引起的事故颇多。未按设计要求选择对应的防腐蚀、耐高温、耐高压等性能的材质，或者设计不符合标准，易引起爆炸和泄漏事故。压力容器如选材不当，即使容器具有足够壁厚，在正常使用条件下也可能因材质韧性降低而发生爆裂、断开或因工作介质对材料腐蚀而导致腐蚀破裂，甚至发生火灾和爆炸事故；如果机器的零部件选材不当，或材料本身有缺陷等，将会使运动部件出现裂纹、断裂或脱落飞出而击伤构件，甚至发生燃烧爆炸事故；管道，特别是高温、低温或腐蚀环境中使用的管道，如果材料本身有缺陷或选材不当，将会引起疲劳裂纹、金属材质脆化等事故。例如加氢反应为强烈的放热反应，氢气在高温高压下与钢材接触，钢材内的碳分子易与氢气发生反应生成碳氢化合物，使钢制设备强度降低，发生氢脆。

（2）结构设计。反应设备的设计可能存在缺陷，比如结构不坚固、容积不足、布局不合理、管道的结构、管件与阀门的连接形式不合理等问题，这些都可能导致设备在操作过程中出现问题。

（3）制造安装工艺。制造过程中的工艺控制不当可能导致设备内部存在缺陷，比如焊接处未达到足够的强度、金属表面存在缺陷等，这些都可能影响设备的稳定性和安全性。设备材质受到制造时的残余应力和运转时拉伸应力的作用，在腐蚀的环境中就会产生裂纹并发展长大。制造化工设备时除了选择正确的材料外，还要求正确的加工方法。以焊接为例，如果焊缝不良或未经过热处理则会使焊区附近材料性能劣化，易产生裂纹使设备破损。

（4）操作管理。操作人员的不当操作可能导致设备损坏，比如操作不当导致设备超载、过温、过压等情况，或者在设备清洁、维护时未按规定操作。

（5）环境因素。环境因素也会影响反应设备的稳定性和安全性，比如温度、湿度、气候等因素都可能对设备造成影响。在特定条件下，如压力波动、严寒天气就会引起脆性破裂，造成灾难性事故。

（6）腐蚀防护失效。腐蚀性介质对机械设备、电气、仪表均会造成破坏。大量酸、碱等腐蚀介质严重腐蚀机械、设备、管路、阀门和垫片、填料，致使设备壁厚减薄、强度下降，物料从设备、管路、阀门泄漏外溢造成中毒、火灾、爆炸等事故。腐蚀还会导致绝缘破坏、接触不良，致使电气、仪表失灵等问题，不能及时、正常反馈信息。

五、风险控制要点

根据事故致因理论，重点从工艺控制、仪表控制、设备管理、作业现场管理、从业人员管理、相关方管理等方面提出风险控制措施要点。

（一）工艺控制要点

工艺控制是化学反应过程安全的根本。针对化工工艺指标多、要求严、标准高等特点，应将涉及人身安全、可能导致重大事故发生的关键安全工艺指标，列为重点监控对象，有针对性地重点管理，实现工艺指标的可控、在控。重点控制的工艺参数通常包括反应物（配比、浓度和质量）、温度、压力、流量、液位、反应速度等。

1）投料控制

（1）遵循低风险替代高风险原则，选择低风险的物料替代高风险物料，低风险工艺替代高风险工艺。

（2）投料前需要核实原料的种类是否正确。现场堆放的危险化学品应有安全技术说明书和安全标签，不得采购无安全技术说明书和安全标签的危险化学品。

（3）对生产原料、中间产品及成品应有严格的质量检验，检测原料纯度和杂质量，以保证其纯度和含量，控制反应物料的配比关系。

（4）采用可靠的自动投料计量控制系统，替代人工加料。准确分析计量反应物料的浓度、含量、流量重量等影响配比的因素。加强计量控制系统的安全性保障，定期检查仪表控制系统。

（5）严格控制投料顺序，根据工艺流程和安全操作的需求，通过自控、联锁控制等方式，控制物料的投料顺序。

（6）控制物料添加量，通过液位、流量、质量等自动检测联锁切断等控制方式防止溢料和物料泄漏。

（7）控制加料速度。增加缓冲投料装置，延缓加料速度。可燃或易燃物与氧化剂的反应，要严格控制氧化剂的投料量和投料速度，防止形成爆炸性混合物，其物料配比应严格控制在爆炸极限范围以外。如工艺条件允许，可添加水、水蒸气或惰性气体进行稀释保护。

2）温度控制

化学反应过程一般都伴有热效应，甚至随着反应进程的变化，热效应发生突变，从吸热转变为放热，从而造成热量的迅速积聚引发事故。为了使放出的热量及时传出，防止超温，既要控制传热介质的温度，又要保持适当的传热速度。为了严格控制温度，应当采取合理措施。

（1）及时移除反应热。移走反应热最常用方法有夹套冷却法、内蛇管冷却法、夹套内蛇管兼用冷却法等。冷却的操作程序是：开车时，应先通冷却介质；停车时，应先停物料，后停冷却系统。对于凝固点较低的物料，遇冷易变得黏稠甚至凝固，在冷却时要注意控制温度，防止物料卡住搅拌器或堵塞设备及管道。

（2）防止搅拌中断。为防止停电、机械故障等引起的搅拌中断，可采取双路供电、增设人工搅拌装置等措施防止搅拌中断。

（3）正确选用传热介质。在选择载热体时，要考虑使用的温度范围和传热速率，避免使用与反应物料性质相抵触的物质作为传热介质。例如环氧乙烷很容易与水发生剧烈反应，甚至极微量的水分渗到液体环氧乙烷中，也容易引起自聚发热导致发生爆炸。在常压下加热裂解、蒸馏易燃、可燃液体时，不能用明火加热而应采用水蒸气加热。

（4）注意防止传热壁面的结疤。为了防止结疤引发事故，除了定期清洗除垢、测量壁厚外，最好不用加热方式而用加酸、加盐或吸附等方式分离。

（5）合理选择反应催化助剂，制定操作规程，规范人员操作方式。

3）压力控制

控制化工反应的压力是确保生产过程安全的关键因素之一。企业应根据反应工艺过程对压力的需求选择适当的压力容器，主要采取以下措施。

（1）压力传感器和监测系统：安装压力传感器监测反应器等设备内部压力的变化，及时检测任何压力异常并触发警报或紧急停机程序。选用精度高、响应速度快的压力传感器。

（2）自动控制系统：将系统与压力传感器和监测系统集成在一起，采用先进的控制算法和精确的执行机构，根据预设参数实时调整反应器操作，实现对反应压力的快速响应和精准调节，以保持压力在安全范围内。定期对压力控制系统进行校准和维护。

（3）压力释放装置：合理设置安全阀、爆破片等泄压装置，在压力超过设定阈值时释放压力，避免反应器过压。定期检查和维护压力释放装置，以确保其正常工作。

4）流量控制

通过设置流量计检测流量大小，控制物料流速，从而达到控制反应速率，防止反应热失控的目的。流量计主要针对气体、蒸气、液体等流体，类型包括：差压式流量计、涡街流量计、电磁流量计、质量流量计等。需要根据流体类型和工艺要求选择适当的流量计，并定期检查维护，确保正常运行。

5）液位控制

通过设置液位计检测液位高低，设置高、低液位报警和联锁切断装置，防止物料输送过程因误操作或设置故障导致物料溢出、抽空设备等事故。液位计种类包括电容液位计超声波液位计、雷达液位计、磁翻板液位计、磁浮球液位计（液位开关）、防爆浮球液位开关、玻璃板式液位计、玻璃管式液位计、钢带液位计、音叉物位控制器等。

6）反应速率控制

主要通过控制加料速度、升温速率、压力大小、反应时长等方式达到控制反应速率的目的。企业应组织工艺人员研究制定工艺操作规程，明确工艺控制指标，严格控制反应速率。

（二）仪表安全控制要点

仪表和自动控制装置的正常有效是保障在受控状态下安全生产的重要前提，影响自动控制系统的因素包括：①仪表选择不当；②信号的测量不准确；③通信故障，信号传递滞后或不及时；④腐蚀性环境及外部信号干扰；⑤执行机构故障等。

仪表安全控制要点主要包括：①工程设计阶段应认真研究工艺控制参数和安全控制参数，分析化工过程危险，制定安全控制策略和措施，选择适当的安全仪表系统，满足生产过程的安全仪表功能、安全完整性等级等要求；②开展化工过程的保护层分析（LOPA）。在定性危害分析的基础上，进一步评估保护层的有效性，并进行风险决策；③安全仪表系统集成、调试及验收测试，应符合安全仪表系统规格书及功能逻辑图的技术要求。安全仪表系统应独立于基本过程控制系统，并应独立完成安全仪表功能；④涉及危险化工工艺、重点监管危险化学品的装置装设自动化控制系统；涉及危险化工工艺的大型化工装置装设紧急停车系统；涉及易燃易爆、有毒有害气体化学品的场所装设易燃易爆、有毒有害介质泄漏报警等安全设施。重大危险源配备温度、压力、液位、流量、组分等信息的不间断采集和监测系统以及可燃气体和有毒有害气体泄漏检测报警装置，并具备信息远传、连续记录、事故预警、信息存储等功能；一级或者二级重大危险源，具备紧急停车功能。对重大危险源中的毒性气体、剧毒液体和易燃气体等重点设施，设置紧急切断装置；毒性气体的设施，设置泄漏物紧急处置装置。涉及毒性气体、液化气体、剧毒液体的一级或者二级重大危险源，配备独立的安全仪表系统（SIS）；重大危险源中储存剧毒物质的场所或者设施，设置视频监控系统；记录的电子数据的保存时间不少于 30 天。

（1）现场仪表的安装位置应满足以下要求：①易于接近、观察及操作，必要时设置专用的操作平台和梯子；②避开高温、强烈振动的场所；③避开静电干扰和电磁干扰，当无法避开时，应采取适当的抗静电干扰、电磁干扰的措施；④具有适应现场环境的防护措施，防护等级不应低于 IP 65；⑤非防水仪表设在室外时，应安装于仪表保护箱内；⑥非防爆仪表用于爆炸危险场所时，应安装于正压式仪表柜内或采取其他防爆措施，并符合有关防爆规范要求。在爆炸危险场所，测量仪应采用隔爆型或本安型。当采用本安系统时，应采用隔离式安全栅。

（2）操作维护应遵循操作维护作业程序，应使操作维护过程符合安全仪表系统技术要求的功能安全。定期进行检查、清洁、校准和维修，确保化工仪表设备处于良好状态。做好仪表设备定期保养、检测、试验、校验、联锁投/切、变更等工作实施及资料的存档管理。

（3）操作维护人员应定期培训，培训内容宜包括安全仪表系统的功能、可预防的过程危险、测量仪表和最终元件、安全仪表系统的逻辑动作、安全仪表系统及过程变量的报警、安全仪表系统动作后的处理等。

（4）保持仪表设备周围环境清洁整洁，避免外部干扰对设备正常运行的影响。定期监测设备的运行状态，及时发现设备异常并采取相应措施。

（5）仪表控制室位置选择：①仪表控制室位置应选择在非爆炸、无火灾危险区域；②仪表控制室应尽可能靠近主要生产装置；③对于含有易燃、易爆、有毒、粉尘、水或腐蚀性介质的工艺生产装置，应布置在本地区全年主导风向的上风侧；④仪表控制室应远离高噪声源、振动源及较大的电磁干扰场所。

（6）仪表控制室安全设计：①仪表控制室必须设置火灾自动报警装置；②仪表控制室周围可能出现可燃或毒性气体时，应设置可燃/毒性气体检测报警器；③大型仪表控制室应考虑装设自动灭火系统。

（7）仪表控制系统供电安全。仪表用电设备主要包括：现场仪表设备，分布式控制系统（DCS）、安全联锁控制系统（ESD）、数据采集与监视控制系统（SCADA），信号报警器，可燃/毒性气体检测报警系统，火灾报警系统，在线分析系统，工业电视系统，仪表电伴热系统，旋转设备监测系统。

仪表供电分类形式：①重要负荷供电——双回路供电；②一般负荷供电——单回路供电；③安全供电——不间断供电装置（UPS）/柴油发电机。

仪表用电负荷大多属于有特殊供电要求的负荷。电源事故会打乱正常生产操作，甚至造成生产人员或设备的损害。因此，仪表控制系统的供电应采用不间断供电电源，后备电池的供电时间不小于 30 min。

仪表安全供电要求主要指以下几方面：①保证紧急停车系统所供电；②保证生产过程中紧急事故时压力泄放及物料排放；③保证大型动设备安全停车；④保证可燃气体/毒性气体检测报警系统供电。

（三）设备安全管理要点

设备的安全管理应该贯穿于设备寿命周期的全过程，即设备的设计、采购、制造、安装到投产、运行、维护、改造直至报废处置的寿命周期的各阶段。主要从以下方面保证设备设施运行的安全可靠，设备安全详见本书第六章。

1）设备选型、设计、制造与安装

（1）设备设计、制造、安装应由具备相应资质的单位实施。经调试验收合格后，才可以投入使用。特种设备应按照《特种设备安全监察条例》办理使用登记，登记标志应当置于或者附着于该特种设备的显著位置。

（2）设备安全设施应齐全，应设置可靠的安全泄放装置（安全阀、爆破片等）、安全连锁装置和安全防护装置等安全保护装置，并定期检查、检测是否正常有效。

（3）化工设备、管道、焊接等材料的选用应符合相关标准、规定、规范和技术条件。选用材料的化学成分、金相组织、机械性能、物理性能、热处理和焊接方法应符合有关的材料标准，与之相应的材料试验和鉴定应由用户和制造厂商定。由制造厂提供的其他材料，经试验、技术鉴定后，确能保证设计要求的，用户方可使用。技术革新、设备改造时使用替代材料，要有严格的审批手续。严格执行进厂设备、配件、材料的质量检查验收制度，防止不合格设备、配件、材料投入生产，消除设备本身的不安全因素。严把设备采购关，防止低劣产品进厂。

（4）设备的设计要适合操作者的身体特征，即身高、腕力及其他部位的能力等。尽量使操作者长期处于舒适状态，不易疲劳。操作应简便省力，容易掌握，不易发生操作错误而产生故障现象。

2）设备检测及故障诊断

（1）定期开展化工设备的检测和故障诊断。诊断技术由三个部分组成，即：①了解设备运行状态的检测技术；②对设备运行状态进行是否异常判别的运行状态监测技术；③考虑异常发生位置，严重程度，采取何种对策，原因推断和寿命预测等的故障诊断技术。

（2）压力容器和压力管道等特种设备应当经国务院特种设备安全监督管理部门核准的检验检测机构按照安全技术规范的要求进行监督检验合格。特种设备使用单位应当开展经常性日常维护保养，并定期自行检查。对在用特种设备应当至少每月进行一次自行检查，并作出记录。进行自行检查和日常维护保养时发现异常情况的，应当及时处理。

（3）特种设备使用单位应当对在用特种设备的安全附件、安全保护装置、测量调控装置及有关附属仪器仪表进行定期校验、检修，并作出记录。

3）运行安全管理

（1）定人定机。确保每台设备都有专人负责，专人操作和维护。

（2）操作证管理。操作人员应取得特种设备操作证。

（3）制定设备操作维护规程。根据设备的结构和运转特点，以及安全运行的要求，规定设备操作人员在其全部操作过程中必须遵守的事项、程序及动作等基本规则。操作人员认真执行设备操作维护规程，保证设备正常运行，减少故障，防止事故发生。

（4）建立健全设备使用岗位责任制。明确岗位安全风险管控和隐患排查责任清单，督促岗位员工落实岗位安全责任。

（5）严格交接班制度，掌握设备运行技术状态信息。

（6）做好设备的安全检查和维护保养。通过日常和定期的安全检查、维护保养，做好润滑、防尘、防冻、防腐蚀等工作，保障设备正常运行，及时消除设备故障和隐患。

（7）静电防护。对易产生静电的设备管道等，采取静电接地、等电位跨接等方式消除静电。

（8）应急处置。操作人员应掌握设备故障的应急处置办法。

4）腐蚀防护

生产设备应根据生产过程中介质的性质、浓度、反应温度、压力、流速等工艺条件和设备材料的耐腐蚀性能，综合选择防腐蚀材料，并加强设备使用期间的检查和维护。

（四）作业现场管理要点

（1）开展作业现场风险辨识和分级评估。事先分析和控制生产过程及工艺、物料、设备设施、器材、通道、作业环境等存在的安全风险。依据风险评价准则，选定合适的评价方法，定期和及时对作业活动和设备设施进行危险、有害因素识别和风险评价。依据安全风险评价准则确定安全风险等级，从技术、组织、制度、应急等方面对安全风险采取有效管控措施消减风险。对可能存在安全风险外溢的场所及装置进行分析识别，并采取相应预警措施。

安全风险辨识分析内容应重点关注如下方面：①对涉及“两重点一重大”生产、储存装置定期运用 HAZOP 方法开展安全风险辨识；一般每 3 年开展一次；对涉及“两重点一重大”和首次工业化设计的建设项目，应在基础设计阶段开展 HAZOP 分析工作；对其他生产、储存装置的安全风险辨识分析，针对装置不同的复杂程度，每 5 年进行一次；②对设备设施、作业活动、作业环境进行安全风险辨识；③当管理机构、人员构成、生产装置等发生重大变化或发生安全事故时，及时进行安全风险辨识分析；④对控制安全风险的工程、技术、管理措施及其失效后可能引起的后果进行分析。

对厂区内人员密集场所及可能存在的较大风险进行排查：①试生产投料期间，区域内不得有施工作业；②涉及硝化、加氢、氟化、氯化等重点监管化工工艺及其他反应工艺危险度 2 级及以上的生产车间（区域），同一时间现场操作人员控制在 3 人以下；③系统性检修时，同一作业平台或同一受限空间内不得超过 9 人；④装置出现泄漏等异常状况时，严格控制现场人员数量。

（2）利用信息系统实现对安全生产信息的自动保存，实现可查可用，并便于检索、查阅，相关人员可及时、方便的获取相关信息。安全生产信息可为单独的文件，也可以包含在其他文件、资料中。应综合分析收集到的各类信息，明确提出生产过程安全要求和注意事项，并转化到安全风险分析、事故调查和编制生产管理制度、操作规程、员工安全教育培训手册、应急处置预案、工艺卡片和技术手册、化学品间的安全相容矩阵表等资料中。及时获取或编制危险化学品安全技术说明书和安全标签。

（3）生产现场应实行定置管理，保持作业环境整洁。生产现场应配备相应的安全、职业病防护用品（具）及消防设施与器材，按照有关规定设置应急照明、安全通道，并确保安全通道畅通。

（4）在正常开车、紧急停车后的开车前，应进行安全条件检查确认。

（5）加强对关键装置、重点部位安全管理，实行企业领导干部联系点管理机制。

（6）两个以上作业队伍在同一作业区域内进行作业活动时，不同作业队伍相互之间应签订管理协议，明确各自的安全生产、职业卫生管理职责和采取的有效措施，并指定专人进行检查与协调。

（7）危险化学品生产、经营、储存和使用单位的特殊作业，应符合《危险化学品企业特殊作业安全规范》（GB 30871—2022）的规定。对临近高压输电线路作业、危险场所动火作业、有（受）限空间作业、临时用电作业、爆破作业、断路作业等危险性较大的作业活动，实施作业许可管理，严格履行作业许可审批手续。作业许可应包含安全风险分析、安全及职业病危害防护措施、应急处置等内容。作业许可实行闭环管理。企业应对作业人员的上岗资格、条件等进行作业前的安全检查，做到特种作业人员持证上岗，并安排专人进行现场安全管理，确保作业人员遵守岗位操作规程和落实安全及职业病危害防护措施。企业应采取可靠的安全技术措施，对设备能量和危险有害物质进行屏蔽或隔离。

（8）监督、指导从业人员遵守安全生产和职业卫生规章制度、操作规程，杜绝违章指挥、违规作业和违反劳动纪律的“三违”行为。

（9）为从业人员配备与岗位安全风险相适应的个体防护装备与用品①，并监督、指导从业人员按照有关规定正确佩戴、使用、维护、保养和检查个体防护装备与用品。

（10）在易燃、易爆、有毒有害等危险场所的醒目位置设置安全标志。在重大危险源现场设置明显的安全警示标志。安全标志牌至少每半年检查一次，如发现有破损、变形、褪色等不符合要求时应及时修整或更换。

在易燃易爆作业场所设置“当心火灾”“当心爆炸”“禁止烟火”“禁止吸烟”“禁止带火种”“禁止穿化纤服装”“禁止穿带钉鞋”等标志；存放遇湿易燃物品或用水灭火会对周围环境产生危险的地方应设置“禁止用水灭火”标志。

在使用有毒物品作业场所及其入口设置“当心中毒”“必须戴防毒面具”“必须穿防护服”“注意通风”等标志。

在易产生腐蚀的作业场所设置“当心腐蚀”“必须戴防护手套”“必须戴防护眼镜”“必须穿防护服”“必须穿防护鞋”等标志。

（11）在检维修、施工、吊装等作业现场设置警戒区域和安全标志，在检修现场的坑、井、洼、沟、陡坡等场所设置围栏和警示灯。

（12）在可能产生严重职业危害作业岗位的醒目位置，按照《工作场所职业病危害警示标识》（GBZ 158—2003）设置职业危害警示标识，同时设置告知牌，告知产生职业危害的种类、后果、预防及应急救治措施、作业场所职业危害因素检测结果等。

（13）确保作业现场有适当的气体检测系统和通风设施，以控制有害气体的排放。

（14）各类安全设施、消防设备等按照规定配备齐全，灵活好用，符合有关规程的要求；消防疏散通道保持畅通。

（15）关键装置所在车间应确定关键部位的安全监控危险点，必要时，应绘制危险点分布图。

（16）严格安全纪律，禁止无关人员进入操作岗位和动用生产设备、设施和工具。

（五）从业人员管理要点

1）从业人员能力要求

（1）保证相关人员（包括承包商人员）及时获取最新的安全生产信息，使其与岗位控制风险需求相匹配②。

企业应当依法设置安全生产管理机构或配备专职安全生产管理人员。

专职安全生产管理人员应不少于企业员工总数的 2%（不足 50 人的企业至少配备 1 人），要具备化工或安全管理相关专业中专以上学历，有从事化工生产相关工作 2 年以上经历。危险化学品生产、经营（带有储存设施）企业，主要负责人和主管生产、设备、

① 《个体防护装备配备规范 第 1 部分：总则》（GB 39800. 1—2020），《个体防护装备配备规范 第 2 部分：石油、化工、天然气》（GB 39800. 2—2020）。

② 依据国务院办公厅《关于全面加强危险化学品安全生产工作的意见》（厅字〔2020〕3 号）、国务院安委会《危险化学品安全专项整治三年行动实施方案》（安委〔2020〕3 号）、应急管理部《危险化学品企业重点人员安全资质达标导则（试行）》（应急危化二〔2021〕1 号）。

技术、安全的负责人及安全生产管理人员必须具备化学、化工、安全等相关专业大专及以上学历或化工类中级及以上职称和一定实践经验，专职安全管理人员至少要具备中级及以上化工专业技术职称或化工安全类注册安全工程师资格。

从业人员300人以上的企业，应当按照不少于安全生产管理人员15%的比例配备注册安全工程师；安全生产管理人员在7人以下的，至少配备1名注册安全工程师。

企业危险化学品特种作业人员应具备高中或者相当于高中及以上文化程度，能力应满足安全生产要求①。

高风险岗位操作人员必须具有化工职业教育背景或普通高中及以上学历并接受危险化学品安全培训，经考核合格后方能上岗。

涉及爆炸危险性化学品的生产装置和储存设施的操作人员必须具备化工类大专及以上学历。

（2）明确主要负责人、各级管理人员、一线从业人员（含劳务派遣人员、实习学生等）等所有岗位人员的安全生产责任和考核标准。

（3）将全员安全生产责任制教育培训工作纳入安全生产年度培训计划，对所有岗位从业人员（含劳务派遣人员、实习学生等）进行安全生产责任制教育培训，如实记录相关教育培训情况等。

2）从业人员技能培训

（1）企业操作人员应掌握工艺安全信息，主要包括：①化学品危险性信息：物理特性；化学特性，包括反应活性、腐蚀性、热和化学稳定性等；毒性；职业接触限值；②工艺信息：流程图；化学反应过程；最大储存量；工艺参数（如：压力、温度、流量）安全上下限值；③设备信息：设备材料；设备和管道图纸；电气类别；调节阀系统；安全设施（如报警器、联锁等）。

（2）对相关岗位人员进行安全生产信息培训，以掌握本岗位有关的安全生产信息。建立健全从业人员安全生产教育和培训档案，详细、准确记录培训的时间、内容、参加人员以及考核结果等情况。对培训教育效果进行评估和改进。

（3）新从业人员（包括临时工、合同工、劳务工、轮换工、协议工、实习人员等）进行厂、车间（工段、区、队）、班组三级安全培训教育，考核合格后上岗。新从业人员的三级安全培训教育的内容应符合《生产经营单位安全培训规定》要求。新从业人员安全培训时间不得少于72学时；从业人员每年应接受再培训，再培训时间不得少于20学时。在本企业内调整工作岗位或离岗一年以上重新上岗时，应当重新接受车间（工段、区、队）和班组级的安全培训。

（4）特种作业人员必须经专门的安全技术培训并考核合格，取得特种作业操作证后，方可上岗作业；特种作业操作证应定期复审。

（5）当工艺技术、设备设施等发生改变时，要及时对相关岗位操作人员进行有针对性的再培训。

（6）制定和完善关键装置要害（重点）部位各种应急预案，定期进行应急预案演练。

① 《特种作业人员安全技术培训考核管理规定》（国家安全监管总局令第30号）第四条。

（六）相关方管理要点

（1）建立合格承包商名录、档案（包括承包商资质资料、表现评价、合同等资料）；对承包商进行资格预审、选择、表现评价、续用等过程管理。

（2）选择、使用合格的承包商；与选用的承包商签订安全协议，明确双方安全管理范围与责任。

（3）对相关方入厂人员进行有关安全规定及安全注意事项的培训教育。禁止未经安全培训教育合格的承包商作业人员入厂。

（4）进入作业现场前，应对承包商人员进行安全培训教育和现场安全交底；保存承包商安全培训教育、现场安全交底记录。对承包商重点施工项目的安全作业规程、施工方案进行审查，对承包商作业进行全程安全监督。

（七）开停车安全管理要点

（1）编制开停车方案，识别开停车过程安全风险，确定关键步骤和岗位，规范操作流程，并严格执行。

（2）严格按照开停车方案中的步骤进行，严格遵守升降温、升降压和减负荷的幅度（速率）要求。系统降压、降温必须按要求的幅度（速率）并按先高压后低压的顺序进行。凡须保温、保压的设备（容器）停车后要按时记录压力、温度的变化。

（3）危险性较大的生产装置开车，应严格控制现场人员数量，应将无关人员及时清退出场。消防车、救护车处于备防状态。

（4）开车过程中要严密注意工艺的变化和设备的运行情况，发现异常现象应及时处理，情况紧急时应终止开车，严禁强行开车。

（5）大型传动设备的停车，必须先停主机、后停辅机。

（6）设备（容器）卸压时，应对周围环境进行检查确认，要注意易燃、易爆、有毒等危险化学物品的排放和扩散，防止造成事故。

（7）冬季停车后，要采取防冻保温措施，注意低位、死角积水、蒸汽管线、阀门、疏水器和保温伴管的情况，防止冻坏设备。

（8）紧急状态下的处理：①发现或发生紧急情况，必须先尽最大努力妥善处理，防止事态扩大，避免人员伤亡，并及时向有关方面报告；②工艺及机电设备等发生异常情况时，应迅速采取措施，并通知有关岗位协调处理。必要时，按步骤紧急停车；③发生停电、停水、停气（汽）时，必须采取措施，进行紧急停车处理，防止系统超温、超压、跑料及机电设备的损坏；④发生爆炸、着火、大量泄漏等事故时，应首先切断气（物料）源，同时迅速通知相关岗位采取措施，并立即向上级报告。

（9）妥善做好停车后的安全处理。主要包括：隔绝、置换、吹扫与清洗，以及检修前生产部门与检修部门办理安全检修交接手续等步骤。

第二节　危险化学品储存安全管理

生产、经营、储存、使用危险化学品的企业都存在危险化学品储存，由于储存场所或设施、储存条件不具备相应的安全条件，以及储存过程操作失误、违章作业等因素，易发生重大安全生产事故。2015 年 8 月 12 日 23:30 左右，位于天津市滨海新区天津港的瑞海公司危险品仓库发生火灾爆炸事故，造成 165 人遇难。天津港“8·12”特别重大生产安全责任事故，加深了国家对危险化学品储存风险的认识，引起安全生产监督管理部门对危险化学品储存的重视。本节介绍企业危险化学品主要储存场所（仓库、堆场、储罐区）的安全风险和安全管理要求。

一、危险化学品储存方式分类

危险化学品储存方式分类如下。

（1）根据储存量大小和包装形式划分为：整装储存和散装储存。

整装储存是将物品装入小容器或包装件中储存，例如氢氧化钠、酒精、磷酸、硫酸、氯等物品为袋装、桶装、箱装或钢瓶装。

散装储存是物品不带外包装的净货储存，例如汽油、甲苯、二甲苯等。

（2）按照储存设施或场所划分为：储罐、仓库、堆场储存：①储罐大致分为气体储罐、液体储罐。气体储罐按内部压力分为低压气体储罐（压力低于 1 MPa）和高压气体储罐（压力大于 1 MPa），如图 4-1 所示，液体储罐如图 4-2 所示；②仓库主要包括经营或物流专用危险化学品仓库、生产企业内的原料和产品仓库、生产车间内的中间仓库等形式；③堆场主要包括露天、半露天堆场。

（3）根据危险化学品的危害特性，从仓库储存条件、养护技术要求划分为 3 类：易燃易爆性商品、毒害性商品、腐蚀性商品[①]。

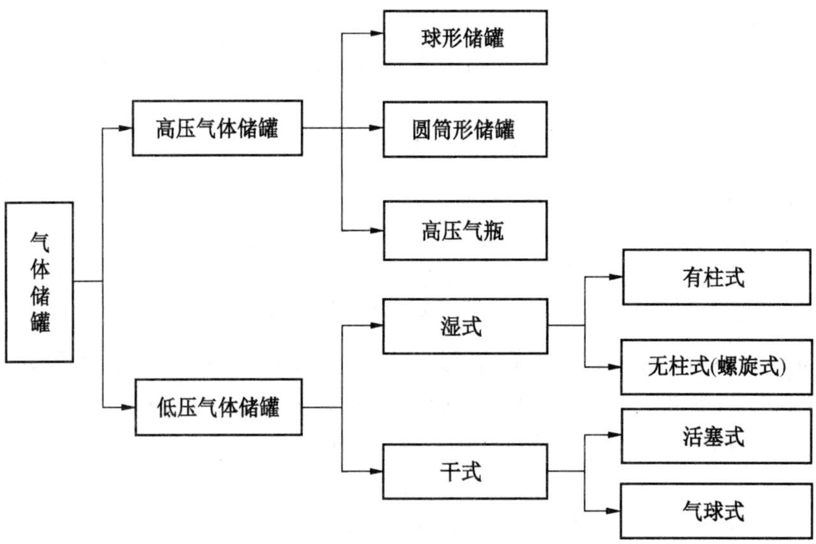

图 4-1　气体储罐分类

① 《易燃易爆性商品储存养护技术条件》（GB 17914—2013）、《毒害性商品储存养护技术条件》（GB 17916—2013）、《腐蚀性商品储存养护技术条件》（GB 17915—2013）。

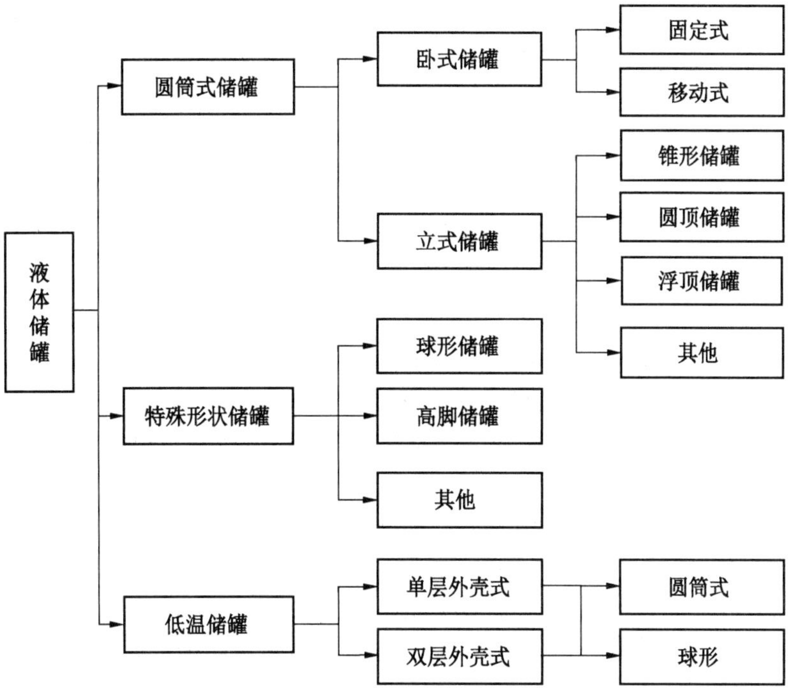

图 4-2　液体储罐分类

二、危险化学品储存的风险特征

储存过程的主要风险与危险化学品种类和储存方式关联密切。储存场所的主要事故类型为泄漏、火灾、爆炸、中毒、窒息、腐蚀（灼烫），以及在储存场所涉及作业过程的物体打击、车辆伤害等事故。

（一）引起危险化学品储存事故的风险因素

1. 泄漏事故风险

危险化学品泄漏是引发火灾、爆炸、中毒、窒息、灼烫等事故的重要条件。引起泄漏的主要原因有以下几点。

（1）包装物因野蛮搬运造成损坏、包装材质腐蚀或不符合质量要求、使用回收桶、内部压力过大或超量盛装等导致危险化学品物料泄漏。

（2）工作人员在仓库中分装，违规操作、野蛮作业，造成危险化学品包装物跌落碎裂，引起泄漏。

（3）罐区危险化学品储罐、输送管道、阀门、法兰等因腐蚀、设备损坏、材质选型不当等，引起危险化学品泄漏。

（4）储罐进出口管道连接处未考虑设置柔性连接，振动、罐体沉降、地震等可能导致设备和管道破坏引起泄漏。

（5）储罐未设置液位监测和联锁切断装置，液位检测仪表故障，通信反馈滞后，联锁切断装置失效等。

（6）输送管道阀门、法兰等连接处密封不严。

（7）检维修作业未恢复正常安装。

2. 火灾、爆炸事故风险

火灾、爆炸事故是危险化学品储存企业面临的最严重的风险，明火、静电、高温、雷电等危害因素易造成火灾、爆炸事故。形成危险条件的因素包括以下几项。

（1）明火源。人员违章吸烟，携带打火机等火种进入仓储场所；燃油叉车未设置阻火器或未使用防爆型叉车引起火灾、爆炸事故。

（2）火花。仓库内未采用防火花地面，操作人员穿着带铁钉的鞋子，使用易产生火花的钢制工具等产生的火花引起火灾、爆炸事故。

（3）静电。由于作业人员穿着涤纶、腈纶等易产生静电的化纤类衣物，未设置消除静电和接地装置，使用无静电消除装置的盛装用塑料桶、塑料分装器材等过程中产生静电释放引起火灾、爆炸危险。

（4）性质相互抵触的物品混合储存。将存在化学性质禁忌的物品，例如氧化剂（如硝酸盐、氯酸盐、过氯酸盐、高锰酸盐、过氧化物、发烟硝酸、浓硫酸、氧、氯、溴等）与还原剂（烃类、胺类、醇类、有机酸、油脂、硫、磷、碳、金属粉等）混存混放，且在搬运、分装过程中使其相互接触，引发化学反应造成事故。管理人员缺乏专业的知识，不清楚化学品的危害特性，包装物没有明显的安全技术说明书或安全标签，或者不标识化学品名称，导致将性质相抵触的危险化学品混合储存引起火灾、爆炸危险。危险化学品的混合危险性见表 4-1。

（5）未按要求使用防爆电气。如仓库内的照明、称重、通风设备等未使用防爆电气设备，配电线路未穿管或防护等级不足。

（6）库房内温湿度不符合要求。室内温度或湿度过高，受潮、洪水淹没、防雨防水措施不当，可造成存放物品受热分解、遇湿放热反应自燃、自聚合反应放热等风险。

（7）未设置可燃气体浓度监测报警装置，或设置的监测报警装置未与通风装置联锁启动。管理人员随意关闭监测报警装置电源，未定期检测浓度监测装置有效性，或设置参数不当等，造成不能正常监测运行。

（8）长期存放易变质化学品。如：长时间储存丙烯酸、苯乙烯、过氧化物等具有不稳定性的化学品，管理人员没有有效地处理这些不合格的危险化学品，最终引发安全事故。

（9）氮气或其他惰性气体气封、水封等装置故障失效，储罐内混入空气，形成爆炸性环境。

（10）受限空间内的动火作业未办理动火作业审批，置换作业不符合要求，与其他设备的连通部位未有效盲断，引起火灾、爆炸事故。

（11）储存有物料的液化烃储罐紧急切断阀、密闭切水系统、安全泄放系统出现故障。

（12）高温天气冷却系统故障，导致储罐温度过高、压力增大。

（13）未设置防雷装置或设置不当、保护范围不足，受雷击危害。

表 4-1 危险化学品储存配存表

化学品危险和危害种类		爆炸物	易燃气体、气溶胶	氧化性气体	加压气体（不燃）	易燃液体	易燃固体	自反应物质和混合物	自燃液体、固体	自热物和混合物	遇水放出易燃气体的物质和混合物	氧化性液体、固体		有机过氧化物	金属腐蚀物 皮肤腐蚀/刺激，类别 1 严重眼损伤/眼刺激，类别 1				急性毒性			
												无机	有机		酸性无机	酸性有机	碱性无机	碱性有机	剧毒无机	剧毒有机	其他无机	其他有机
爆炸物		×																				
易燃气体、气溶胶		×	○																			
氧化性气体		×	×	○																		
加压气体（不燃、非助燃）		×	○	○	○																	
易燃液体		×	×	×	×	○																
易燃固体		×	×	×	×	消	○															
自反应物质和混合物		×	×	×	×	×	×	○														
自燃液体、自燃固体		×	×	×	×	×	×	×	○													
自热物质和混合物		×	×	×	×	×	×	×	×	○												
遇水放出易燃气体的物质和混合物		×	×	×	×	×	×	×	×	×	○											
氧化性液体、固体	无机	×	×	×	分	×	×	×	×	×	×	○										
	有机	×	×	×	消	×	×	×	×	×	×	×	○									
有机过氧化物		×	×	×	×	×	×	×	×	×	×	×	×	○								
金属腐蚀物 皮肤腐蚀/刺激，类别 1 严重眼损伤/眼刺激，类别 1	酸性无机	×	×	×	×	×	×	×	×	×	×	×	×	×	○							
	酸性有机	×	×	×	×	消	×	×	×	×	×	×	×	×	×	○						
	碱性无机	×	×	×	分	消	分	×	×	分	×	分	消	×	×	×	○					
	碱性有机	×	×	×	×	消	消	×	×	×	×	×	×	×	×	×	○	○				

表 4-1（续）

化学品危险和危害种类		爆炸物	易燃气体、气溶胶	氧化性气体	加压气体（不燃）	易燃液体	易燃固体	自反应物质和混合物	自燃液体、固体	自热物和混合物	遇水放出易燃气体的物质和混合物	氧化性液体、固体		有机过氧化物	金属腐蚀物 皮肤腐蚀/刺激，类别 1 严重眼损伤/眼刺激，类别 1				急性毒性			
												无机	有机		酸性无机	酸性有机	碱性无机	碱性有机	剧毒无机	剧毒有机	其他无机	其他有机
急性毒性	剧毒无机	×	×	×	×	×	×	×	×	×	×	×	×	×	×	×	×	×	○			
	剧毒有机	×	×	×	×	×	×	×	×	×	×	×	×	×	×	×	×	×	○	○		
	其他无机	×	×	×	分	消	分	×	×	分	×	分	×	×	×	×	×	×	×	×	○	
	其他有机	×	×	×	×	分	消	×	×	×	×	×	×	×	×	×	×	×	×	×	○	○

“○”框中，具体化学品能否混存，参考其安全技术说明书。混存物品，堆垛与堆垛之间，应留有 1 m 以上的距离，并要求包装容器完整，不使两种物品发生接触。
“×”框中，除《危险化学品仓库储存通则》（GB 15603—2022）5.9 规定外，应隔开储存。
“分”框中，堆垛与堆垛之间应留有 2 m 以上的距离。
“消”框中，禁忌物应隔开储存。
当危险化学品具有两种以上危险性时，应按照最严格的禁配要求进行配存。
表中未涉及的健康危害和环境危害类别，具体配存要求参见其化学品安全技术说明书。
爆炸物具体储存要求按照《危险化学品经营企业安全技术基本要求》（GB 18265—2019）执行。
注 1：“○”表示原则上可以混存。
注 2：“×”表示互为禁忌物品。
注 3：“分”指按化学品的危险性分类进行隔离储存。
注 4：“消”指两种物品性能并不相互抵触，但消防施救方法不同。

3. 中毒和窒息事故风险

发生中毒和窒息事故是吸入、食入或皮肤接触毒害性化学品所导致。

（1）仓储场所的通风设施设计不当或未正常使用，未设置毒性气体浓度监测报警装置或未与通风设施联锁。

（2）涉及窒息性气体的仓储场所未设置氧气浓度监测报警装置、通风不良。

（3）作业人员对危险化学品的性质不了解，在作业中没有做好防护措施，导致中毒事故发生。

（4）作业人员在库房内饮食，或者在搬运危险化学品后未及时清洗，造成误食中毒。

（5）在进行毒害品泄漏处置中，抢险人员长时间接触毒害品，导致吸入大量的有害物，最终导致中毒危险事故的发生。

（6）储罐等受限空间作业，因作业前风险识别不足，盲板、置换、检测等受限空间作业不遵守“先通风、后检测、再作业”流程，违反受限空间作业安全管理要求，不按要求穿戴个体防护用品，空气呼吸器压力不足等，应急救援能力不足，是造成受限空间作业时中毒窒息的重要原因。

（7）剧毒、易制毒化学品管理不当，未按照“五双”管理制度实施管理，存在发生盗窃、人员投毒等风险。

4. 灼伤事故风险

酸碱等腐蚀性危险化学品在储存过程中出现容器破损、装卸操作不当，泵输送过程因操作失误造成压力过大引发喷溅，未设置防喷溅措施，操作人员未正确穿戴防护用品等可能发生灼伤事故。

作业现场未设置淋洗装置和应急药品，未及时进行清洗等处理，造成伤害。

5. 其他伤害事故风险

由于危险品储存涉及搬运、输送、装卸、巡查等作业过程，可能用到叉车、起重机、输送泵等设备，由于作业空间受限、视野不清、照明不良等容易发生车辆伤害。因堆放方式不当、堆放过高、叉车速度过快失稳等，物品倾倒引发人员伤害。由于人工搬运作业搬运量过多、姿态不当等也可能造成劳动伤害。

（二）危险化学品储存场所的运行风险分析

除了危险化学品危害特性导致的储存风险外，仓储设施的运行风险还包括选址和总平面布置不合理、储存量过大、管理不到位、违章作业等因素。

1. 危险化学品仓库选址及库区平面布置风险

正确地选择危险化学品仓库库址，可以减少发生事故时对周围居住区、工矿企业和交通线的影响；合理布置库区，可以保证危险化学品有安全的储存环境，也有利于事故后的应急救援。选址和平面布置的主要风险包括以下几项。

（1）选址位于地震带，洪水影响区，滑坡、泥石流、沉降等自然灾害影响区。

（2）平面布置与厂（库）区外居住区、学校、保护区、交通枢纽等敏感目标的安全距离不足，与厂（库）区内其他相邻设施的安全间距不足。

（3）危险化学品仓库选址不符合本地区城乡规划，布置于城镇、相邻工业企业和居住区全年最大频率风向的上风侧，或位于窝风地段，且不满足有关防护距离的要求。

（4）消防疏散通道设置不当或被占用，人流和物流通道未分开。

（5）在人员密集场所、居住建筑内非法储存经营。

1989 年 8 月 12 日山东黄岛油库特大火灾事故损失严重，19 人死亡，100 多人受伤，直接经济损失 3540 万元。事故原因：黄岛油库老罐区 5 座油罐建在半山坡上，设计只考虑利用自然高度差输油至山脚下紧邻的生产区，忽视消防安全要求，不利于对油罐的观察巡视，给黄岛油库区的自身安全留下长期重大隐患。发生爆炸火灾后，首先殃及生产区。库区间的消防通道路面狭窄、凹凸不平，且非环形道路，消防车没有掉头回旋余地，降低了集中使用消防车抢险灭火的可能性，错过了火灾早期扑救的时机，使事故不断扩大。

2. 危险化学品仓库储存超量风险

（1）仓库建筑的面积、防火分区未按规范设计和布置。

（2）擅自改变建筑物使用用途，将厂房用作仓库，或将设计储存低火灾风险的库房（丙、丁类库房）存放高火灾风险物品（甲、乙类）。

（3）超过设计存放量堆放货物。

天津港爆炸事故中，瑞海公司危险品仓库多种危险货物严重超量储存，事发时硝酸钾储存量 1342.8 t，超设计最大储存量 53.7 倍；硫化钠储存量 484 t，超设计最大储存量 19.4 倍；氰化钠储存量 680.5 t，超设计最大储存量 42.5 倍，造成严重事故危害。

3. 危险化学品仓库管理风险

危险化学品仓库管理不到位的常见情况如下。

（1）低能库。低能库是指库房耐火等级不能达到标准要求（耐火等级一般应该二级以上），例如仓库棚顶钢结构未做阻燃处理、防火墙耐火时间不够等。

（2）库房变工房。在危险化学品仓库从事非仓储作业，违章在仓库进行危险化学品分装、包装或开桶作业，甚至建筑装修、机械修理作业等。

（3）专库变杂库。危险化学品未做到专库储存，将大量其他物品，特别是可燃易燃物品混放仓库。

（4）禁忌库。种类不同的危险化学品同储一库，例如灭火方式不同的危险化学品、酸碱等同储一库。

（5）黑库和野库。私自建设未经审批的危险化学品库或租用不符合安全条件的库房储存危险化学品。

（6）人居库。在危险化学品仓库留人住宿或设置办公室。

（7）带电库。危险化学品仓库内设置电源开关，电气线路、照明灯具不能达到防爆要求等。

（8）无名库。危险化学品仓库储存的物品未设置安全技术说明书（MSDS）和安全标签。

（9）拥挤库。危险化学品仓库物品码放混乱，过量储存导致五距不足：①主通道大于或等于 200 cm；②墙距大于或等于 50 cm；③柱距大于或等于 30 cm；④垛距大于或等于 100 cm（每个堆垛的面积不应大于 150 m^2）；⑤灯距大于或等于 50 cm[①]。此外，还存在

① 《危险化学品仓库储存通则》（GB 15603—2022）的有关要求。

易燃物品未留出防火距离等风险。

2019 年 9 月 16 日，广东省广州市一材料公司仓库首层小仓库发生爆燃事故，造成 2 人死亡，2 人受轻微伤。事故原因：仓管员在处置危险化学品泄漏时，泄漏物过氧化-2-乙基己酸叔丁酯受热分解后形成爆炸性气体，遇工人搬动铁桶时产生的火花，引起爆炸并随后起火，进而引燃现场存放的过氧苯甲酸叔丁酯、过氧化-2-乙基己酸叔丁酯、偶氮二异丁腈和甲胺溶液等危险化学品和空塑料桶等，造成现场火势迅速蔓延并引发多次爆燃。

4. 中间仓库常见安全问题

在实际生产过程中，为了实现日常连续生产，需要在厂房内存放一定量的原材料、半成品、辅助材料，因此在厂房中设置中间仓库。中间仓库在实际设置过程中主要存在以下问题。

（1）中间仓库未经正规设计单位设计，就近设置在车间使用岗位附近，并未靠厂房外墙设置。甲、乙类中间仓库面积过大，其存放量远超过其一昼夜的使用量；中间仓库与所在车间直接连通，未与其他区域采用防火墙、防火隔墙、楼板等分隔，或中间分隔的墙体、楼板等不满足耐火极限的要求等。

（2）中间仓库配套的安全设施不到位，未综合考虑其存放化学品的危害特性而采取对应的安全措施，主要问题具体如下：①腐蚀品中间仓库的地面未经过防腐蚀、防渗处理，未按要求设置洗眼喷淋装置；②易燃液体中间仓库未采取防止液体流散的设施；③储存遇湿会发生燃烧爆炸类危险化学品的中间仓库地势低于室外地面，未采取防止水浸渍措施；④易燃液体中间仓库内静电接地不到位；⑤中间仓库通风不良；⑥爆炸危险性区域未采用防爆电气设备，或采用的防爆电气设备未定期检测；⑦未设置气体检测报警装置，或者安装不规范；⑧未设置温湿度计及温湿度调控措施；⑨未配置消防设施，或消防器材配置不合理。

（3）中间仓库安全管理问题。在中间仓库的实际运行管理过程中，常见的安全管理问题有：①未定置管理，不满足危险化学品存放“五距”要求，禁忌物料混合存放；②剧毒、易制毒、易制爆等化学品安全管理台账缺失；③未配置劳动防护用品；④未见“一书一签”；⑤未定期进行安全教育培训等。

三、危险化学品储存的安全管理要点

（一）基本安全要求

（1）危险化学品的储存审批。根据《危险化学品安全管理条例》规定，对危险化学品储存实行审批制度。对危险化学品储存实行统一规划、合理布局和严格控制；未经审批，任何单位和个人都不得储存危险化学品。

（2）危险化学品储存装置与下列场所、区域的距离必须符合《危险化学品生产装置和储存设施外部安全防护距离确定方法》（GB/T 37243—2019）、《危险化学品生产装置和储存设施风险基准》（GB 36894—2018）、《建筑设计防火规范（2018 年版）》（GB 50016—2014）、《石油化工企业设计防火规范（2018 年版）》（GB 50160—2008）、《石油库设计规范》（GB 50074—2014）等标准的有关规定。诸如：①居住区以及商业中心、公园等人员密集场所；②学校、医院、影剧院、体育场（馆）等公共设施；③饮用水源、水厂以及水源保护区；④车站、码头（依法经许可从事危险化学品装卸作业的除外）、机场以及通信干线、通信枢纽、铁路线路、道路交通干线、水路交通干线、地铁风亭以及地铁站出入口；⑤基本农田保护区、基本草原、畜禽遗传资源保护区、畜禽规模化养殖场（养殖小区）、渔业水域以及种子、种畜禽、水产苗种生产基地；⑥河流、湖泊、风景名胜区、自然保护区；⑦军事禁区、军事管理区；⑧法律、行政法规规定的其他场所、设施、区域。

（3）构成重大危险源的危险化学品储存设施应当避开地震活动断层和容易发生洪灾、地质灾害的区域。

危险化学品生产装置和储存设施外部安全防护距离确定流程如图 4-3 所示，甲、乙、丙类液体储罐（区）和乙、丙类液体桶装堆场与其他建筑的防火间距见表 4-2，石油库与库外居住区、公共建筑物、工矿企业、交通线的距离见表 4-3。

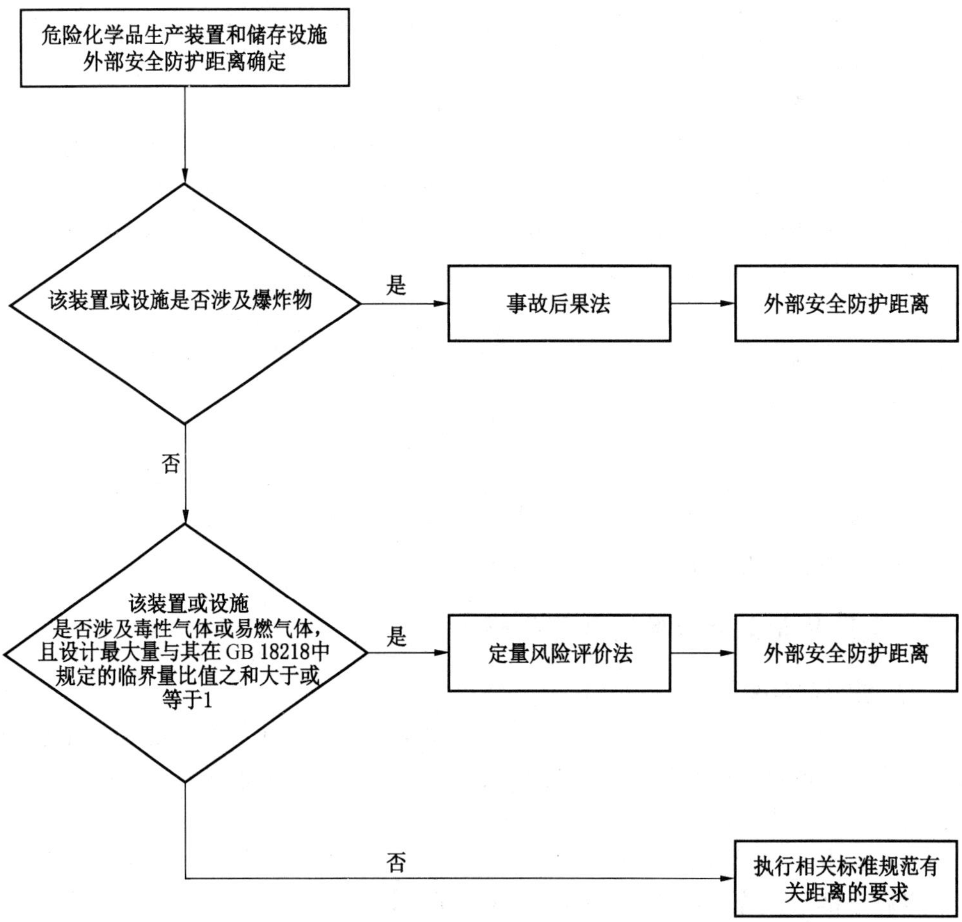

图 4-3　危险化学品生产装置和储存设施外部安全防护距离确定流程

表 4-2 甲、乙、丙类液体储罐（区）和乙、丙类液体桶装堆场与其他建筑的防火间距

类别	一个罐区或堆场的总容量 V/m³	建筑物				室外变、配电站/m
		一、二级建筑物		三级建筑物/m	四级建筑物/m	
		高层民用建筑/m	裙房，其他建筑/m			
甲、乙类液体储罐（区）	$1 \leqslant V < 50$	40	12	15	20	30
	$50 \leqslant V < 200$	50	15	20	25	35
	$200 \leqslant V < 1000$	60	20	25	30	40
	$1000 \leqslant V < 5000$	70	25	30	40	50
丙类液体储罐（区）	$5 \leqslant V < 250$	40	12	15	20	24
	$250 \leqslant V < 1000$	50	15	20	25	28
	$1000 \leqslant V < 5000$	60	20	25	30	32
	$5000 \leqslant V < 25000$	70	25	30	40	40

注：1. 当甲、乙类液体储罐和丙类液体储罐布置在同一储罐区时，罐区的总容量可按 1 m³ 甲、乙类液体相当于 5 m³ 丙类液体折算。

2. 储罐防火堤外侧基脚线至相邻建筑的距离不应小于 10 m。

3. 甲、乙、丙类液体的固定顶储罐区或半露天堆场，乙、丙类液体桶装堆场与甲类厂房（仓库）、民用建筑的防火间距，应按本表的规定增加 25%，且甲、乙类液体的固定顶储罐区或半露天堆场，乙、丙类液体桶装堆场与甲类厂房（仓库），裙房，单、多层民用建筑的防火间距不应小于 25 m，与明火或散发火花地点的防火间距应按本表有关四级耐火等级建筑物的规定增加 25%。

4. 浮顶储罐区或闪点大于 120 ℃的液体储罐区与其他建筑的防火间距，可按本表的规定减少 25%。

5. 当数个储罐区布置在同一库区内时，储罐区之间的防火间距不应小于本表相应容量的储罐区与四级耐火等级建筑物防火间距的较大值。

6. 直埋地下的甲、乙、丙类液体卧式罐，当单罐容量不大于 50 m³，总容量不大于 200 m³ 时，与建筑物的防火间距可按本表规定减少 50%。

7. 室外变、配电站指电力系统电压为 35~500 kV 且每台变压器容量不小于 10 MV · A 的室外变、配电站和工业企业的变压器总油量大于 5 t 的室外降压变电站。

表 4-3 石油库与库外居住区、公共建筑物、工矿企业、交通线的安全距离 m

序号	石油库设施名称	石油库等级	库外建（构）筑物和设施名称				
			居住区和公共建筑物	工矿企业	国家铁路线	工业企业铁路线	道路
1	甲 B、乙类液体地上罐组；甲 B、乙类覆土立式油罐；无油气回收设施的甲 B、乙 A 类液体装卸码头	一	100（75）	60	60	35	25
		二	90（45）	50	55	30	20
		三	80（40）	40	50	25	15
		四	70（35）	35	50	25	15
		五	50（35）	30	50	25	15

表 4-3（续）

m

序号	石油库设施名称	石油库等级	库外建（构）筑物和设施名称				
			居住区和公共建筑物	工矿企业	国家铁路线	工业企业铁路线	道路
2	丙类液体地上罐组；丙类覆土立式油罐；乙 B、丙类和采用油气回收设施的甲 B、乙 A 类液体装卸码头；无油气回收设施的甲 B、乙 A 类液体铁路或公路罐车装车设施；其他甲 B、乙类液体设施	一	75（50）	45	45	26	20
		二	68（45）	38	40	23	15
		三	60（40）	30	38	20	15
		四	53（35）	26	38	20	15
		五	38（35）	23	38	20	15
3	覆土卧式油罐；乙 B、丙类和采用油气回收设施的甲 B、乙 A 类液体铁路或公路罐车装车设施；仅有卸车作业的铁路或公路罐车卸车设施；其他丙类液体设施	一	50（50）	30	30	18	18
		二	45（45）	25	28	15	15
		三	40（40）	20	25	15	15
		四	35（35）	18	25	15	15
		五	25（25）	15	25	15	15

（4）危险化学品的露天堆放必须符合防火防爆要求。爆炸物品、一级易燃物品、遇湿燃烧物品、剧毒物品不得露天放置。

（二）危险化学品库房储存要求

（1）危险化学品必须储存在专用仓库、专用场地或专用储存室内，并由专人负责管理。剧毒化学品以及储存数量构成重大危险源的其他危险化学品，应当在专用仓库内单独存放，实行双人收发、双人保管制度。

（2）储存危险化学品的单位应当建立危险化学品出入库核查、登记制度。建立危险化学品储存信息管理系统，按照储存量大小进行分层次要求，实时记录作业基础数据，包括但不限于：①危险化学品出入库记录，包括但不限于：时间、品种、品名、数量；②识别化学品安全技术说明书中要求的灭火介质，应急、消防要求，危险特性，理化性质，搬运、储存注意事项和禁忌等，以及可能涉及安全相容矩阵表；③库存危险化学品品种、数量、库内分布、包装形式等信息；④库存危险化学品禁忌配存情况；⑤库存危险化学品安全和应急措施。

对剧毒化学品以及储存数量构成重大危险源的其他危险化学品，储存单位应当将其储存数量、储存地点以及管理人员的情况，报所在地县级人民政府安全生产监督管理部门（在港区内储存的，报港口行政管理部门）和公安机关备案。

（3）储存危险化学品的建筑不得有地下室或其他地下建筑，其耐火等级、层数、占地面积、安全疏散和防火间距应符合国家的有关规定。

（4）危险化学品储存方式共分为隔离储存、隔开储存和分离储存三种：①隔离储存是指在同一房间或同一区域内，不同的物料之间分开一定的距离，非禁忌物料间用通道保持空间的储存方式；②隔开储存是指在同一建筑或同一区域内，用隔板或墙将禁忌物料分离开的储存方式；③分离储存是指在不同的建筑物或远离所有建筑的外部区域内的储存方式。

选择符合危险化学品的特性、防火要求及化学品安全技术说明书中储存要求的仓储设施实行分区、分类、分库储存。根据危险化学品仓库的设计和经营许可要求，严格控制危险化学品的储存品种、数量。储存的危险化学品应有明显的标志且符合规定要求。同一区域储存两种或两种以上不同级别的危险化学品时，应按最高等级危险化学品的性能标志。储存量及储存安排见表4-4。

表4-4 储存量及储存安排

储存要求	储存类别			
	露天储存	隔离储存	隔开储存	分离储存
平均单位面积储存量/($t \cdot m^{-2}$)	1.0~1.5	0.5	0.7	0.7
单一储存区最大储存量/t	2000~2400	200~300	200~300	400~600
垛距限制/m	2	1	1	1
通道宽度/m	1~6	1~2	1~2	5
墙距宽度/m	2	0.5	0.5	0.5
与禁忌物品距离/m	10	不得同库储存	不得同库储存	7~10

（5）根据危险化学品的种类特性，在库房设立相应的监视、通风、防晒、调温、防火、防爆、泄斥、防毒消毒、中和、防潮、防雷、防静电、防腐、防渗漏或者隔离操作等安全设施，并定期进行检测、检验，保障符合安全运行要求。

（6）遇火、热、潮湿引起燃烧、爆炸或发生化学反应、产生有毒气体的危险化学品不得在露天或潮湿积水的建筑物中储存。

（7）受日光照射能发生化学反应引起燃烧、爆炸、分解化合或能产生有毒气体的危险化学品应采取避光措施。

（8）爆炸类物品不准和其他类物品同储，必须单独隔离限量储存。

（9）易燃液体、遇湿易燃物品、易燃固体不得与氧化剂混合储存，具有还原性的氧化剂应单独存放。

（10）有毒物品应储存在阴凉、通风、干燥的场所，不得露天存放和接近酸类物质。

（11）腐蚀性物品包装必须严密，防止泄漏，严禁与液化气体和其他物品共存，避免阳光直射、暴晒，远离热源、电源、火源。

（12）压缩气体和液化气体必须与爆炸性物品、氧化剂、易燃物品、自燃物品、腐蚀性物品等隔离储存；易燃气体不得与助燃气体、剧毒气体同储；氧气不得与油脂混合储存；盛装液化气体的压力容器，必须安装压力表、安全阀、紧急切断装置，并定期检查，不得超装。

（13）危险化学品储存建筑物、场所应能满足消防用电的需要，且配电路线、灯具、火灾事故照明灯和疏散指示标志，都应符合防爆等安全要求。

（14）储存易燃、易爆危险化学品的建筑，必须安装避雷装置。库房内设置静电接地带，入口处设置静电释放装置。

（15）储存危险化学品的建筑必须安装通风设备，通排风系统应设有导除静电的接地装置。通风管应采用非燃烧材料制作。通风管道不宜穿过防火墙等防火分隔物，必须穿过时应用非燃烧材料分隔。

（16）储存危险化学品的建筑、区域内严禁吸烟和使用明火。

（17）作业时应穿戴防护服、护目镜、橡胶浸塑手套等防护用具，操作时应轻搬轻放，防止摩擦、震动和撞击；不应使用沾染异物和能产生火花的机具，作业现场远离热源和火源；分装、改装、开箱检查等应在库房外进行。

（18）危险化学品堆码应整齐、牢固、无倒置；不应遮挡消防设备、安全设施、安全标志和通道。

（三）储罐区安全管理要求

罐区的设置应根据储存物料的理化性质、储存量大小或容积，遵守《储罐区防火堤设计规范》（GB 50351—2014）、《化工储罐施工及验收规范》（HG/T 20277—2019）、《石油库设计规范》（GB 50074—2014）、《石油化工企业设计防火规范（2018 年版）》（GB 50160—2008）等标准规范的防火间距，防火堤，防雷、静电接地，防爆，消防，安全泄放，检测报警及联锁切断等安全要求。具体内容如下。

（1）储罐的选型应与储存物料的性质相适应，其设计、制造、安装等应由具备相应资质等级的单位实施。

（2）罐组内相邻可燃液体地上储罐的防火间距不应小于表 4-5 的规定。

表 4-5　罐组内相邻可燃液体地上储罐的防火间距

<table>
<tr><th rowspan="3">液体类别</th><th colspan="4">储罐形式</th></tr>
<tr><th colspan="2">固定顶罐</th><th rowspan="2">浮顶内浮顶罐</th><th rowspan="2">卧罐</th></tr>
<tr><th>≤1000 m^3</th><th>＞1000 m^3</th></tr>
<tr><td>甲 B、乙类</td><td>0.75D</td><td>0.6D</td><td>0.4D</td><td>0.8 m</td></tr>
<tr><td>丙 A 类</td><td colspan="2">0.4D</td><td rowspan="2"></td><td rowspan="2"></td></tr>
<tr><td>丙 B 类</td><td>2 m</td><td>5 m</td></tr>
</table>

注：1. 表中 D 为相邻较大罐的直径，单罐容积大于 1000 m^3 的储罐取直径或高度的较大值；

2. 储存不同类别液体的或不同形式的相邻储罐的防火间距应采用本表规定的较大值；

3. 现有浅盘式内浮顶罐的防火间距同固定顶罐；

4. 可燃液体的低压储罐，其防火间距按固定顶罐考虑；

5. 储存丙 B 类可燃液体的浮顶、内浮顶罐，其防火间距大于 15 m 时，可取 15 m。

（3）地上储罐组应设防火堤。防火堤内的有效容量，不应小于罐组内一个最大储罐的容量。可燃气体、助燃气体、液化烃和可燃液体的储罐基础、防火堤、隔堤及管架（墩）等，均应采用不燃烧材料，且必须密实、闭合、不泄漏。防火堤的耐火极限不得小于 3 h。液化烃、可燃液体储罐的保温层应采用不燃烧材料。当保冷层采用阻燃型泡沫塑料制品时，其氧指数不应小于 30。进出储罐组的各类管线、电缆应从防火堤、防护墙顶部跨越或从地面以下穿过。当必须穿过防火堤、防护墙时，应设置套管并应采用不燃烧材料严密封闭，或采用固定短管且两端采用软管密封连接的形式。

（4）同一防火堤内的地上油罐宜布置火灾危险性类别相同或相近的油品储罐（甲 B 类、乙类和丙 A 类油品储罐可布置在同一防火堤内，但不宜与丙 B 类油品储罐布置在同一防火堤内），当单罐容积小于或等于 1000 m^3 时，火灾危险性类别不同的常压储罐也可布置在同一防火堤内，但应设置隔堤分开。沸溢性的油品储罐不应与非沸溢性油品储罐布置在同一防火堤内，单独成组布置的泄压罐除外。常压油品储罐不应与液化石油气、液化天然气、天然气凝液储罐布置在同一防火堤内。可燃液体的压力储罐可与液化烃的全压力储罐布置在同一防火堤内。可燃液体的低压储罐可与常压储罐布置在同一防火堤内。地上立式油罐、高位罐、卧式罐不宜布置在同一防火堤内。储存Ⅰ级和Ⅱ级毒性液体的储罐不应与其他易燃和可燃液体储罐布置在同一防火堤内。

（5）设有事故存液池的罐组应设导液管（沟），使溢漏液体能顺利地流出罐组并自流入存液池内；事故存液池与防火堤的距离不应小于 7 m；事故存液池和导液沟距明火地点不应小于 30 m；事故存液池应有排水设施。

（6）常压固定顶罐的罐顶应采用弱顶结构或采取其他泄压措施。设有蒸汽加热器的储罐应采取防止液体超温的措施。

（7）可燃液体的储罐应设液位计和高液位报警器，必要时可设自动联锁切断进料设施，并宜设自动脱水器。

（8）储罐进液不得采用喷溅方式。甲 B、乙、丙 A 类液体储罐的进液管从储罐上部接入时，进液管应延伸到储罐的底部。若必须从上部接入，宜延伸至距罐底 200 mm 处。

（9）可燃液体储罐的进出口管道应采用柔性连接。

（10）液化烃、液氨等储罐的储存系数不应大于 0.9。

（11）液氨储罐应设液位计、压力表和安全阀；低温液氨储罐上应设温度指示仪。

（12）液化烃储罐应设液位计、温度计、压力表、安全阀，以及高液位报警和高高液位自动联锁切断进料措施。对于全冷冻式液化烃储罐还应设真空泄放设施和高、低温度监测，并应与自动控制系统相连。

（13）气柜应设上、下限位报警装置，并宜设进出管道自动联锁切断装置。

（14）液化烃储罐的安全阀出口管应接至火炬系统。确有困难时，可就地放空，但其排气管口应高出 8 m 范围内储罐罐顶平台 3 m 以上。

（15）全压力式液化烃储罐宜采用有防冻措施的二次脱水系统，储罐根部宜设紧急切断阀。

（16）液化烃蒸发器的气相部分应设压力表和安全阀。

（17）全压力式储罐应采取防止液化烃泄漏的注水措施。

（18）全冷冻卧式液化烃储罐不应多层布置。

（19）下列储罐通向大气的通气管管口应装设呼吸阀：①储存甲 B、乙类液体的固定顶储罐和地上卧式储罐；②储存甲 B 类液体的覆土卧式油罐；③采用氮气密封保护系统的储罐。

呼吸阀的排气压力应小于储罐的设计正压力，呼吸阀的进气压力应大于储罐的设计负压力。当呼吸阀所处的环境温度可能小于或等于 0 ℃时，应选用全天候式呼吸阀。采用氮气密封保护系统的储罐应设事故泄压设备。

（20）下列储罐的通气管上必须装设阻火器：①储存甲 B 类、乙类、丙 A 类液体的固定顶储罐和地上卧式储罐；②储存甲 B 类和乙类液体的覆土卧式油罐；③储存甲 B 类、乙类、丙 A 类液体并采用氮气密封保护系统的内浮顶储罐。

（四）其他安全管理要求

（1）生产经营单位应当对从业人员进行安全生产教育和培训，保证从业人员具备必要的安全生产知识，熟悉有关的安全生产规章制度和安全操作规程，掌握本岗位的安全操作技能。未经安全生产教育和培训合格的从业人员，不得上岗作业。

（2）危险化学品储存单位从事储存危险化学品活动的人员，必须接受有关法律法规、规章和安全知识、专业技术、职业卫生防护和紧急救援知识的培训，并经过考核合格，才能上岗作业。

（3）危险化学品储存单位应当制定本单位事故应急救援预案，配备应急救援人员和必要的应急救援器材、设备，并定期组织演练。

（4）危险化学品出入库必须进行核查登记。库房危险化学品应当定期检查。剧毒化学品的储存单位应当及时对剧毒化学品的储量如实记录，并采取必要的安保措施，防止剧毒化学品被盗、丢失或者误用；发现剧毒化学品被盗、丢失或者误售、误用时，必须向当地公安部门报告。

（5）进入危险化学品储存区域的人员、机动车辆和作业车辆必须采取防火措施。进入危险化学品库区的机动车辆应安装防火罩。机动车辆装卸货物后，不准在库区、库房、货场内停放和修理。汽车、拖拉机不准进入甲、乙、丙类物品库房。进入甲、乙类库房的电瓶车、铲车应采用防爆型。进入丙类物品库房的电瓶车、铲车应装有防止火花溅出的安全装置。

（6）消防措施：①根据危险化学品特性和仓库条件，配置相应的消防设备、设施和灭火药剂，并配备经过专门培训的兼职和专职的消防人员。大型危险化学品仓库应设有专职消防队，并配有消防车。②消防器材应当设置在明显和便于取用的地点，周围不准放物品和杂物。仓库的消防设施、器材应有专人管理，负责检查、保养、更新和添置，确保完好有效。③储罐应设消防冷却水系统。消防冷却水系统的设置应符合规定：容量大于或等于 3000 m^3 或罐壁高度大于或等于 15 m 的地上立式储罐，应设固定式消防冷却水系统。容量小于 3000 m^3 且罐壁高度小于 15 m 的地上立式储罐以及其他储罐，可设移动式消防冷却水系统。④火灾时需要操作的消防阀门不应设在防火堤内。消防阀门与对应的着火储罐罐壁的距离不应小于 15 m，如果有可靠的接近消防阀门的保护措施，可不受此限制。

（7）中间仓库管理：①甲、乙类中间仓库应靠外墙布置，其储量不宜超过 1 昼夜的需要量，并应尽量远离车间出入口。有条件时，尽量设置直通室外的出口。②甲、乙、丙类中间库采用防火墙和耐火极限不低于 1.5 h 的不燃性楼板。丁、戊类中间库采用耐火极限不低于 2 h 的防火隔墙和 1 h 的楼板与其他部位分隔。防火墙上的连通门采用甲级防火门，防火隔墙上的连通门采用甲或乙级防火门。③根据存放物品种类，采取防水、防晒、防腐蚀、防渗、防止液体流散、防静电、防爆、通风、气体检测报警等安全设施，并按要求设置淋洗装置和应急器材。

第三节　危险化学品运输安全管理

危险化学品运输环节的安全生产事故风险大，易引起严重的事故后果，尤其是近年来在运输环节时常发生重特大事故。例如，2020 年 6 月 13 日 16 时 46 分许，沈海高速浙江台州温岭出口处，一辆由宁波开往温州的液化石油气槽罐车发生爆炸，造成 19 人死亡、172 人受伤。

一、危险化学品运输过程的风险

危险化学品的运输按照运输途径主要划分为道路运输、铁路运输、水路运输、航空运输、管道输送。由于运输方式、运输工具的不同，运输过程具有不同的风险特征，由于铁路运输、航空运输的运输管制特性，本部分重点分析道路运输、水路运输和管道运输的风险。

1. 道路运输风险

危险货物的道路运输是指在公共道路（包括城市、城间、城乡间、乡间能行驶汽车的所有道路）上使用汽车或其他运输工具，从事危险货物运输及相关活动的总称。按照运输工具划分，主要涉及由汽车、拖拉机、摩托车等构成的机动车运输和由人力板车、三轮车等构成的非机动车运输。

道路危险货物运输车辆是指满足特定技术条件和要求，从事道路危险货物运输的载货汽车[①]。在道路运输过程中，受运输车辆、道路条件、运输人员等因素的影响，可能因交通事故导致运输物料泄漏，引发火灾、爆炸、中毒窒息、灼烫、环境污染等事故灾难。道路运输的主要影响因素包括：

（1）运输车辆影响。由于危险化学品运输车辆制动失效、刹车质量问题、灯光不良、未按要求设置静电接地线、车载容器等设备不符合安全标准或存在缺陷、“挂靠运营”、使用非专用运输车辆和车辆不符合国家规定上路运行等问题，在装卸、运输线路上发生泄漏事故风险。

在运输前未对运输车辆进行检查确保其处于良好的工作状态，特别是对于可能存在排气孔堵塞等问题的阀门，应提前进行检修和维护。

2023 年 11 月 13 日，河北石家庄市无极县一危险化学品运输车发生气体泄漏，喷发大量黄烟，未造成人员伤亡。经初步调查，运输三氯化铁货物的车辆顶部阀门漏出烟状气体，押运人员上前查看原因时，阀门被憋开，喷出柱状气体，押运人员及时关闭阀门至安

① 依据《道路危险货物运输管理规定》（交通运输部令 2023 年第 13 号）。

全状态，并行驶至目的地完成卸货。泄漏原因初步判定为阀门排气孔堵塞。

（2）道路条件影响。由于运输道路的路面宽度、坡度、弯度、视距、交叉口等设计缺陷，隧道桥梁净高不足、路面坑洼等不良状况，交通标志缺少不清、交通信号不明显、照明不良等恶劣通行条件，交通安全设施（包括交通标志、路面标线、护栏、隔离栅、照明设备、视线诱导标、防眩设施等）设置不足，恶劣天气条件（如雨、雪、雾以及沙尘暴等）造成能见度降低、道路湿滑度增大等因素，可能造成危险化学品车辆在运输过程中发生交通事故，导致危险化学品泄漏，次生火灾、爆炸或中毒窒息、灼烫等，造成人员伤亡和财产损失、环境污染。

2020 年“6·13”温岭液化石油气槽罐车爆炸事故的直接原因是：槽罐车司机在弯道路段时，未及时采取减速措施导致车辆发生侧翻，罐体在冲击力和罐内压力的作用下快速撕裂、解体，罐体内液化石油气迅速泄出、汽化、扩散，遇过往机动车产生的火花爆燃，最后发生蒸气云爆炸。

（3）人员影响。从事危险化学品道路运输的驾驶人员、押运人员、装卸管理人员未经培训考核合格，不具备危险化学品道路运输相关作业必要的安全知识和技能条件。处理危险化学品泄漏时，作业人员不遵守安全规程和操作程序。承运人不清楚运输的危险化学品相关信息，无法采取适当的安全措施。

运输过程中驾驶人员违规操作、不遵守交通规则，如超载、超速、疲劳驾驶、疏忽大意、行车安全距离不足等问题，易造成撞车、侧翻等交通事故，导致运输物品泄漏。

2017 年 5 月 23 日，河北省保定市张石高速隧道内重大危险化学品运输燃爆事故直接原因是事故车辆装载吨袋包装超规格大体积量氯酸钠，在运输过程中，由于轮胎自燃，引燃了捆绑绳、篷布和密封布，厢体温度升高，当能量聚集达到氯酸钠燃爆点时，发生了氯酸钠初始爆炸并引发了后续爆炸和燃烧，造成 15 人死亡、3 人重度烧伤、16 人轻微受伤。

危险化学品运输车辆在禁限行区域或时段行驶，驾驶人员未注意限高、陡坡等交通安全警示标志，致使车辆受损或发生交通事故。

车辆停放过程中，安保措施不足，遭到盗窃、抢劫等。

运输过程中因车辆故障，驾驶人员或不具有危险车辆修理能力的人员违规动火作业、检维修作业发生火灾爆炸事故。

2023 年 4 月 16 日，青海省西宁市湟中区一辆油罐车在路边检修时发生爆炸，造成 2 人死亡、3 人受伤。事故原因为：油罐车内部残留有易燃易爆的油气，在外部火源或高温的作用下，引发剧烈的燃烧爆炸。

（4）运输货物性质及包装方式的影响。例如：①运输包装方式与货物性质不匹配，例如黄磷的运输包装物需要采取水封、防泄漏措施，电石的运输则需要采取防水的措施；②使用非专用车辆运输危险化学品。

2023 年 11 月 7 日，四川雅安境内一危险化学品运输车发生爆炸燃烧，致 2 人死亡、2 人受伤、2 车受损。事故直接原因是：柴油罐车违法运输重烃，且罐体呼吸阀未起到泄压作用。运输过程中罐内压力升高，气体从罐车顶部油气回收阀连接管处泄漏。驾驶员、押运员违规处置泄漏点时致重烃喷出，重烃与空气混合形成爆炸性气体云团，遇电火花引发爆炸燃烧。

③违法运输《道路客运车辆禁止、限制携带和托运物品目录》（交运规〔2021〕2号）规定的危险物品。

2022年11月25日，陕西某公司发生一起硫化氢中毒事故，造成3人死亡、1人受伤。根据事故调查报告，这起事故发生的原因是：企业采用吨桶转运硫化铵废水时，因吨桶底阀（为翻板阀）自锁装置损坏，未关闭到位，在转运过程中路面不平，叉车产生振动，导致硫化铵废水从底阀大量泄漏，遇附近氯化氢尾气吸收系统和吸收盐酸储存罐泄漏至地面的盐酸溶液，发生化学反应产生硫化氢，致叉车司机与救援人员中毒。

（5）受交通事故影响。运输过程中与其他车辆发生碰撞等交通事故致使危险化学品泄漏，引发次生火灾爆炸、中毒等事故。

2014年3月1日14时50分左右，晋济高速公路山西晋城段岩后隧道发生一起特别重大道路交通危险化学品燃爆事故。山西省晋城市福安达物流有限公司一辆号牌为晋E23504的装载甲醇重型半挂车，与同样运输甲醇的河南省孟州市汽车运输有限责任公司一辆号牌为豫HC2923的重型半挂车在岩后隧道内追尾相撞，前车甲醇泄漏起火燃烧，隧道内的另外两辆危险化学品运输车和多辆煤炭运输车被引燃引爆，造成31人死亡、9人失踪、12人受伤。

2. 水路运输风险

水路运输危险化学品，一旦发生危险化学品泄漏事故，除引发火灾爆炸、中毒等事故，还极易造成严重的水污染环境事件。影响水路运输的主要因素包括运输船舶、机务人员、航道性质等，主要表现为以下问题。

（1）船舶未经船舶检验机构依法检验合格，无船舶登记证书。

（2）未配备符合国务院交通主管部门规定的船员；聘用无适任证书或者其他适任证件的人员担任船员；指使、强令船员违章操作。

（3）伪造、变造、买卖、租借、冒用船舶检验证书、船舶登记证书、船员适任证书或者其他适任证件。

（4）未取得经营许可或者超出许可的经营范围运输危险化学品。

（5）超出船舶核定载重量载运危险货物。违规运输《内河禁运危险化学品目录（2019版）》中的危险化学品。

（6）水路运输经营者运输危险货物，未遵守法律、行政法规以及国务院交通运输主管部门关于危险货物运输的规定，未使用依法取得危险货物适装证书的船舶，未按照规定的安全技术规范进行配载和运输，保证运输安全。

（7）水路运输线路水情发生变化，船员不熟悉水情，遇险处置不当。

（8）船舶通行调度组织不当、航道标志和内河交通安全标志设置缺陷、通信故障、船员操作失误等，引发撞船、翻船等水上运输交通事故，并导致危险化学品的泄漏事故。

3. 管道输送风险

危险化学品管道输送设施主要包括：①原油、成品油、天然气、煤层气、煤制气长输管道；②城镇燃气管道；③生产、储存危险化学品的单位在厂区外公共区域埋地、地面和架空的危险化学品输送管道及其附属设施。

危险化学品管道安全事故时有发生，给人民群众生命和财产造成巨大损失。自然灾害、管道腐蚀、施工损坏、人为破坏等是造成管道输送事故发生的主要原因。例如，2010年7月28日上午10时许，位于江苏省南京市栖霞区迈皋桥街道万寿村15号的原南京塑料四厂地块拆除工地，个体拆除施工队挖掘机将穿越该地块的南京金陵塑胶化工有限公司地下直径159 mm丙烯管道挖穿，导致丙烯泄漏并迅速扩散，与空气形成爆炸性混合物，遇到位于原南京塑料四厂南侧迈尧路段的中华饭店明火后发生爆燃。事故最终造成22人死亡、120人住院治疗。爆燃点周边近2 km^2范围内的部分建（构）筑物受损，直接经济损失4784万元。

易导致危险化学品管道输送安全事故的风险因素包括以下5项。

（1）管道建设的选线不当，没有避开地震活动断层和容易发生洪灾、地质灾害的区域；无法避开灾害影响区域的，未采取可靠的工程处理措施的。

（2）管道安全保护设施未与管道主体工程同时设计、同时施工、同时投入使用。

（3）管道建设使用的管道产品及其附件的质量存在缺陷，受腐蚀影响造成穿孔、破裂等，以及输送压力过大造成爆管。

（4）实施以下危害管道的行为：①擅自开启、关闭管道阀门，用移动、切割、打孔、砸撬、拆卸等手段损坏管道；②移动、毁损、涂改管道标志；③在埋地管道上方巡查便道上行驶重型车辆；④在地面管道线路、架空管道线路和管桥上行走或者放置重物；⑤在管道线路中心线两侧种植乔木、灌木、藤类、芦苇、竹子或者其他根系深达管道埋设部位可能损坏管道防腐层的深根植物；取土、采石、用火、堆放重物、排放腐蚀性物质、使用机械工具进行挖掘施工；修建建筑物、构筑物占压管道。

（5）管道巡线人员未按要求规范巡线，未及时发现泄漏等隐患；管道维修或更换过程中，未开展风险辨识，违规动火作业等。

二、运输过程安全管理要点

（一）道路运输安全管理要点

从运输经营企业基本条件、人员从业资质、运输车辆、安全管理等方面提出要求①。

车辆行驶安全性要求。从事道路危险货物运输经营的专用车辆及设备应符合下列要求。

（1）专用车辆技术性能符合《机动车安全技术检验项目和方法》（GB 38900—2020）、《危险货物运输车辆结构要求》（GB 21668—2008）等国家标准的要求。

（2）专用车辆外廓尺寸、轴荷和质量符合国家标准《汽车、挂车及汽车列车外廓尺寸、轴荷及质量限值》（GB 1589—2016）的要求。

（3）专用车辆配备有效的通信工具，安装具有行驶记录功能的卫星定位装置。

（4）运输剧毒化学品、爆炸品、易制爆危险化学品的，应当配备罐式、厢式专用车

① 依据《危险货物道路运输安全管理办法》（交通运输部、工业和信息化部、公安部、生态环境部、应急管理部、国家市场监督管理总局令〔2019〕29号公布）

辆或者压力容器等专用容器。罐式专用车辆的罐体应当经质量检验部门检验合格，且罐体载货后总质量与专用车辆核定载质量相匹配。运输爆炸品、强腐蚀性危险货物的罐式专用车辆的罐体容积不得超过 20 m^3，运输剧毒化学品的罐式专用车辆的罐体容积不得超过 10 m^3，但符合国家有关标准的罐式集装箱除外。

（5）运输剧毒化学品、爆炸品、强腐蚀性危险货物的非罐式专用车辆，核定载质量不得超过 10 t，但符合国家有关标准的集装箱运输专用车辆除外。

（6）利用危险货物道路运输车辆动态监控，强化特别管控危险化学品道路运输车辆运行轨迹以及超速行驶、疲劳驾驶等违法行为的在线监控和预警。

（7）配备与运输的危险货物性质相适应的安全防护、环境保护和消防设施设备。车辆被动安全性的装置有安全带、安全气囊、安全玻璃、安全门、灭火器等。

停车场地安全要求有如下 3 项。

（1）停车场地应与经营范围、规模相适应，停车场地应当位于企业注册地市级行政区域内。停车场与场外建（构）筑物、停车场内部防火间距满足《化工园区危险品运输车辆停车场建设标准》（T/CPCIF 0050—2020）、《汽车库、修车库、停车场设计防火规范》（GB 50067—2014）等相关标准的安全要求，配套出入监控、排队叫号装卸、违停报警等智慧化管控系统。

表 4-6　停车场与除甲类物品仓库外的其他建筑物的防火间距

名称和耐火等级	厂房、仓库、民用建筑		
	一、二级	三级	四级
防火间距/m	6	8	10

甲、乙类物品运输车的停车场与民用建筑的防火间距不应小于 25 m，与重要公共建筑的防火间距不应小于 50 m。甲类物品运输车的停车场与明火或散发火花地点的防火间距不应小于 30 m，与厂房、仓库的防火间距应按表 4-6 的规定值增加 2 m。停车场与甲类物品仓库的防火间距见表 4-7，停车场与易燃、可燃液体储罐，以及液化石油气储罐的防火间距见表 4-8。

表 4-7　停车场与甲类物品仓库的防火间距

名　称		总容量/t	甲、乙类物品运输车停车场/m	其他运输车停车场/m
甲类物品仓库	3、4 项	≤5	20	15
		≥5	25	20
	1、2、5、6 项	≤10	17	12
		≥10	20	15

表 4-8 停车场与易燃、可燃液体储罐，可燃气体储罐，以及液化石油气储罐的防火间距

名称	总容量（积）/m^3	防火间距/m
易燃液体储罐	1～50	12
	51～200	15
	201～1000	20
	1001～5000	25
可燃液体储罐	5～250	12
	251～1000	15
	1001～5000	20
	5001～25000	25
湿式可燃气体储罐	1000	12
	1001～10000	15
	＞10000	20
液化石油气储罐	1～30	18
	31～200	20
	201～500	25
	＞500	30

（2）停车场地应当封闭并设立明显标志，不得妨碍居民生活和威胁公共安全。

（3）高速公路服务区内应明确划分危险化学品车辆停车区域。非危险化学品车辆严禁占用危险化学品停车位。

从业人员和安全管理人员要求有如下 3 项。

（1）专用车辆的驾驶人员取得相应机动车驾驶证，年龄不超过 60 周岁。

（2）企业应当配备专职安全管理人员。

（3）从事道路危险货物运输的驾驶人员、装卸管理人员、押运人员应当经所在地设区的市级人民政府交通运输主管部门考试合格，并取得相应的从业资格证；从事剧毒化学品、爆炸品道路运输的驾驶人员、装卸管理人员、押运人员，应当经考试合格，取得注明为“剧毒化学品运输”或者“爆炸品运输”类别的从业资格证。运输从业人员应充分了解所运输危险化学品的主要危险特性，包括毒性、腐蚀性、易燃易爆性等，并掌握相应的应急处理方法，如灭火和疏散人员等。危险货物道路运输相关人员主要培训内容见表 4-9。

表 4-9 危险货物道路运输相关人员主要培训内容

人员	主要培训内容
对危险货物进行分类和确定其正式运输名称的人员	1. 危险货物的理化性质和毒物学性质 2. 危险货物的类别和分类原则 3. 溶液和混合物分类的程序 4. 危险货物正式运输名称的确认 5. 危险货物一览表的使用

表4-9(续)

人员	主要培训内容
对危险货物进行包装作业的人员	1. 危险货物运输包装作业的相关法规 2. 危险货物分类和危险特性 3. 包装，中型散装容器和大型包装的使用 4. 包装指南一览表的使用 5. 危险货物包装的特殊规定 6. 包装标记、标志 7. 包装安全操作程序（包括隔离要求、有限数量和例外数量等） 8. 个人防护方法，事故预防措施，应急响应信息使用，应急响应程序及急救措施
对包件贴标记、标志的人员	1. 危险货物运输有关法规 2. 危险货物分类和危险特性 3. 标记、标志和标牌的规格和分类 4. 标记、标志和标牌的使用要求
从事包件货物装卸作业的人员	1. 危险货物运输有关法规 2. 危险货物分类和危险特性 3. 标记，标志和标牌 4. 包件运输工具及条件要求 5. 运输文件、单证 6. 混合装载操作要求和限制 7. 装卸安全操作程序（包括装卸工具使用、运输量限制、货物捆扎固定、堆放、隔离等） 8. 个人防护方法，事故预防措施，应急响应信息使用，应急响应程序及急救措施
从事罐车、可移动罐柜及其他散装货物装卸作业的人员	1. 危险货物运输有关法规 2. 危险货物分类和危险特性 3. 罐体与车辆标记和标牌 4. 运输文件、单证： 5. 罐式车辆、罐式集装箱、管束式车辆、可移动罐柜的使用要求 6. 罐体充装和卸放安全操作程序 7. 散装货物装卸安全操作程序（包括堆放、隔离、固定、运量限制等） 8. 个人防护方法，事故预防措施，应急响应信息使用、应急响应程序及急救措施
制作托运清单、运输单证的人员	1. 危险货物分类和危险特性 2. 运输单证的格式和编制要求 3. 相关批准文件
危险货物运输车辆驾驶人员	1. 危险货物运输有关法规 2. 危险货物分类和危险特性 3. 标志、标记和标牌 4. 运输车辆及相关设备的使用方法 5. 运输文件、单证 6. 装卸作业基本知识（包括包件堆放、固定、充装、卸放等） 7. 车辆或集装箱的混合装载要求和限制 8. 安全运输操作程序（包括载运量限值，多式联运作业要求，道路通行等） 9. 个人防护方法，事故预防措施，应急响应信息使用，应急响应程序及急救措施

表4-9(续)

人员	主要培训内容
危险货物运输车辆押运人员	1. 危险货物运输有关法规 2. 危险货物分类和危险特性 3. 标志、标记和标牌 4. 运输车辆及相关设备的使用方法 5. 运输文件、单证 6. 装卸作业基本知识（包括包件堆放、固定、充装、卸放等） 7. 车辆或集装箱的混合装载要求 8. 个人防护方法，事故预防措施，应急响应信息使用，应急响应程序及急救措施
危险货物运输应急处置人员	1. 危险货物运输有关法规 2. 危险货物分类和相关特性 3. 标记、标志和标牌 4. 个人防护方法，应急响应信息使用，应急响应程序和急救措施 5. 安全操作程序

安全生产管理制度包括：①企业主要负责人、安全管理部门负责人、专职安全管理人员安全生产责任制度；②从业人员安全生产责任制度；③安全生产监督检查制度；④安全生产教育培训制度；⑤从业人员、专用车辆、设备及停车场地安全管理制度；⑥应急救援预案制度；⑦安全生产作业规程；⑧安全生产考核与奖惩制度；⑨安全事故报告、统计与处理制度；⑩充装和发货查验、核准、记录制度。

运输安全要求有如下 8 项。

（1）对所有设备设施、物料、从业人员、作业行为实行统一管理。对危险化学品运输车辆实行统一调度，对驾押人员统一培训，车辆运营时必须实时监控和管理。加强运输车辆行车路径和轨迹、卫星定位以及运输从业人员的管理，从源头杜绝违法运输行为，降低安全风险。

（2）驾驶员应定期对车辆进行详细检查，并坚决禁止驾驶存在故障的车辆上路行驶。驾驶员在行驶过程中必须严格遵守操作规范。

（3）承运人应当按照交通运输主管部门许可的经营范围承运危险货物。运输货物应与运输车辆适装介质一致。按照运输车辆的核定载质量装载危险货物，不得超载。

（4）在运输过程中，应确保危险化学品车辆与其他车辆保持安全距离，并避免在人员密集或禁止运输危险化学品的区域停车，以确保运输安全。

（5）危险货物运输车辆按照《道路运输危险货物车辆标志》（GB 13392—2023，2025 年 4 月 1 日实施）、《道路运输爆炸品和剧毒化学品车辆安全技术条件》（GB 20300—2018）要求安装、悬挂标志，随车携带防护用品、应急救援器材和危险货物道路运输安全卡，严格遵守道路交通安全法律法规规定。

装运危险货物的车辆应在车辆的前端和后端分别装用矩形标志牌，在车辆两外侧壁和后端装用危害性相对应的菱形标志牌，在车辆的后部和两侧应粘贴橙色反光带以标示车辆的轮廓。

运输相关方应对标志牌进行经常性检查和维护，保持标志牌的清洁、完好、无遮挡。车辆在装载可能导致标志牌腐蚀、失效的危险货物后，应及时对标志牌进行检查，发现标志牌有污渍时应对标志牌进行清洗和擦拭。标志牌发生断裂、损坏、图文难以辨识时，应及时更换。

（6）运输易燃易爆化学物品，应当遵守规定：运输单位和个人必须对装运物品严格检查，对包装不牢、破损，品名标签、标志不明显的易燃易爆化学物品和不符合安全要求的罐体、没有瓶帽的气体钢瓶不得装运；轻拿轻放，防止碰撞、拖拉和倾倒；运输易燃易爆化学物品的车辆、船舶，须彻底清扫冲洗干净后，才能继续装运其他危险物品；化学性质、安全防护、灭火方法互相抵触的易燃易爆化学物品，不得混合装运；遇热容易引起燃烧、爆炸或产生有毒气体的化学物品，按夏季限运物品安排，宜在夜间运输，必要时应采取隔热降温措施；遇潮容易引起燃烧、爆炸或产生有毒气体的化学物品不宜在阴雨天运输，若必须运输时，除具有良好的装卸条件外，还应有防潮遮雨措施。

（7）未经公安机关批准，运输危险化学品的车辆不得进入危险化学品运输车辆限制通行的区域。

（8）剧毒化学品、易制爆危险化学品在道路运输途中丢失、被盗、被抢或者出现流散、泄漏等情况的，驾驶人员、押运人员应当立即采取相应的警示措施和安全措施，并向当地公安机关报告。

（二）水路运输安全要点

危险化学品水路运输应遵循以下安全要求①。

（1）水路运输经营者运输危险货物，应当遵守法律、行政法规以及国务院交通运输主管部门关于危险货物运输的规定，使用依法取得危险货物适装证书的船舶，按照规定的安全技术规范进行配载和运输，保证运输安全。

（2）船舶应经海事管理机构认可的船舶检验机构依法检验，并持有合格的船舶检验证书；经海事管理机构依法登记，持有船舶登记证书。

（3）船员经水上交通安全专业培训并经海事管理机构考试合格，取得相应的适任证书或者其他适任证件。严禁未取得适任证书或者其他适任证件的船员上岗。

（4）船舶、浮动设施的所有人或者经营人，应当加强对船舶、浮动设施的安全管理，建立、健全相应的交通安全管理制度，并对船舶、浮动设施的交通安全负责；不得聘用无适任证书或者其他适任证件的人员担任船员；不得指使、强令船员违章操作。

（5）船舶、浮动设施的所有人或者经营人，应当根据船舶、浮动设施的技术性能、船员状况、水域和水文气象条件，合理调度船舶或者使用浮动设施。船舶、浮动设施应当保持适于安全航行、停泊或者从事有关活动的状态。船舶、浮动设施的配载和系固应当符合安全技术规范。

（6）遇有下列情形之一时，海事管理机构可以根据情况采取限时航行、单航、封航

① 依据《国内水路运输管理条例》（国务院令 2012 年第 625 号公布，国务院令 2023 年第 764 号修订）、《中华人民共和国内河交通安全管理条例》（国务院令 2002 年第 355 号公布，2019 年修订）等法规要求。

等临时性限制、疏导交通的措施，并予公告：①恶劣天气；②大范围水上施工作业；③影响航行的水上交通事故；④水上大型群众性活动或者体育比赛；⑤对航行安全影响较大的其他情形。

（7）船舶应当在码头、泊位或者依法公布的锚地、停泊区、作业区停泊；遇有紧急情况，需要在其他水域停泊的，应当向海事管理机构报告。船舶停泊应当按照规定显示信号，不得妨碍或者危及其他船舶航行、停泊或者作业的安全。船舶停泊应当留有足以保证船舶安全的船员值班。

（8）禁止在内河运输法律、行政法规以及国务院交通主管部门规定禁止运输的危险货物。禁止通过内河封闭水域运输剧毒化学品以及国家规定禁止通过内河运输的其他危险化学品。

（9）从事危险货物装卸的码头、泊位和载运危险货物的船舶，必须编制危险货物事故应急预案，并配备相应的应急救援设备和器材。

（10）可燃液体码头、液化烃码头应符合下列规定：①除船舶在码头泊位内外档停靠外，码头相邻泊位船舶间的防火间距不应小于表 4-10 的规定；②液化烃泊位宜单独设置，当不同时作业时，可与其他可燃液体共用一个泊位；③在距泊位 20 m 以外或岸边处的装卸船管道上应设便于操作的紧急切断阀；④液化烃的装卸应采用装卸臂或金属软管，并应采取安全放空措施。

表 4-10　码头相邻泊位船舶间的防火间距

船长/m	279～236	235～183	182～151	150～110	<110
防火间距/m	55	50	40	35	25

（11）通过内河运输危险化学品，危险化学品包装物的材质、形式、强度以及包装方法应当符合水路运输危险化学品包装规范的要求。

（12）载运危险化学品的船舶在内河航行、装卸或者停泊，应当悬挂专用的警示标志，按照规定显示专用信号。

（三）管道输送安全要点

危险化学品管道输送应符合[①]以下要求。

（1）禁止光气、氯气等剧毒气体化学品管道穿（跨）越公共区域。严格控制氨、硫化氢等其他有毒气体的危险化学品管道穿（跨）越公共区域。

（2）危险化学品管道建设的选线应当避开地震活动断层和容易发生洪灾、地质灾害的区域；确实无法避开的，应当采取可靠的工程处理措施，确保不受地质灾害影响。

（3）危险化学品管道与居民区、学校等公共场所以及建筑物、构筑物、铁路、公路、航道、港口、市政设施、通信设施、军事设施、电力设施的距离，应当符合有关法律、行

① 依据《危险化学品输送管道安全管理规定》（原国家安全生产监督管理总局令 2012 年第 43 号公布，2015 年第 79 号修正）、《中华人民共和国石油天然气管道保护法》（主席令 2010 年第 30 号）等法律法规的有关规定。

政法规和国家标准、行业标准的规定。

（4）管道单位应当建立、健全危险化学品管道巡护制度，配备专人进行日常巡护。巡护人员发现危害危险化学品管道安全生产情形的，应当立即报告单位负责人并及时处理。禁止下列危害管道安全的行为：①在管道线路中心线两侧各 5 m 地域范围内，禁止种植乔木、灌木、藤类、芦苇、竹子或者其他根系深达管道埋设部位可能损坏管道防腐层的深根植物；禁止取土、采石、用火、堆放重物、排放腐蚀性物质、使用机械工具进行挖掘施工；禁止挖塘、修渠、修晒场、修建水产养殖场、建温室、建家畜棚圈、建房以及修建其他建筑物、构筑物；②禁止建筑物、构筑物占压输送管线；③在穿越河流的管道线路中心线两侧各 500 m 地域范围内，禁止抛锚、拖锚、挖砂、挖泥、采石、水下爆破；④在管道专用隧道中心线两侧各 1000 m 地域范围内，禁止采石、采矿、爆破。

（5）危险化学品管道焊接、防腐、无损检测作业的人员应当具备相应的操作资格证书。管道施工单位应当严格按照有关国家标准、行业标准的规定对管道的焊缝和防腐质量进行检查，并按照设计要求对管道进行压力试验和气密性试验。对敷设在江、河、湖泊或者其他环境敏感区域的危险化学品管道，应当采取增加管道压力设计等级、增加防护套管等措施，确保危险化学品管道安全。

（6）危险化学品管道应当设置明显标志。发现标志毁损的，管道单位应当及时予以修复或者更新。

（7）对危险化学品管道进行定期检测、维护，确保其处于完好状态；对安全风险较大的区段和场所，应当进行重点监测、监控；对不符合安全标准的危险化学品管道，应当及时更新、改造或者停止使用，并向当地安全生产监督管理部门报告。

（8）发现危害危险化学品管道安全运行行为的，应当及时予以制止，无法处置时应当向当地安全生产监督管理部门报告。

（9）按照有关规定制定危险化学品管道事故应急预案，配备相应的应急救援人员和设备物资，定期组织应急演练。发生危险化学品管道生产安全事故，管道单位应当立即启动应急预案及响应程序，采取有效措施进行紧急处置，消除或者减轻事故危害，并按照国家规定立即向事故发生地县级以上安全生产监督管理部门报告。

第四节　废弃危险化学品处置安全管理

一、定义及处置方式分类

（一）定义

本节所称危险化学品废弃物是指未经使用而被所有人抛弃或者放弃的危险化学品，淘汰、伪劣、过期、失效的危险化学品由公安、海关、质检、工商、农业、安全监管、环保等主管部门在行政管理活动中依法收缴的危险化学品，以及接收的公众上交的危险化学品。

依据《中华人民共和国固体废物污染环境防治法》《国家危险废物名录（2021 年版）》，危险化学品废弃物属于危险废物，《危险化学品目录》中危险化学品并不是都具有环境危害特性，废弃危险化学品不能简单等同于危险废物，例如“液氧”“液氮”等仅具有“加压气体”物理危险性的危险化学品；有些易燃易爆的危险化学品废弃后，其危险化学品属性并没有改变；危险化学品是否废弃，监管部门也难以界定。因此，《国家危险废物名录（2021 年版）》针对废弃危险化学品特别提出“被所有者申报废弃”，即危险化学品所有者应该向应急管理部门和生态环境部门申报废弃。响水“3·21”事故就是由于企业既没有按照国家有关标准将废弃危险化学品稳定化处理后纳入危险废物环境管理，也没有向应急管理部门和生态环境部门申报，逃避监管，酿成重大事故。

（二）处置方式分类

废弃危险化学品包括未使用过的危险化学品、工业生产过程中产生的化工废料，具备相应危险化学品的火灾爆炸、中毒窒息、灼烫等危害特征，也可造成设备设施的腐蚀损坏、环境污染等不良影响，在收集、储存、运输、处置等过程中的不当行为可能发生安全事故和环境污染事件。按照废弃危险化学品的性质和状态，主要采取以下方法进行处置。

（1）分类收集存储。化工废料种类繁多，包括废酸、废碱、废盐、废油、废有机溶剂等。不同的废料需要不同的处理方法，因此首先要对废料进行分类。分类处理可以有效地提高废料的处理效率，减少对环境的污染。

（2）回收再利用。对于一些可回收的化工废料，可以通过回收再利用的方法进行处理。例如，废酸可以回收用于合成酸酐、酯类等化学品；废碱可以回收用于合成洗涤剂、玻璃纤维增强材料等。回收再利用不仅可以减少废料对环境的污染，还可以降低生产成本，提高资源利用率。

（3）焚烧处理。对于不能回收再利用的化工废料，可以采用焚烧处理的方法。焚烧处理可以彻底消除废料中的有害物质，减少对环境的污染。

（4）化学处理。对有毒有害的废料，采取化学吸附、高温分解和氧化等安全处置方法，防止造成环境和人体健康的危害。

（5）填埋处理。对于一些不能回收再利用且无法焚烧的化工废料，可以采用填埋处理的方法。填埋处理可以消除废料对环境的污染，但是需要选择合适的填埋场和填埋方法，以避免对环境造成二次污染。

（6）生物处理。对于一些含有有机物质的化工废料，可以采用生物处理的方法。生物处理利用微生物的作用将有机物质转化为无害物质，同时还可以产生有用的副产品。

二、废弃危险化学品处置过程风险

在收集储存废弃危险化学品的过程中，往往重视程度不高，风险认识不清，安全措施不足，更容易造成事故伤害，主要表现在以下方面。

（一）储存设施或库房设置不规范

（1）未按规定设置专门的危险废物储存场所，采用临时搭建场所或露天堆放。

（2）仓储场所或设施未经正规设计。未根据危险化学品的性质，设置可燃、有毒气体浓度监测报警，联锁通风，防雷防静电等防火防爆、防中毒的安全措施。

（3）仓库未合理分区，耐火等级不符合《建筑设计防火规范（2018 年版）》（GB 50016—2014）等相关规定，与其他建（构）筑物的安全距离不足。

（4）未按照《危险废物识别标志设置技术规范》（HJ 1276—2022）设置危险废物储存设施标志、储存分区标志和危险废物标签。

例如：2019 年 3 月 21 日，位于江苏省盐城市响水县生态化工园区的天嘉宜化工有限公司发生特别重大爆炸事故，造成 78 人死亡、76 人重伤、640 人住院治疗，直接经济损失 19.86 亿元。事故直接原因是：天嘉宜公司旧固废库内长期违法储存的硝化废料持续积热升温导致自燃，燃烧引发硝化废料爆炸。

（5）易燃易爆危险化学品未设置可燃气体泄漏浓度检测报警装置，未与通风装置联锁。

（6）易产生有毒气体的危险化学品未设置毒性气体泄漏浓度检测报警装置，未采取吸收、中和处置措施。

（7）未设置防止液体泄漏溢散的托盘、收集池等防泄漏设施。

（8）对易受温度、潮湿影响的，未设置空调等温湿度控制措施，未采取防水措施。

（9）搬运过程作业人员未穿戴有效的防护用品。

（10）现场无安全警示告知、淋洗装置。

（二）存放方式不正确

（1）包装物标识不清或无标识，无准确的管理台账；禁忌化学品的混存混放。

（2）长期存放未及时处置，导致存放量过大，未采取有效的防渗防漏措施，忽视对存放场所、储存包装物的安全监管。

（3）未分类分区存放，库房现场管理混乱。缺少个体防护用品、应急救援器材等。

（三）处置工艺不合理

（1）通过精馏、中和、吸附等物理或化学处置的工艺流程、设备未经正规设计和验证，未弄清废弃危险化学品的种类和性质，随意处置或回收废弃危险化学品。

（2）危险废物处置单位超出资质范围、超过处理能力回收处置危险化学品。

（3）随意倾倒、堆放；未经安全性处置，混合收集、储存、运输、处置具有不相容性质的危险废物；将危险化学品混入其他非危险废物中处置。

（4）未按规定办理危险废物的转移处置手续，非法转移和处置废弃危险化学品。

例如：2020 年 9 月 14 日，山西某能源科技有限公司化产车间 VOC 岗位操作工未按操作规程作业，未确认地槽内废液的 pH 值，便直接将酸洗塔废液排入地槽，与地槽内碱洗塔废液发生化学反应生成硫化氢，并迅速扩散至地面，造成 4 人中毒死亡、1 人受伤。引发事故的深层次原因是：设计不合理，将 VOC 处理系统酸洗塔废液、碱洗塔废液交叉排放至同一个地槽后再分别进行处置。一旦操作失误，便会导致碱性的硫化物遇酸产生硫化氢。

（四）安全管理不健全

（1）废弃危险化学品处置单位未按规定配置安全管理人员，未对从业人员进行安全培训，未建立相应的安全管理制度。

（2）未开展废弃危险化学品的风险辨识和评估，未制定安全操作规程。

（3）未编制应急预案或预案缺乏针对性，未定期组织演练并评估演练效果。

（4）未建立出入库台账，物品种类和数量不清。

例如：2022 年 6 月 20 日，泰兴某环保有限公司综合车间将废碱液与废酸液同时向一级反应池（北）内投料，投料过程中废碱液中的甲硫醇、甲硫醚等含硫化合物，与废酸液中的废酸发生反应产生硫化氢，造成 1 人中毒死亡、1 人受伤。事故原因是：企业未辨识出废碱液中含有的甲硫醇、甲硫醚等含硫化合物与酸反应生成硫化氢的风险。

三、废弃危险化学品安全管理要点

按照废弃危险化学品处置涉及的环节，其安全管理要点如下。

（一）资质和人员管理要求

（1）从事危险废物收集、储存、运输经营活动的单位应具有危险废物经营许可证[①]。

（2）建立收集、储存、运输危险废物相应的规章制度和污染防治措施，包括危险废物分析管理制度、安全管理制度、污染防治措施等。

（3）危险物收集、储存、运输单位应建立规范的管理和技术人员培训制度，定期针对管理和技术人员进行培训。培训内容至少应包括危险废物鉴别要求、危险废物经营许可证管理、危险废物转移联单管理、危险废物包装和标识、危险废物运输要求、危险废物事故应急方法等。

（4）对危险废物的收集应制定详细的操作规程，内容至少应包括适用范围、操作程序和方法、专用设备和工具、转移和交接、安全保障和应急防护等。

（5）危险废物收集和转运作业人员应根据工作需要配备必要的个人防护装备，如手套、防护镜、防护服、防毒面具或口罩等。

（二）废弃危险化学品的收集

（1）危险废物的收集应根据危险废物产生的工艺特征、排放周期、危险废物特性、废物管理计划等因素制定收集计划。收集计划应包括收集任务概述、收集目标及原则、危险废物特性评估、危险废物收集量估算、收集作业范围和方法、收集设备与包装容器、安全生产与个人防护、工程防护与事故应急、进度安排与组织管理等。

（2）废弃危险化学品应根据其性质进行分类收集，包括一般化学废液、剧毒化学废液、危险化学固体废物、废弃化学气体、生物废弃物、放射性废弃物等。不同废弃物应采用不同的方式进行处理，不得随意丢弃和排放。

（3）应按腐蚀性、毒性、易燃性、反应性和感染性等危险特性对危险废物进行分类、包装并设置相应的标志及标签。收集废弃危险化学品时应使用专用的、密封良好的容器，如专用的收集桶或旧试剂瓶，容器上应有清晰的标签。桶口、瓶口要能良好密封，不要使用敞口或有破损的容器。收集废液后应随时盖紧盖子，存放于较阴凉并远离火源和热源的位置。

（4）规范设置危险废物储存仓库或储存间。①储存设施的选址、设计、建设、运行

① 按照《危险废物收集、贮存、运输技术规范》（HJ 2025—2012）的要求。

管理应满足《危险废物贮存污染控制标准》（GB 18597—2023）、《工业企业设计卫生标准》（GBZ 1—2010）和《工作场所有害因素职业接触限值 第1部分：化学有害因素》（GBZ 2.1—2019）的有关要求。集中储存设施不应建在生态保护红线区域、永久基本农田和其他需要特别保护的区域内，不应建在溶洞区或易遭受洪水、滑坡、泥石流、潮汐等严重自然灾害影响的地区。储存设施不应建在江河、湖泊、运河、渠道、水库及其最高水位线以下的滩地和岸坡，以及法律法规规定禁止储存危险废物的其他地点；②危险废物储存设施应配备通信设备、照明设施和消防设施；③储存危险废物时应按危险废物的种类和特性进行分区储存，每个储存区域之间宜设置挡墙间隔，并应设置防雨、防火、防雷、防扬尘装置。设置围堰，防止仓库内的液体流到仓库外，同时防止雨水倒灌进仓库；④储存易燃易爆危险废物应配置有机气体报警、火灾报警装置和导除静电的接地装置；设置气体导出口、气体净化装置、安全照明设施、观察窗口；⑤储存废弃剧毒化学品应充分考虑防盗要求，采用双钥匙封闭式管理，且由专人24小时看管。建立危险废物储存的台账制度，做好危险废物出入库交接记录；⑥根据储存的废物种类和特性按照《危险废物贮存污染控制标准》（GB 18597—2023）、《危险废物识别标志设置技术规范》（HJ 1276—2022）设置标志。危险废物标签样式和储存分区标志样式如图4-4所示。

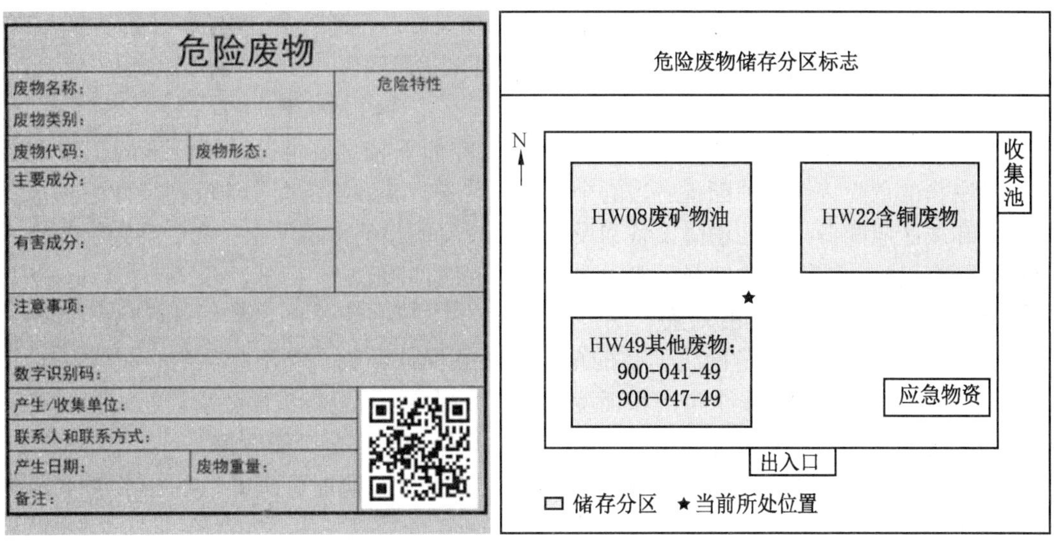

图4-4 危险废物标签样式和储存分区标志样式示意图

（5）危险废物的收集作业应满足如下要求：①根据收集设备、转运车辆以及现场人员等实际情况确定相应作业区域，同时要设置作业界限标志和警示牌；②作业区域内应设置危险废物收集专用通道和人员避险通道；③收集时应配备必要的收集工具和包装物，以及必要的应急监测设备及应急装备；④危险废物收集应填写记录表[①]，并将记录表作为危

① 按照《危险废物收集、贮存、运输技术规范》（HJ 2025—2012）。

险废物管理的重要档案妥善保存；⑤收集结束后应清理和恢复收集作业区域，确保作业区域环境整洁安全；⑥收集过危险废物的容器、设备、设施、场所及其他物品转作它用时，应消除污染，确保其使用安全。

（6）对于收集的废弃危险化学品，应详细记录其主要化学成分和收集情况，避免不同废弃物之间发生异常反应。对于剧毒化学废液和危险化学固体废物，应分别暂存在单独的容器中并做详细记录，不能将几种剧毒废液混装在一个容器中。

（三）废弃危险化学品的转移

废弃危险化学品的转移[①]应遵循以下安全事项。

（1）运输危险废物的企业还应当填写并随车携带电子或者纸质形式的危险废物转移联单。转移废弃危险化学品的，应当按照国家有关规定填报危险废物转移联单；跨设区的市级以上行政区域转移的，应当依法报经移出地设区的市级以上生态环境部门批准后方可转移。

（2）危险废物运输应由持有危险废物经营许可证的单位按照其许可证的经营范围组织实施，承担危险废物运输的单位应获得交通运输部门颁发的危险货物运输资质。用于运输废弃危险化学品的槽罐以及其他容器应当封口严密，能够防止危险化学品在运输过程中因温度、湿度或者压力的变化发生渗漏、洒漏；槽罐以及其他容器的溢流和泄压装置应当设置准确、启闭灵活。运输废弃危险化学品的驾驶人员、押运人员、申报人员，应当了解所运输危险化学品的危险特性及其包装物、容器的使用要求和出现危险情况时的应急处置方法。

（3）危险废物运输时的中转、装卸过程应遵守如下技术要求：①卸载区的工作人员应熟悉废物的危险特性，并配备适当的个人防护装备，装卸剧毒废物应配备特殊的防护装备；②卸载区应配备必要的消防设备和设施，并设置明显的指示标志；③危险废物装卸区应设置隔离设施，液态废物卸载区应设置收集槽和缓冲罐。

（四）废弃危险化学品的处置

（1）回收、利用废弃危险化学品的单位，必须保证回收、利用废弃危险化学品的设施、设备和场所符合国家安全生产和环境保护有关法律法规及标准的要求。

（2）采用工艺合理、安全可靠的处置工艺，严格遵守安全操作规程。

（3）危险化学品处置项目应遵守建设项目安全设施三同时管理办法的相关要求，安全设施应经正规设计、施工和验收并投入使用。

（4）开展危险化学品处置的风险辨识，定期开展安全检查，保障安全设施的有效运行。

（五）应急处置

参照《危险废物经营单位编制应急预案指南》编制危险废物处置应急预案。针对危险废物收集、储存、运输过程中的事故易发环节应定期组织应急演练。一旦发生意外事故，应根据风险程度启动应急预案并采取相应措施和上报事故信息。

---

① 应按《危险废物转移管理办法》（生态环境部、公安部、交通运输部令第23号）。

第五节　加油加气加氢站的安全管理

随着我国经济的快速发展和新能源的应用，汽车保有量呈现出爆炸式增长，从单一的燃油车，到CNG、LNG、氢气等车辆类型和数量快速增长，为适应能源需求的加油站，也逐渐发展为加气站、加氢站、加油加气合建站、加油加气加氢合建站等多种类型，形成多种安全风险的叠加，给安全管理带来复杂性。

一、加油站安全管理

加油站指“具有储油设施，并为机动车加注汽油（含甲醇汽油、乙醇汽油）、柴油等车用燃油的场所”，属于危险化学品储存经营单位。下面将对加油站一些主要设备设施及作业活动风险进行梳理分析，并以此为基础，分析加油站主要设备设施及作业活动的安全管理措施。

（一）设备设施的风险及管理要求

加油站中的设备主要包括储存设备、加油设备、卸油设备及加油站辅助设备。在加油站安全风险管理中，部分经营者为了能够有效地达到成本控制的目的，未严格遵守国家对于加油站设备标准的有关规定，忽视埋设设备时的安全保护措施，给企业发展埋下诸多“炸弹”。

1. 油罐

（1）油罐风险。油罐作为油料储存的重要设施，其安全性至关重要。油料本身的易燃易爆性质决定了其与一般物质相比，拥有更强的破坏性。罐内储存的油品中往往含有腐蚀性化学物质，加上罐体外部受环境因素影响而产生腐蚀。油罐腐蚀会导致其寿命大大缩短，如果不能及时进行防腐处理，腐蚀加剧会造成设备损坏，导致储罐泄漏。油品的溢出也同样会导致火灾、油气中毒和污染环境等二次事故。

（2）风险控制措施。①加油站的汽油罐和柴油罐应埋地设置，严禁设在室内或地下室内；②双层钢制油罐、内钢外玻璃纤维增强塑料双层油罐和玻璃纤维增强塑料等非金属防渗衬里的双层油罐，应设渗漏检测立管，并满足下列规定：检测立管应采用钢管，直径宜为80 mm，壁厚不宜小于4 mm；检测立管应位于油罐顶部的纵向中心线上；检测立管的底部管口应与油罐内、外壁间隙相连通，顶部管口应装防尘盖；检测立管应满足人工检测和在线监测的要求，并应保证油罐内、外壁任何部位出现渗漏均能被发现；③埋地油罐的人孔应设操作井，设在行车道下面的人孔井应采用加油站车行道下专用的密闭井盖和井座；④油罐应采取防满溢措施，油料达到油罐容量90%时，应能触动高液位报警装置；油料达到油罐容量95%时，应能自动停止油料继续进罐。高液位报警装置应位于工作人员便于觉察的地点。

2. 加油机

（1）加油机风险。加油机目前存在的风险主要是油品的泄漏，导致漏油的条件有很多种，例如：①在加注油品过程，如果机组泵、阀门、仪表等设备出现故障或使用不当，可能导致油品泄漏；②操作员在使用加油机时未按操作规程进行操作或操作不当导致加油机的泄漏，例如未正确关闭阀门、未正确连接加油枪等；③加油机底部阀、加油枪或软管长时间使用后可能会出现老化、破损或腐蚀，造成油品泄漏；④加油机设备的油罐或管道出现漏底现象，导致油品泄漏。

综合以上考虑，加油机发生漏油可能是由于设备故障、人为因素、设备老化或环境因素等的综合作用。由于油品易燃易爆的特性，一旦发生泄漏，可能导致火灾爆炸。例如：2001 年 7 月 13 日，郑州市商城路加油站发生加油机漏油，但未采取任何措施。7 月 23 日，安全员严某某进入地下室内，操作电灯开关时，电火花使混合气体发生爆炸。爆炸事故共造成 4 人死亡，12 人受伤。经过调查分析，造成这起爆炸事故的直接原因是加油站东南侧加油机下方输油竖管焊缝漏油，渗入地下室，产生的大量汽油蒸气与空气混合，混合气体达到爆炸极限，遇地下室电灯开关产生的电火花发生爆炸起火。造成事故的间接原因是加油站负责人消防意识淡薄，思想麻痹，违章作业，发现事故隐患不及时消除，直至酿成大祸。

（2）风险控制措施。①加油机不得设置在室内，加油机外壳和电机接地应保持良好有效；②加油软管上宜设安全拉断阀；③以正压（潜油泵）供油的加油机，底部的供油管道上应设剪切阀，当加油机被撞或起火时，剪切阀应能自动关闭。

（二）作业活动的风险及安全管理

加油站作业事故主要发生在卸油、量油、加油、清罐、动火作业五个环节。在这五个环节中，都使油品暴露在空气中。如果在作业中违反操作规程，使油品或油品蒸气在空气中与火源接触，就会导致爆炸燃烧事故的发生。

1. 卸油作业

（1）卸油作业风险。加油站 60% ~ 70% 的火灾事故发生在卸油作业中。在卸油过程中如发生油品泄漏，会引发火灾爆炸事故，常见油品泄漏的原因有：①油罐漫溢，卸油时对液位监测不及时易造成油品跑冒。油品溢出罐外后，周围空气中油蒸气的浓度迅速上升，达到或超过爆炸极限，遇到点火源，随即发生爆炸燃烧。在油品漫溢时，使用金属容器刮舀，开启电灯照明观察，开窗通风，均会在无意中因产生火花而引发大火；②油品滴漏，由于卸油胶管破裂、密封垫破损、快速接头紧固栓松动等，油品滴漏至地面，遇火花立即燃烧；油管无防静电接地或导电性不良、采用喷溅式卸油、卸油中油罐车无静电接地等，造成静电积聚放电，会点燃油蒸气；在非密封卸油过程中，大量油蒸气从卸油口溢出，当周围出现烟火、火花时，就会产生爆炸燃烧。

2012 年 12 月 31 日，永顺县城区湘潭路路段发生一起下水管道起火爆炸事件，造成部分房屋震动，一宾馆一楼门面发生爆炸，造成 7 人不同程度受伤，其中 5 人轻伤，2 人重伤。次日凌晨 3 点左右，2 名重伤员因伤势过重抢救无效先后死亡。经专家组初步调查，事发前 10 min 左右，永顺县某加油站工作人员卸油，由于处置不当，油罐汽油溢出后经加油站排水沟流入城区下水道造成事故。

（2）卸油作业安全要求。①应具备密闭卸油的条件，现场至少配备 2 具手提式干粉灭火器和 2 块灭火毯。进入卸油区作业的人员，应先释放消除静电。卸油人员应将防静电跨接线连接到油罐车专用接地端，并确认接触良好。应在油罐车静置进行静电释放 5 min 后，方可进行计量、取样和卸油等相关作业；②检查确认油罐计量孔密闭良好，汽油罐通气管阀门应处于关闭状态，安装呼吸阀的通气管上阀门应处于开启状态。卸油前，应计量油罐的存油量，确认有足够的剩余容量，并核对罐车单据与油罐中油品的名称、牌号是否一致；③人工取样时，应选用铝或铜等不发火花、不易积聚静电的器具；油样可通过卸油口回罐，不应从计量孔倒入。若人员在油罐车罐顶上取样，应戴安全帽，还应采取防坠落措施，并有人监护；④卸油人员应按工艺流程将卸油软管和汽油油气回收软管与油罐车和埋地油罐紧密连接，保持卸油软管自由弯曲。经双方检查确认具备开阀卸油条件后，将卸油口对应油罐进油阀门打开（卸汽油时先打开气路阀门），再缓慢开启油罐车卸油阀门；⑤卸油过程中应有专人监护，油罐车驾驶员和押运员不应同时离开现场，无人监护时，应停止作业。卸油作业过程中，不应开启计量孔，不应修理油罐车；与该罐连接的加油机应停止加油作业。卸油时若发生油料溅溢或其他影响卸油安全情况时，应立即停止作业并及时处理；⑥卸完油后，关闭软管两端阀门；拆除软管，将卸油接口的密封盖盖紧并加锁。卸油结束后，卸油员应全面检查并确认状态正常后，引导油罐车启动车辆、离站，并清理卸油现场，将应急器材放回原位。

2. 量油作业

（1）量油作业风险。油罐车送油到站后应静置稳油 1 min，待静电消除后开盖量油，如果车到立即开盖量油，就会引起静电起火；如果油罐未安装量油孔或量油孔铝质（铜质）镶槽脱落，在油罐量油时，量油尺与钢质管口摩擦产生火花，就会点燃罐内油蒸气，引起爆炸燃烧；在气压低、无风的环境下，穿化纤服装，摩擦产生的静电火花也能点燃油蒸气。

（2）量油作业安全要求。①应采用电子液位计进行测量，人工计量时，应使用符合计量和安全要求的计量器具；②油罐静态计量时，与该罐连接的给油设备应停止使用；③卸油后静置 5 min 可进行人工取样、测水和计量，人宜站在上风方向进行作业。对于汽油罐，若罐内正压，应先打开通气阀进行泄压后再打开量油帽，作业结束后，应及时复位。

3. 加油作业

（1）加油作业风险。目前国内大部分加油站未采用密封加油技术，加油时，大量油蒸气外泄，加之操作不当油品外溢等原因，在加油口附近形成了一个爆炸危险区域，遇明火、使用手机、铁钉鞋摩擦、金属碰撞、电器打火、发动机排气管喷火等都可导致火灾的发生。

（2）加油作业安全要求。①不应在加油作业区外进行加油作业，不应向未采取防止静电积聚措施的绝缘性容器进行散装加注；②具有自助加油功能的加油站应在营业室内设置紧急切断系统，在事故状态下迅速切断油泵电源，应通过加油机音频提示客户进行加油操作；③加油作业前，加油员应确认车辆停稳、熄火；摩托车驾驶员和坐乘人员应离开座位，并将车辆熄火、放置平稳；加油员与客户确认油品的名称和牌号等信息；应提示客户在靠近油箱口前先释放人体静电；④设有可燃气体声光报警装置的加油作业区内可允许客户使用手机支付，当现场警报器报警时，应立即停止使用手机和停止加油相关工作，并按应急预案进行应急处置。

4. 清罐作业

（1）清罐作业风险。在加油站油罐清洗作业时，由于无法彻底清除油蒸气和沉淀物，残余油蒸气遇到静电、摩擦、电火花等都会导致火灾。

（2）清罐作业安全要求。①清洗油罐应根据《危险化学品企业特殊作业安全规范》（GB 30871—2022）的规定按照受限空间作业进行管理，办理作业许可手续；②清罐作业前，应对特种作业人员操作证进行核对和审查，根据作业分组情况对检测、施工、监护、维修等清罐人员进行安全和清罐操作技术的培训。机械清罐应按其操作规程执行。监护人应对施工作业进行全过程监护；③进入油罐作业前，应做好工艺处理，与油罐连通的可能危及安全作业的管道应采用插入盲板或拆除一段管道的方式进行隔绝，将油罐进行通风；④人员进入油罐前应进行通风置换，油罐内空气达不到安全要求时，人员不应进入油罐内；⑤作业现场应配置便携式或移动式气体检测报警仪，连续监测罐内氧气、可燃气体和有毒气体浓度，发现气体浓度超限报警时，应立即停止作业、撤离人员、对现场进行处理，在分析合格后方可恢复作业。如作业中断超过 30 min，再次进入前应重新进行气体分析。

5. 动火作业

（1）动火作业风险。动火作业风险大、事故多发，在构成火灾的可燃物、助燃物、点火源三要素中，动火作业提供了点火源，如果现场可燃物管理不好，在空气环境下极有可能引发火灾。动火作业时，动火点下部及周围的可燃物如果未及时清除，焊渣掉落引燃可燃物就会引发火灾。作业场所周围如果存在可燃气体，遇火源就会引起燃烧，当气体与空气混合达到爆炸极限时，还会引起爆炸。受限空间内空气流通不畅，可燃物料蒸气局部浓度过高，当达到爆炸极限时如果遇到火源或高温，则可能造成燃爆。例如：2015 年 6 月 15 日，河北邢台某加油站在维修输油管道过程中动火作业时发生爆燃，加油站作业人员在对井下输油管实施焊接时，未对输油管内油气进行置换，未对井中气体置换及检测的情况下，引发油管内残留油气爆燃。事故造成 1 人死亡，1 人轻伤，直接经济损失 85 万元。

（2）动火作业安全要求。①应根据《危险化学品企业特殊作业安全规范》（GB 30871—2022）的规定对动火作业进行管理；②在加油站作业区内进行动火作业前，应办理动火审批手续；动火人员应按动火审批要求作业；设置现场监护人；③动火作业前，与动火设备相连的所有管线均应加堵盲板与系统彻底隔离，并进行清洗、置换，分析合格后方可作业。不应以水封或关闭阀门代替盲板作为隔断措施。动火作业前应清除动火现场及周围的易燃物品，或采取其他有效安全防火措施，并配备消防器材，满足作业现场应急需求。作业现场应设置警示标志、警戒区，作业现场严禁无关人员进入；④动火设备内的油品等可燃物应彻底清理干净，并按照《危险化学品企业特殊作业安全规范》（GB 30871—2022）的规定进行动火分析，合格后方可进行动火作业；⑤使用气焊、气割进行动火作业时，乙炔瓶应直立放置，氧气瓶与乙炔瓶间距应不小于 5 m，两者与作业点间距应不小于 10 m，并设置防晒设施和防倾倒措施。

二、加气站安全管理

加气站指“具有储气设施，使用加气机为机动车加注车用 CNG、LNG、LPG 等车用燃气的场所”。其中，天然气加气站是以压缩天然气（CNG）和液化天然气（LNG）的形式向天然气汽车提供燃料的场所。本书主要针对CNG、LNG加气站进行阐述，加气站内的所有工艺设备中均涉及介质天然气，其爆炸极限小于10%，具有甲类火险等级，有易挥发、易燃、易爆等特点。

下面将对加气站一些主要设备设施及作业活动风险进行梳理分析，并以此为基础，分析加气站主要设备设施及作业活动的安全管理措施。

（一）设备设施风险及管理要求

CNG加气站设备有储气井、卸气柱、调压计量撬（集成分级调压器、换热器等）、加臭装置、管道及附件等；LNG加气站设备有LNG撬车（LNG已进行前期净化处理）、潜液泵、储罐、LNG加气机、汽化器、管道及附件等。以下是一些主要设备的风险及管理要求：

1. 储气井

（1）储气井安全风险。CNG标准站一般都采用储气井来储存CNG，储气井的深度一般都在80~200 m之间，达20~25 MPa的储气压力。目前，对于CNG储气井相关设备仍存在较多问题：①天然气气质交叉，将对天然气储存装置内部造成腐蚀；②CNG属于高压气体，但是CNG的气质、储气装置等不能满足规定的技术要求，就有可能发生燃烧爆炸事故。③位于地下的储气装置，其上零部件的松动及某些部位的探伤均带来一定的安全隐患；④对于CNG储气井地下部分进行设备检测相对困难。

例如：2005年7月20日，四川省某CNG充装站储气井因腐蚀发生爆炸，重达6 t多的CNG储气井飞出200余米，造成地面四台待售新车损坏，幸未造成人员伤亡。此井设计单位对储气井危险点的疲劳评定为储气井最低寿命可达26年以上，而此爆炸储气井使用不到四年。此事故直接原因是疲劳腐蚀导致井管管壁减薄强度不够发生爆炸，间接原因是对CNG储气井监管缺失。

（2）风险控制措施。①储气井不宜建在地质滑坡带及溶洞等地质构造上；②储气井本体的设计疲劳次数不应小于2.5×10^4次；③储气井的工程设计和建造，应符合现行行业标准《储气井工程技术规范》（SH/T 3216—2020）的有关规定。储气井口应便于开启检测；④储气井应分段设计，埋地部分井筒应符合现行行业标准《套管柱结构与强度设计》（SY/T 5724—2008）的有关规定，地上部分应符合现行行业标准《钢制压力容器 分析设计标准》（JB 4732—1995）的有关规定。

2. 储气罐

（1）储气罐安全风险。储气罐会因漏热或绝热破坏产生危险。真空破坏、绝热性能下降，从而使低温储存的液化天然气因受热而汽化，储罐内压力剧增，储罐破裂导致大量LNG泄漏。LNG蒸发形成冷蒸汽云，这些气体如果遇到点火源，可能引起爆炸或火灾。

（2）风险控制措施。①LNG储罐设计应符合《固定式压力容器安全技术监察规程》（TSG 21—2016）、《压力容器》（GB/T 150.1~150.4—2024）①、《卧式容器》（NB/T

① 《压力容器 第1部分：通用要求》（GB/T 150.1—2024）、《压力容器 第2部分：材料》（GB/T 150.2—2024）、《压力容器 第3部分：设计》（GB/T 150.3—2024）、《压力容器 第4部分：制造、检验和验收》（GB/T 150.4—2024）于2025年2月1日实施。

47042—2014）、《固定式真空绝热深冷压力容器》（GB/T 18442.1～18442.7—2019）的有关规定。②地上 LNG 储罐应符合下列规定：a. LNG 储罐之间的净距不应小于相邻较大罐的直径的 1/2，且不应小于 2 m；b. LNG 储罐组四周应设防护堤，堤内的有效容量不应小于其中一个最大 LNG 储罐的容量。防护堤内地面应至少低于周边地面 0.1 m，防护堤顶面应至少高出堤内地面 0.8 m，且应至少高出堤外地面 0.4 m。防护堤内堤脚线至 LNG 储罐外壁的净距不应小于 2 m。防护堤应采用不燃烧实体材料建造，应能承受所容纳液体的静压及温度变化的影响，且不应渗漏。防护堤的雨水排放口应有封堵措施；c. 防护堤内不应设置其他可燃液体储罐、CNG 储气瓶（组）或储气井。非明火汽化器和 LNG 泵可设置在防护堤内。③地下/半地下 LNG 储罐的设置应符合下列规定：a. 储罐宜采用卧式储罐；b. 储罐应安装在罐池中，罐池应为不燃烧实体防护结构，应能承受所容纳液体的静压及温度变化的影响，且不应渗漏；c. 储罐的外壁与罐池内壁的距离不应小于 1 m，同池内储罐的间距不应小于 1.5 m；d. 罐池深度大于或等于 2 m 时，池壁顶应至少高出罐池外地面 1 m，当池壁顶高出罐池外地面 1.5 m 及以上时，池壁可设置不燃烧材料制作的实体门；e. 半地下 LNG 储罐的池壁顶应至少高出罐顶 0.2 m；f. 储罐应采取抗浮措施；g. 罐池上方可设置开敞式的罩棚。④LNG 内罐与外罐之间应设绝热层，绝热层应与 LNG 和天然气相适应，并应为不燃材料。外罐外部着火时，绝热层的绝热性能不应明显降低。⑤CNG 储气瓶（组）、储气井与加气机或加气柱之间的总管上应设主切断阀。每个储气瓶（井）出口应设切断阀。⑥CNG 储气瓶（组）、储气井进气总管上应设安全阀及紧急放空管、压力表及超压报警器。车载储气瓶组应有与站内工艺安全设施相匹配的安全保护措施，但可不设超压报警器。

3. 压缩机

（1）压缩机风险。CNG 压缩机主要在 CNG 汽车罐车卸车时使用，CNG 压缩机是把常压下的天然气压缩成高压气体，由于压缩机功率较高，运行过程中由于机械振动产生极大的噪声，并且引起相关零部件的疲劳损伤，容易导致设备发生故障。压缩机在运行过程中发生故障则可能引起燃料泄漏，与空气混合一旦遇到明火将发生火灾爆炸事故。例如：2006 年 7 月 5 日，西安市丰禾路一加气站突然发生爆炸，火焰冲出设备房的屋顶。事故中，一名加气站员工身亡。经调查，事故原因是天然气压缩机气缸冲顶，破损瞬间压力过大，进而引发了天然气自燃。

（2）风险控制措施。CNG 压缩机排气口与第一个截断阀之间应设安全阀，安全阀的泄放能力不应小于压缩机的安全泄放量；压缩机进气口、排气口应设高、低压报警和高压越限停机装置；压缩机组控制系统应设置进气压力偏低报警，进气压力超高报警和高压越限停机、排气压力超高报警及高压越限停机装置；压缩机组控制系统应设置排气温度超高报警和高温越限停机装置；压缩机组控制系统应设置润滑油系统低压报警和停机装置。

4. 加气机

（1）加气机风险。加气机存在质量良莠不齐、加气计量过程中产生“冰堵”、接地性差、计量精度不准、加气机内部的过滤器阻塞或者滤网容易破坏、加气机的三联电磁阀容易损坏、寿命短等问题。另外，当 LNG 潜液泵进行长时间工作时，可能导致管线由机械振动出现应力拉伸或疲劳损坏，情况严重时管线破裂引起燃料泄漏发生火灾爆炸。

（2）风险控制措施。①加气机不得设置在室内。加气机附近应设置防撞柱（栏），高度不应低于 0.5 m。②LNG 加气机应符合下列规定：加气系统的充装压力不应大于汽车车载瓶的最大工作压力；加气机计量误差不宜大于 1.5%；加气机加气软管应设安全拉断阀，安全拉断阀的脱离拉力宜为 400～600 N；加气机配置的软管的长度不应大于 6 m。③在 LNG 加气岛上宜配置氮气或压缩空气管吹扫接头，其最小爆破压力不应小于公称压力的 4 倍。

（二）作业活动的风险及安全管理

随着加气站的快速发展，安全问题也日益凸显。天然气中一般含有游离态的水分子，若天然气中硫化氢未处理干净，在高压状态下，硫化氢极易腐蚀钢瓶，造成钢瓶炸裂。若设备质量不过关，也易造成 LNG、CNG 泄漏，处理不及时，一旦遇到明火就会发生火灾或者爆炸。

1. 加气作业

（1）加气作业风险。CNG 加气站加气柱（枪）采用就地放空卸载气，由于天然气比空气轻，释放出来的天然气会向上飘散，在不利天气条件下，天然气可能在罩棚处形成爆炸性气体环境。由于 LNG 潜液泵出口压力高、出口流量大，可能会导致泵出口管路 LNG 大量泄漏。LNG 泄漏可能会导致火灾爆炸，现场人员低温。加气机的安全防护装置设置不合理，加气工人或驾驶人误操作将加气机拉倒或高压管拉断，发生天然气泄漏，可能发生火灾或爆炸事故。

（2）加气作业安全要求。①加气作业时，每台加气机应有一名操作人员，但一人不能同时操作两把加气枪作业。操作人员应站在侧面引导车辆进站，汽车应停在有明显标识的指定位置，保持与加气机 1 m 以上距离。②汽车停稳后，操作人员应监督司机拉紧手刹，引擎熄火，取下钥匙，离开驾驶室。加气前，操作人员应对车辆的储气瓶仪表、阀门、管道进行安全检查，查看其是否在使用期限内。③作业时加气胶（软）管不得交叉或绕过其他设备。放空时，枪口严禁对准人。加气过程中，应监视加气机计量仪表及车辆储气瓶的压力是否正常。④加气期间，操作人员不得离开现场，严禁让非操作人员代为操作，严禁非操作人员自己主动充装。加气过程中如遇紧急情况（如车辆或设备泄漏）应立即停止作业。⑤加气结束，卸下加气枪，关闭车辆储气瓶阀、加气管阀，核准加气数量，并确认无漏气现象后，方可容许司机启动车辆。⑥加气站严禁为无技术监督部门检验合格证的汽车储气瓶加气，严禁为汽车储气瓶以外的任何燃气装置、气瓶加气。

2. 卸气作业

（1）卸气作业风险。卸车过程中槽车停放随意或停车后有滑动可能性，可能会导致拉断与卸车软管连接的管路及汽化器，造成管道破裂、漏气或漏液体，引发事故。在接卸气时，可能发生软管爆裂，阀门、法兰接口漏液；接卸前若槽车未预留足够的稳定液体时间，未释放静电或者措施失效，使积累的静电不能充分导出或不能导出，可能会导致静电着火危险；接卸过程中，操作人员脱岗，卸车过程出现问题不能及时处理，可能会导致泄漏的 LNG 汽化，吸收周围环境热量，使环境温度降低，对工人造成低温及其他损害，若遇明火会马上着火，甚至发生爆炸。

（2）卸气作业安全要求。①卸气前应检查气体储罐和设备是否完好，确保无漏气现象；确保卸气区域无明火和火种，并进行必要的安全隔离措施；确保卸气操作人员已接受过相关的安全培训，并了解卸气操作规程。②开启气体储罐对应的阀门，缓慢放出气体；确保卸气作业环境通风良好，避免气体积聚；严格遵守安全距离要求，避免靠近气体储罐和卸气设备；卸气过程中随时观察气体释放情况，发现异常及时停止卸气并报告相关人员。③卸气后关闭气体储罐和设备的阀门，并进行相关的锁闭处理；清理卸气现场，确保没有气体残留和危险隐患；记录卸气操作过程和相关安全情况，做好相关资料的保管和归档工作。

三、加氢站安全管理

加氢站为“氢燃料电池汽车或氢气天然气混合燃料汽车等的储氢瓶充装氢燃料的专门场所”。2016 年，氢能与氢气燃料电池等氢能发展技术被国家列入未来新能源发展的重要方向和战略新兴业务重点发展领域。预计 2030 年，国内的氢燃料电池汽车销量规模可达上百万辆，相应配套的加氢站数量将达到 1000 座以上。因此，加氢站的安全稳定、长期有效运行是当下氢能安全发展利用的重点工作。

目前，加氢站主要有两大安全问题：一是加氢站的工作压力非常高，加氢站最大储存压力达到 90 MPa；二是加氢站主要的危险物质为氢气，根据火灾危险分类，氢气是甲类气体，是国家重点监管的危险化学品，爆炸极限为 4.1%～74.1%（体积分数），密度为 0.089 g/L。由于常温常压下能量密度极低，需要超低温或者超高压存储。氢气具有极强的渗透性，很容易从法兰、螺纹和其他配合面泄漏。氢还可以和很多物质发生反应，比如金属的氢脆现象，这些特性都决定了氢气高危险性。例如：2019 年在挪威发生一起加氢站爆炸事故。由于爆炸时加氢站处于无人状态，这一事故并未造成人员直接伤亡，只有附近车辆上的两个人由于气囊打开而轻微受伤并送医院观察。经过事故调查后，发现直接原因是高压储氢瓶装配错误导致氢气泄漏，之后引起爆炸。

下面将对加氢站一些主要设备设施及作业活动风险进行梳理分析，并以此为基础，分析加氢站主要设备设施及作业活动的安全管理措施。

（一）设备设施风险与管理要求

加氢站系统依据不同的功能，可分为制氢单元（站内制氢）或站外氢气输送单元、氢气调压干燥单元、氢气压缩单元、氢气储存单元、氢气加注售气单元和加氢站控制单元六个主要单元。氢气压缩机、高压储氢罐、加氢机是加氢站系统的三大主要设备。

1. 储氢装置

（1）储氢罐安全风险。站用储氢容器的压力波动范围较大，通常为 20%～80% 的设计压力（或者对应气瓶公称工作压力）。在加氢站用储氢容器设计寿命期限内，容器压力波动次数通常为 10^3～10^5 次，长时间压力波动导致金属应力疲劳加剧，未及时维护设备，将导致氢气泄漏概率增加，易发生火灾爆炸。

（2）风险控制措施。①氢气储存系统及设备应符合《加氢站技术规范》（GB 50516—2010）有关规定。②储氢装置可采用多级固定式氢气罐或储氢气瓶组等，其储存氢气的压力和容量应满足加氢站的加注需求。③氢气储存系统中储氢装置分组放置并相互连通时，应设置保护措施确保储氢容器不会发生超压事故。④氢气储存系统中每个独立储存容器应有各自独立的安全泄放装置。

2. 氢气压缩机

（1）氢气压缩机安全风险。为了将进站氢气的压力增至站内储氢装置需要的压力，加氢站内需要设置氢气压缩机。对于氢气压缩机，因其内部存在高压氢气，亦存在因管道、接头等位置发生泄漏而形成喷射火事故的风险。此外，对于压缩机而言，当发生氢泄漏后易在顶部聚集，氢-空气混合物达到爆炸极限后很可能引发爆炸事故。

（2）风险控制措施。①加氢站所用氢气压缩机应采用无油润滑压缩机。②氢气压缩机的安全保护装置设置，应符合《加氢站技术规范》（GB 50516—2010）中相关规定。③氢气压缩机配置的电气装置（包括电动机等），应符合《爆炸危险环境电力装置设计规范》（GB 50058—2014）的有关规定。④氢气压缩机试车时，应首先采用氮气进行吹扫置换后再进行试车，不应使用氢气直接试车。试车后投入正式运行前，应用氢气进行吹扫置换。

3. 加氢机

（1）加氢机安全风险。加氢机作为给氢燃料汽车充装氢气的设备，一般设置在加氢岛上。加氢机的工作压力一般为 35 MPa 或 70 MPa，因此加氢机及加气软管中的高压氢气一旦发生泄漏极可能形成喷射火，并进一步对周围正在加注氢气的氢燃料汽车造成影响，从而引发连锁灾害事故。此外，氢燃料汽车在加氢过程中可能因司机的误操作而将加气软管拉断，若拉断阀未正常工作，则会造成氢气的大量泄漏，有可能迅速在局部范围形成达到爆炸极限的可燃云并进而引发严重的爆炸事故。另外，若氢燃料汽车不慎将加氢机撞倒，亦可能导致大量氢气的泄漏并引发爆炸事故。

（2）风险控制措施。①加氢机设计制造应符合《加氢机》（GB/T 31138—2022）和《加氢站技术规范》（GB 50516—2010）的有关规定。②加氢机应安放在高度超过 120 mm 的基座上，基座每个边缘离加氢机至少 200 mm，加氢机周围应设置防撞柱（栏），预防车辆撞击。③加氢机或加氢岛应设置紧急切断按钮，当紧急切断按钮被触发时应实现下列联锁控制：a. 自动关闭加氢机进气管道的自动切断阀；b. 上游的压缩系统应该被关闭。④加氢机内应设置氢气泄漏检测报警装置，当发生氢气泄漏在空气含量达到 0.4% 时应向加氢站内控制系统发出报警信号，当发生氢气泄漏在空气中含量达到 1.6% 时应向加氢站内控制系统发出停机信号，并自动关闭阀门停止加气。⑤额定工作压力为 70 MPa 的加氢机应在供氢系统中设置预冷系统，以便将氢气冷却至预定温度后充装到汽车气瓶中，预冷温度范围为-40~0 ℃。⑥额定工作压力为 70 MPa 的加氢机应设置可与汽车相连接的符合相应标准的通信接口，以便在加注过程中将汽车气瓶的温度、压力信号输入到加氢机中，若通信中断或者有超温或超压情况发生，应能自动停止加注氢气。

（二）作业活动的风险及安全管理

1. 卸车作业

（1）卸车作业风险。目前的技术条件下，不同的运氢方式均具有一定程度的危险性。市场比较成熟的运输方式是气态运输，即通过卡车、长管拖车或管道将气体运输到终端。卸氢操作时，由于氢气置换步骤烦琐、耗时长，无法保障人员随时值守；同时，人员误操作也可能会导致卸氢软管连接不到位，造成氢气泄漏并引起火灾爆炸事故。

（2）卸车作业安全要求。①接卸前，接卸作业人员应复核司机、押运员的操作符合规定要求，并检查确认氢气长管拖车是否符合要求，是否落实安全保障措施，装卸附件是否安全有效。②接卸中：氢气长管拖车严禁各分瓶通过汇流主管均压；储氢气瓶的瓶体温度不得低于-40 ℃，储氢气瓶泄压后余压不宜低于 2 MPa；氢气泄漏检测按照《加氢机》（GB/T 31138—2022）的要求，使用便携式氢气探测仪或检漏液喷涂进行泄漏检测。③接卸中，应确保氢气长管拖车的压力、温度以及加氢站卸气柱和过滤器的压力变化正常。④接卸后，启动车辆之前，应先检查并确认符合下列要求：a. 卸下装卸软管之前，氢气长管拖车氢气主控阀、分瓶阀已关闭；b. 半挂牵引车与氢气长管拖车连接线、装卸软管已解除连接；c. 牵引销与牵引座连接良好；d. 防滑木、马凳、支腿等已收起；e. 防静电接地连接已解除；f. 空气联锁装置的防拉脱驻车制动装置已解除制动；g. 检查确认结束前，不得移走防拖拽警示牌及作业警示牌。

2. 加氢作业

（1）加氢作业风险。加注氢气的工艺可能因为操作不当或设备失控而产生风险，这些失控状态可能引起氢气的串压或泄漏，从而导致火灾或爆炸事故。加注过程中车辆移动（连接未断开时车辆驶离或被其他车辆撞移位）、人员操作失误（加注中人为断开连接、车载储罐内气体回流）、防撞保护措施失效（临时保护装置失效、固定保护装置失效）等都会造成加注区氢气泄漏。

（2）加氢作业安全要求。①充装前应检查储气瓶信息，检查内容及要求至少应包括：a. 储气瓶应由具有"特种设备制造许可证"的单位生产；b. 进口储气瓶应经特种设备安全监督管理部门认可；c. 储气瓶应经使用登记并与《特种设备使用登记证》中所登记的信息相一致；d. 储气瓶应在规定的检验有效期内；e. 储气瓶的安全附件应齐全并符合安全要求；f. 储气瓶及管路阀门应外观良好，无变形、破损；g. 储气瓶及管路阀门接头处采用氢气泄漏检测仪检测后无泄漏，且应连接静电接地夹保证静电导通。②充装前应检查加氢机的工作状态，确保作业期间加氢机的工作状态符合站内工艺设计和作业指导书的要求；充装人员应取下防尘罩，将接地夹与车辆加氢口处的接地装置进行连接，确认紧固可靠且导通；应检查加氢枪与车辆加氢口连接，确认与加氢阀连接正确，紧固可靠，并经氢气泄漏检测仪检测无泄漏；作业时加氢软管不得交叉、绕过其他设备或缠绕在其他设备上。③充装期间应注意观察流量、压力及温度。加氢机流量不应大于 7.2 kg/min；加氢过程中如果发生气体泄漏，应立即按下现场紧急停止按钮（ESD），把气体泄漏量控制在最小范围；在充装过程中，应严密观察气瓶状况并采用手持式温度测试仪对气瓶瓶体温度进行监测，如发现气瓶瓶体温度超过 85 ℃，必须立即停止充装，查明原因，在没有查明原因、排除异常之前，不得继续进行充装作业。④充装后充装人员应按规定方法检查气瓶瓶体、阀门、压力表及输气管道有无泄漏等异常情况。完成充装后，确保无泄漏或者其他异常，盖上防尘盖（保护盖），取下静电接地线。

第六节　实验室使用化学品的安全管理

一、实验室使用化学品的风险特点

实验室一般都使用种类繁多的化学品，它们往往具有易燃易爆、有毒有害、有腐蚀等特性，这些危险源的存在，决定在围绕实验室开展的各项工作中，稍有疏忽就可能导致火灾、爆炸、中毒、灼烫等事故伤害的发生。

2018 年 12 月 26 日，北京某高校学生在学校东校区 2 号楼环境工程实验室，进行垃圾渗滤液污水处理科研实验期间，实验现场发生爆炸，事故造成 3 名参与实验的学生死亡。事故的直接原因是实验使用搅拌机对镁粉和磷酸搅拌，反应过程中，料斗内产生的氢气被搅拌机转轴处金属摩擦、碰撞产生的火花点燃爆炸，继而引发镁粉粉尘云爆炸，爆炸引起周边镁粉和其他可燃物燃烧，造成现场 3 名学生烧死。间接原因是违规开展试验、冒险作业；违规购买、违法储存危险化学品；对实验室和科研项目安全管理不到位。

实验室使用化学品面临的风险特征因化学品的性质、实验室的环境和使用方式的不同而有所区别，理解这些风险特征对于制定有效的安全技术措施和安全管理措施至关重要。以下是一些主要的风险特点。

1. 危险源众多

实验室所用化学品种类繁多，还有钢瓶、反应釜等压力容器，大量实验要在高温、高压、强腐蚀性或者超低温、强磁、真空、微波、辐射、高电压或高转速等特殊环境和条件下进行，潜在危险源数量极多。

2. 探索性实验具有高危性

探索性、创新性实验的高危性和意外事故不可预见性，也给实验室安全带来了隐患。尤其是在研发与中试阶段，因为工艺不成熟、反应可变因素多等未知因素，造成事故的可能性更高。

3. 火灾、爆炸危险

实验室所用危险化学品如果保管、存放和使用不当，易燃易爆气体泄漏，或钢瓶、管线泄漏，遇到明火或静电火花等火源都会引发火灾爆炸事故。另外，设备仪器或用电器具通电时间过长，温度过高，会引起火灾；电气设备供电线路老化、超负荷工作，线路发热易引起火灾。在实验室吸烟或使用明火，也易引起火灾。

4. 中毒危害

化学实验室部分分析样品和试剂是毒性化学品，当发生仪器、设备泄漏导致有毒气体逸出，如果实验人员佩戴防护用具不当，易发生人员中毒事故。此外，储存罐泄漏、爆炸、接头或阀门漏气等，使大量有害气体向周围扩散，人员吸入可导致有毒气体急性中毒。

因此，需要通过一定的安全技术措施和安全管理措施来保护实验者的安全，防止因使用危险化学品而造成伤亡事故。

二、使用化学品的安全技术措施

1. 通风设施

实验过程中常常产生有毒或易燃的气体，因此实验室要有良好的通风条件。通风设施通常有三种：①采用排风扇全室通风，换气次数通常为每小时 5 次；②在产生气体的上方设置局部排气罩；③通风柜是实验室常用的局部排风设备，通风柜内应有热源、水源、照明装置等。通风柜采用防火防爆的金属材料或塑料制作，金属上涂防腐涂料，管道要能耐酸碱性气体的腐蚀，风机应有减小噪声的装置并安装在建筑物顶层机房内，排气管应高于屋顶 2 m 以上。一台排风机连接一个通风柜。

2. 气体泄漏报警器

在化学类实验室发生的各类安全事故中，气体引发事故所造成的伤亡人数较大，气体使用或保存不当时，可能会引发火灾、爆炸、中毒、窒息及灼伤等事故，造成人员伤亡、财产损失及环境破坏。

为了将各类因气体引发的事故扼杀在摇篮里，在气体使用及保存处，安装对应种类的气体泄漏报警探头可以及时发现泄漏的气体。气体泄漏报警系统检测到气体泄漏时应在房间内及室外报警，同时应连接到单位消防控制中心或应急中心，以便泄漏及时处置。偶尔使用气体处，可以使用独立的气体探测器进行监控。将气体泄漏报警系统与处置系统对接，检测到气体泄漏到一定浓度时，即采取联锁措施，切断气路及系统电源，打开通风设施等，有助于及时应急处置，预防事故发生。

3. 紧急喷淋和洗眼器

化学试剂的腐蚀特征常常造成化学实验室的安全事故，对实验人员身心健康威胁极大。当化学腐蚀试剂喷溅到实验人员身体、脸、眼或发生火灾引起人员衣物着火时，应使用紧急喷淋和洗眼器紧急冲洗人的身体和眼睛，将腐蚀性的化学试剂浓度迅速降低，将伤害程度减轻到最低程度。紧急喷淋和洗眼器是一种迅速将危害降低到最低程度的个体防护装备，也是一种非常重要的实验室公共安全应急装备。

一般来说，紧急喷淋和洗眼器应安装在实验室的进门或显眼处。同时，安装的位置遵循 10 s 原则，即在 10 s 内能从实验室危险源或危险试验区域步行达到紧急喷淋和洗眼器。使用遵循 1 s 原则，应在 1 s 的时间内完全打开紧急喷淋和洗眼器。紧急喷淋和洗眼器一经打开，除使用者有意关闭的情况之外，应始终保持开启状态。如果实验室有强酸和剧毒腐蚀物，紧急喷淋和洗眼器则建议安装在其附近。实验人员要实地培训紧急喷淋和洗眼器的使用方法，制定现场应急处置方案。紧急喷淋和洗眼器需每个月进行例行检查，包括将紧急喷淋和洗眼器残留在管道中的水放掉。

4. 消防设施

爆炸和火灾是实验室安全事故的主要类型，占实验室安全事故的 87% 左右。在化学类实验室安全事故中，火灾和爆炸往往或先或后出现。火灾控制不及时可能引发爆炸事故，而爆炸事故发生后也往往会引发火灾。

对于化学实验室来说，一套完整的实验室消防设施由火灾自动警示系统、消火栓、人员疏散设备或通道、灭火设施等组成。鉴于有机试剂燃烧的特殊性，应取消有机类实验室消防喷淋装置。对于大型仪器分析实验室，不宜选用普通的消防喷淋装置，建议安装高压细水喷雾系统。根据《建筑灭火器配置设计规范》（GB 50140—2005）要求，化学类实验室内需配备干粉灭火器，精密仪器室需配备二氧化碳灭火器。对于进行可燃金属化学反应的实验室还需配备灭火沙。此外，实验室还应配置足量的自助呼吸器和灭火毯等工具，并确保每个人都能熟练应用。灭火器等防灾设施，应由专人负责定期实施检修、更换，避免在火灾真正发生时失灵。

5. 急救箱

在烧伤、烫伤、化学伤发生后进行紧急现场处理，须使用急救箱，减少对伤员的进一步伤害。化学类药品急救箱内应配备碘附消毒液、医用双氧水、1%的硼酸溶液、5%的碳酸氢钠溶液、烧伤敷料、烫伤膏、眼垫、洗眼液、瞬冷冰袋、创可贴、医用弹性绷带和医用纱布块等。急救箱中的药品应定期检查，及时更换。

三、使用化学品的安全管理措施

1. 危险化学品储存管理

对于实验室而言，具有科研方向多，危险化学品种类多及药品使用不完全的特点，在经过长期的科研工作后，每个实验室的危险化学品会越存越多，甚至有些实验室存在无机酸和有机试剂混放、通风系统不完善等情况，实际散发出来的各种成分发生化学反应，也会造成巨大的安全隐患。目前，对危险化学品储存区有如下要求。

（1）危险化学品储存区须有通风、隔热、避光、防盗、防爆、防静电、泄漏报警、应急喷淋、安全警示标识等措施，并由专人管理。

（2）危险化学品储存区的消防设施符合国家相关规定，正确配备灭火器材（如灭火器、灭火毯、砂箱、自动喷淋等）。

（3）危险化学品储存区不能建设在地下或半地下，不得建设在实验楼内。若只能在实验楼内存放，则应按照实验室的标准要求管理：①实验室内危险化学品建有动态台账；②化学品有专用存放空间并科学有序存放；③实验室内存放的危险化学品总量符合规定要求；④化学品标签应显著、完整、清晰；⑤装有配制试剂、合成品、样品等化学品的容器上应做到标签信息明确，标签信息应包括试剂名称或编号、使用人、日期等；不得使用饮料瓶存放试剂、样品的现象，如确需使用，必须撕去原包装纸，贴上试剂标签；不得使用破损量筒、试管、移液管等玻璃器皿；⑥易燃易爆危险化学品暂存间的面积不超过20 m^2；⑦危险化学品存放场所应安装视频监控装置。

（4）危险化学品储存区的试剂不混放，整箱试剂的叠加高度不大于1.5 m。

2. 危险化学品使用管理

危险化学品使用过程是最容易出现安全事故的环节，涉及危险化学品使用的实验室常见危险化学品台账不清，危险化学品试剂安全标签及安全技术说明书缺失，危险化学品的使用未见针对性操作规程，使用危险化学品时个体防护用品配备不全、应急救援物资缺乏，涉及危险化工工艺的操作缺少防护等问题。由此可见，实验室操作人员缺乏基本的危险化学品知识及安全意识，对危险化学品的危害性了解不足，安全培训效果不佳，会让危险化学品的使用存在众多安全隐患。目前，对危险化学品管理有如下要求。

（1）剧毒化学品执行“五双”管理（即双人验收、双人保管、双人发货、双把锁、双本账），技防措施符合管制要求。

（2）易制毒化学品储存规范，台账清晰。

（3）易制爆化学品存量合规、双人双锁保管。

（4）爆炸品单独隔离、限量储存，使用、销毁按照公安部门的要求执行。

（5）危险化学品使用场所应安装视频监控装置。

3. 危险化学品废弃物处置管理

危险化学品废弃物处置环节在实验室也十分重要，规范的分类、合理的处置，都可以很大程度减少安全事故的发生。有研究发现，由于危险化学品废弃物处置单位数量不多，且处置品种、数量有限，实验室的废弃物无法及时处置。部分实验室人员对于实验室废弃物重视程度不高，废弃物囤积的情况时有发生，存在严重的安全隐患。部分实验室现场存放着大量固体废物、废液，危险化学品废弃物未规范处置，未设置防止液体流散的收集措施，且不同种类的“危废”未分类收集；“危废”收集未设置规范标识。危险化学品废弃物暂存方式也存在一定的风险。

目前，对实验室危险化学品废弃物的收集、分类和转运有如下要求。

（1）实验室应设立危险化学品废弃物暂存区。

（2）实验室内须规范收集危险化学品废弃物。

（3）学校应建设危险化学品废弃物储存站并规范管理。

（4）危险化学品废弃物的转运须合规。

4. 应急管理

部分科研实验室危险化学品管理和使用人员的安全培训时间及内容有限，安全资金投入有限，针对危险化学品的应急培训未能得到有效开展。因此，应加强实验室危险化学品安全培训，从人员专业技术、消防技能、急救技能等方面提高科研人员应急处置能力。完善内部各项应急救援措施，包括人员防护措施、应急装备及物资采购和维护措施等，确保个人防护装置、应急救援装置和应急物资在事故发生时处于有效状态。对实验室常见的危险化学品事故，如危险化学品丢失或被盗、泄漏、中毒、火灾（爆炸）等事故类型，做好应急预案，并定期开展演练。

第五章 危险化学品作业安全

在危险化学品生产过程中，最重要的作业过程包括装置生产人员的操作和设备检维修作业两个部分，这两部分是危险化学品生产过程中最容易发生安全事故的环节，也是危险化学品生产安全管理的关键内容。危险化学品企业只要管控好这两个环节，就基本实现了企业的安全生产。具体而言，装置操作人员的操作安全应通过严格执行操作规程来实现，检维修作业人员则通过作业许可来控制作业过程的风险。本章主要从危险化学品操作规程、典型的危险化工工艺、安全生产技术三个方面进行详细的介绍。

第一节 危险化学品安全生产操作规程

操作规程是为了规范和统一组织内部各项工作流程、规定和要求而制定的文件。良好的操作规程可提高工作效率，减少错误发生和资源浪费，尤其在危险化学品生产企业，能够有效地防止安全事故的发生。为了进一步规范各单位生产工艺安全操作规程的内容，使其更加标准化、规范化、制度化，在实际应用中更具有实用性、针对性、可操作性，本章对其内容作出具体要求。

一、总体管理内容与要求

操作规程包括操作规程合订本、装置图册、工艺卡片、工艺联锁报警台账和操作卡等，操作规程合订本必须包括工艺技术规程、操作指南、开停工规程、基础操作规程、专有设备操作规程、事故处理预案等内容。

二、工艺技术规程的内容

（1）装置概况。生产规模、能力、建成时间和历次改造情况。

（2）原理与流程。装置生产原理与工艺流程描述。

（3）工艺指标。包括原料指标，半成品、成品指标，公用工程指标，主要操作条件，原材料消耗、公用工程消耗及能耗指标等。

（4）生产流程图。工艺原则流程图，工艺管线和仪表控制图，工艺流程图说明；流程图的画法及图样中的图形符号应符合国家标准或行业标准的规定。

（5）装置平面布置图。必须标出危险点、报警器、灭火器位置，必要时可单独画出危险点、报警器、灭火器位置图。

（6）设备、仪表明细。将设备、仪表分类列表，注明名称、代号、规格型号、主要设计性能参数等。

三、操作指南编写要点

操作指南是正常生产期间操作参数调整方法和异常处理的操作要求，编写要点如下。

（1）以生产期间操作波动的调整为对象，以控制稳定为目标，防止异常波动引起生产事故的发生。

（2）首先确定控制的范围和目标，阐述正确的控制方法，针对可能产生的操作波动，提出应采取的对策措施，最后明确操作参数失控后所对应的事故处理预案。

（3）每个控制目标的操作指南应包括控制范围、控制目标、相关参数、控制方式、正常调整、异常处理。控制范围不能超出工艺卡片规定的范围（大指标），保持与安全阀定压值、参数报警值的差距，不能触及安全限制，预留安全操作空间；控制目标要给定更为严格的指标（小指标），确保操作平稳和优化；控制方式要以文字说明并画出控制回路图。

四、基础操作规程编写要点

基础操作规程是装置进行各类复杂操作的基本操作步骤，主要描述通用设备的开停和切换规程，包括：各种机泵的开、停与切换，风机的开、停与切换，中、低压冷换设备的投用与切除，关键部位取样等操作程序和注意事项。

五、事故处理步骤编制

事故处理预案是装置发生一般生产事故或操作大幅度波动的状态下，避免扩大事故范围，使事故向可控制的方向发展，达到最终的安全受控状态的处理步骤。其作用是帮助操作人员判明事故真相，决策处理目标，明确操作处理方案。事故处理预案的内容和要求如下。

（1）事故名称。每个事故处理预案都要有具体、明确的标题。

（2）事故现象。事故发生时最直接表现出来的异常，如异常的声音、气味、报警灯闪烁等。

（3）事故原因。分析导致事故的原因。

（4）事故确认。列出确认事故的必要充分条件，对这些条件进行“是”或“否”的判断，从而确定事故的属性。

（5）事故处理。①立即行动。用明确的、简洁的语言指出必须立即进行的操作行为；②操作目标。用简洁的语言表明事故处理的努力方向；③潜在问题。提示处理过程中应努力避免的事故后果；④按分级编写的原则编写 A 级操作步骤和 B 级操作步骤。

（6）退守状态。执行完成操作方案后，装置应达到相对安全的退守状态。

六、长期操作规定要求

（1）长期操作每条内容只能规定一项操作，尽量达到简洁、明确、具体的要求。

（2）必要时可以将有关的图表编写在操作规定中。

（3）长期操作规定可以多次使用，长期有效。

七、定期操作规定要求

（1）每个定期操作规定必须设定定期操作的日期和时间。

（2）定期操作规定可根据需要编制支持性文件，支持性文件为操作规程时，须以操作卡的形式使用和管理。

八、临时操作规定要求

（1）临时操作规定在规定的时间内有效。

（2）临时操作规定由工艺工程师编制，生产部部长审批后生效。

（3）若是临时操作规定超过规定的有效时间，必须将其进行及时更新或从现场撤出。

九、操作规程的使用

（1）操作规程是技术管理的法规，未履行审批手续任何人不准改变有关的规定和要求。

（2）合订本操作规程、操作卡、装置图册、工艺联锁报警台账应统一装订成册。

（3）装置生产过程中，外操室、中央控制室固定位置应摆放完成审批、发布、实施和人员培训的现行操作规程。

（4）操作规程的执行由班长下达操作指令，运行工程师监督执行，遇有问题及时向技术管理责任人汇报。

（5）操作过程中，班长或内操指挥外操严格按照操作步骤执行操作，外操执行完成的操作必须汇报给班长或内操，由班长或内操在卡片上做出标记，标记符号为“√”；每次操作、确认过程要有相应人员的签字，重要的操作步骤和操作结束时需要填写签字时间。

十、操作卡管理

（1）操作卡的编制依据主要来源于装置现行操作规程，由生产车间组织编制；装置现场固定位置应摆放现行操作卡以供查阅和执行。

（2）对于操作规程未包括的操作，按照操作规程的总体要求，装置可以下达临时操作卡，临时操作卡的具体要求如下：①根据实际生产过程中发生的问题及时提出对策并编制针对性的操作卡称为临时操作卡；②临时操作卡由工程师编制，完成审批签字后生效；③使用后的临时操作卡应及时收回，按“失效”文件管理。

第二节　典型危险化工工艺安全

危险化工工艺是指在化学生产中，由于涉及有毒、有害物质的生产和储存，可能对人员和环境产生严重危害的生产过程。在化工工艺中，各种化学物质会不可避免地产生反应，释放热量，可能产生爆炸、火灾、毒气泄漏等意外事故，严重危害人们的生命财产安全和环境安全。

危险化工工艺虽然在工业生产、现代农业和医药等领域中起到了重要的作用，但其所带来的潜在风险也不可小觑。为了保障社会公众生命财产安全和环境安全，各国制定了较为完善的危险化工工艺监管制度，对存在较大风险的化学工艺进行重点监管。

截至目前，我国已发布两批合计 18 种典型危险化工工艺。本节针对每一种典型危险化工工艺分别从安全控制要求、重点监控参数及推荐的控制方案等方面进行简要说明。

一、光气及光气化工艺

（1）工艺简介。光气及光气化工艺包含光气的制备工艺，以及以光气为原料制备光气化产品的工艺路线，光气化工艺主要分为气相和液相两种。

（2）工艺危险特点。①光气为剧毒气体，在储运、使用过程中发生泄漏后，易造成大面积污染、中毒事故；②反应介质具有燃爆危险性；③副产物氯化氢具有腐蚀性，易造成设备和管线泄漏使人员发生中毒事故。

（3）典型工艺。①一氧化碳与氯气的反应得到光气；②光气合成双光气、三光气；③以光气作单体合成聚碳酸酯；④甲苯二异氰酸酯（TDI）的制备；⑤4，4′-二苯基甲烷二异氰酸酯（MDI）的制备等。

（4）重点监控工艺参数。一氧化碳、氯气含水量；反应釜温度、压力；反应物质的配料比；光气进料速度；冷却系统中冷却介质的温度、压力、流量等。

（5）安全控制的基本要求。事故紧急切断阀；紧急冷却系统；反应釜温度、压力报警联锁；局部排风设施；有毒气体回收及处理系统；自动泄压装置；自动氨或碱液喷淋装置；光气、氯气、一氧化碳监测及超限报警；双电源供电。

（6）宜采用的控制方式。光气及光气化生产系统一旦出现异常现象或发生光气及其剧毒产品泄漏事故时，应通过自控联锁装置启动紧急停车并自动切断所有进出生产装置的物料，将反应装置迅速冷却降温，同时将发生事故设备内的剧毒物料导入事故槽，开启氨水、稀碱液喷淋，启动通风排毒系统，将事故部位的有毒气体排至处理系统。

二、电解工艺（氯碱）

（1）工艺简介。电流通过电解质溶液或熔融电解质时，在两个电极上所引起的化学变化称为电解反应。涉及电解反应的工艺过程为电解工艺。许多基本化学工业产品（氢、氧、氯、烧碱、过氧化氢等）的制备，都是通过电解来实现的。

（2）工艺危险特点。电解食盐水过程中产生的氢气是极易燃烧的气体，氯气是氧化性很强的剧毒气体，两种气体混合极易发生爆炸，当氯气中含氢量达到 5% 以上，则随时可能在光照或受热情况下发生爆炸。如果食盐水中存在的铵盐超标，在适宜的条件（$pH<4.5$）下，铵盐和氯作用可生成氯化铵，浓氯化铵溶液与氯还可生成黄色油状的三氯化氮。三氯化氮是一种爆炸性物质，与许多有机物接触或加热至 90 ℃以上以及被撞击、摩擦等，即发生剧烈的分解而爆炸。电解溶液腐蚀性强。液氯的生产、储存、包装、输送、运输可能发生液氯的泄漏。

（3）典型工艺。氯化钠（食盐）水溶液电解生产氯气、氢氧化钠、氢气；氯化钾水溶液电解生产氯气、氢氧化钾、氢气。

（4）重点监控工艺参数。电解槽内液位；电解槽内电流和电压；电解槽进出物料流量；可燃和有毒气体浓度；电解槽的温度和压力；原料中铵含量；氯气杂质（水、氢气、氧气、三氯化氮等）含量等。

（5）安全控制的基本要求。电解槽温度、压力、液位、流量报警和联锁；电解供电整流装置与电解槽供电的报警和联锁；紧急联锁切断装置；事故状态下氯气吸收中和系统；可燃和有毒气体检测报警装置等。

（6）宜采用的控制方式。①将电解槽内压力、槽电压等形成联锁关系，设立联锁停车系统；②采用安全设施，包括安全阀、高压阀、紧急排放阀、液位计、单向阀及紧急切断装置等。

三、氯化工艺

（1）工艺简介。氯化是向化合物的分子中引入氯原子的反应，包含氯化的工艺过程为氯化工艺，主要包括取代氯化、加成氯化、氧氯化等。

（2）工艺危险特点。①氯化是一个放热过程，尤其在较高温度下进行氯化，反应更为剧烈，速度快，放热量较大；②所用的原料大多具有燃爆危险性；③常用的氯化剂氯气本身为剧毒化学品，氧化性强，储存压力较高，多数氯化工艺采用液氯生产是先汽化再氯化，一旦泄漏危险性较大；④氯气中的杂质，如水、氢气、氧气、三氯化氮等，在使用中易发生危险，特别是三氯化氮积累后，容易引发爆炸危险；⑤生成的氯化氢气体遇水后腐蚀性强；⑥氯化反应尾气可能形成爆炸性混合物。

（3）典型工艺。①取代氯化：氯取代烷烃的氢原子制备氯代烷烃；氯取代苯的氢原子生产六氯化苯；氯取代萘的氢原子生产多氯化萘；甲醇与氯反应生产氯甲烷；乙醇和氯反应生产氯乙烷（氯乙醛类）；醋酸与氯反应生产氯乙酸；氯取代甲苯的氢原子生产苄基氯等。②加成氯化：乙烯与氯加成氯化生产 1，2-二氯乙烷；乙炔与氯加成氯化生产 1，2-二氯乙烯；乙炔和氯化氢加成生产氯乙烯等。③氧氯化：乙烯氧氯化生产二氯乙烷；丙烯氧氯化生产 1，2-二氯丙烷；甲烷氧氯化生产甲烷氯化物；丙烷氧氯化生产丙烷氯化物等。④其他工艺。硫与氯反应生产一氯化硫；四氯化钛的制备；黄磷与氯气反应生产三氯化磷、五氯化磷等。

（4）重点监控工艺参数。氯化反应釜温度和压力；氯化反应釜搅拌速度；反应物料的配比；氯化剂进料流量；冷却系统中冷却介质的温度、压力、流量等；氯气杂质（水、氢气、氧气、三氯化氮等）含量；氯化反应尾气组成等。

（5）安全控制的基本要求。反应釜温度和压力的报警和联锁；反应物料的比例控制和联锁；搅拌的稳定控制；进料缓冲器；紧急进料切断系统；紧急冷却系统；安全泄放系统；事故状态下氯气吸收中和系统；可燃和有毒气体检测报警装置等。

（6）宜采用的控制方式。①将氯化反应釜内温度、压力与釜内搅拌、氯化剂流量、氯化反应釜夹套冷却水进水阀形成联锁关系，设立紧急停车系统。②采用安全设施，包括安全阀、高压阀、紧急放空阀、液位计、单向阀及紧急切断装置等。

四、硝化工艺

（1）工艺简介。硝化是在有机化合物分子中引入硝基（$—NO_2$）的反应，最常见的是取代反应。硝化方法可分为直接硝化法、间接硝化法和亚硝化法，分别用于生产硝基化合物、硝胺、硝酸酯和亚硝基化合物等。涉及硝化反应的工艺过程为硝化工艺。

（2）工艺危险特点。①反应速度快，放热量大。大多数硝化反应是在非均相中进行的，反应组分的不均匀分布容易引起局部过热导致危险。尤其在硝化反应开始阶段，停止搅拌或搅拌叶片脱落等造成搅拌失效是非常危险的，一旦搅拌再次开动，就会突然引发局部激烈反应，瞬间释放大量的热量，引起爆炸事故。②反应物料具有燃爆危险性。③硝化剂具有强腐蚀性、强氧化性，与油脂、有机化合物（尤其是不饱和有机化合物）接触能引起燃烧或爆炸。④硝化产物、副产物具有爆炸危险性。

（3）典型工艺。①直接硝化法：丙三醇与混酸反应制备硝酸甘油；氯苯硝化制备邻硝基氯苯、对硝基氯苯；苯硝化制备硝基苯；蒽醌硝化制备 1-硝基蒽醌；甲苯硝化生产三硝基甲苯（俗称 TNT）；丙烷等烷烃与硝酸通过气相反应制备硝基烷烃等。②间接硝化法：苯酚采用磺酰基的取代硝化制备苦味酸等。③亚硝化法：2-萘酚与亚硝酸盐反应制备 1-亚硝基-2-萘酚；二苯胺与亚硝酸钠和硫酸水溶液反应制备对亚硝基二苯胺等。

（4）重点监控工艺参数。硝化反应釜内温度、搅拌速度；硝化剂流量；冷却水流量；pH 值；硝化产物中杂质含量；精馏分离系统温度；塔釜杂质含量等。

（5）安全控制的基本要求。反应釜温度的报警和联锁；自动进料控制和联锁；紧急冷却系统；搅拌的稳定控制和联锁系统；分离系统温度控制与联锁；塔釜杂质监控系统；安全泄放系统等。

（6）宜采用的控制方式。将硝化反应釜内温度与釜内搅拌、硝化剂流量、硝化反应釜夹套冷却水进水阀形成联锁关系，在硝化反应釜处设立紧急停车系统，当硝化反应釜内温度超标或搅拌系统发生故障，能自动报警并自动停止加料。分离系统温度与加热、冷却形成联锁，温度超标时，能停止加热并紧急冷却。

硝化反应系统应设有泄爆管和紧急排放系统。

五、合成氨工艺

（1）工艺简介。氮和氢两种组分按一定比例（1∶3）组成的气体（合成气），在高温、高压下（一般为 400~450 ℃，15~30 MPa）经催化反应生成氨的工艺过程。

（2）工艺危险特点。①高温、高压使可燃气体爆炸极限扩宽，气体物料一旦过氧（亦称透氧），极易在设备和管道内发生爆炸；②高温、高压气体物料从设备管线泄漏时会迅速膨胀与空气混合形成爆炸性混合物，遇到明火或因高流速物料与裂（喷）口处摩擦产生静电火花引起着火和空间爆炸；③气体压缩机等传动设备在高温下运行会使润滑油挥发裂解，在附近管道内造成积炭，可导致积炭燃烧或爆炸；④高温、高压可加速设备金属材料发生蠕变、改变金相组织，还会加剧氢气、氮气对钢材的氢蚀及渗氮，加剧设备的疲劳腐蚀，使其机械强度减弱，引发物理爆炸；⑤液氨大规模事故性泄漏会形成低温云团引起大范围人群中毒，遇明火还会发生空间爆炸。

（3）典型工艺。①节能新型合成氨工艺（AMV[①]）法；②德士古（TEXACO[②]）水煤浆加压气化法；③凯洛格（Kellogg[③]）法；④甲醇与合成氨联合生产的联醇法；⑤纯碱与合成氨联合生产的联碱法；⑥采用变换催化剂、氧化锌脱硫剂和甲烷催化剂的“三催化”气体净化法等。

（4）重点监控工艺参数。合成塔、压缩机、氨储存系统的运行基本控制参数，包括温度、压力、液位、物料流量及比例等。

（5）安全控制的基本要求。合成氨装置温度、压力报警和联锁；物料比例控制和联锁；压缩机的温度、入口分离器液位、压力报警联锁；紧急冷却系统；紧急切断系统；安全泄放系统；可燃、有毒气体检测报警装置。

（6）宜采用的控制方式。①将合成氨装置内温度、压力与物料流量、冷却系统形成联锁关系；将压缩机温度、压力、入口分离器液位与供电系统形成联锁关系；紧急停车系统。②合成单元自动控制还需要设置以下控制回路：氨分、冷交液位；废锅液位；循环量控制；废锅蒸汽流量；废锅蒸汽压力。③采用安全设施，包括安全阀、爆破片、紧急放空阀、液位计、单向阀及紧急切断装置等。

六、裂解（裂化）工艺

（1）工艺简介。裂解是指石油系的烃类原料在高温条件下，发生碳链断裂或脱氢反应，生成烯烃及其他产物的过程。产品以乙烯、丙烯为主，同时副产丁烯、丁二烯等烯烃和裂解汽油、柴油、燃料油等产品。

烃类原料在裂解炉内进行高温裂解，产出组成为氢气、低/高碳烃类、芳烃类以及馏分为 288 ℃以上裂解燃料油的裂解气混合物。经过急冷、压缩、激冷、分馏以及干燥和加氢等方法，分离出目标产品和副产品。

在裂解过程中，同时伴随缩合、环化和脱氢等反应。由于所发生的反应很复杂，通常把反应分成两个阶段。第一阶段，原料变成的目的产物为乙烯、丙烯，这种反应称为一次反应。第二阶段，一次反应生成的乙烯、丙烯继续反应转化为炔烃、二烯烃、芳烃、环烷烃，甚至最终转化为氢气和焦炭，这种反应称为二次反应。裂解产物往往是多种组分混合物。影响裂解的基本因素主要为温度和反应的持续时间。化工生产中用热裂解的方法生产小分子烯烃、炔烃和芳香烃，如乙烯、丙烯、丁二烯、乙炔、苯和甲苯等。

（2）工艺危险特点。①在高温（高压）下进行反应，装置内的物料温度一般超过其自燃点，若漏出会立即引起火灾；②炉管内壁结焦会使流体阻力增加，影响传热，当焦层达到一定厚度时，因炉管壁温度过高，而不能继续运行下去，必须进行清焦，否则会烧穿炉管，裂解气外泄，引起裂解炉爆炸；③如果由于断电或引风机机械故障而使引风机突然

---

① AMV 由英国帝国化学工业公司开发。

② TEXACO 是一家美国石油公司，又称得克萨斯石油公司。

③ Kellogg 是美国凯洛格公司设计的第一套低能耗大型合成氨工艺。

停转，则炉膛内很快变成正压，会从窥视孔或烧嘴等处向外喷火，严重时会引起炉膛爆炸；④如果燃料系统大幅度波动，燃料气压力过低，则可能造成裂解炉烧嘴回火，使烧嘴烧坏，甚至会引起爆炸；⑤有些裂解工艺产生的单体会自聚或爆炸，需要向生产的单体中加阻聚剂或稀释剂等。

（3）典型工艺。①热裂解制烯烃工艺；②重油催化裂化制汽油、柴油、丙烯、丁烯；③乙苯裂解制苯乙烯；④二氟一氯甲烷（HCFC-22）热裂解制得四氟乙烯（TFE）；⑤二氟一氯乙烷（HCFC-142b）热裂解制得偏氟乙烯（VDF）；⑥四氟乙烯和八氟环丁烷热裂解制得六氟乙烯（HFP）等。

（4）重点监控工艺参数。裂解炉进料流量；裂解炉温度；引风机电流；燃料油进料流量；稀释蒸汽比及压力；燃料油压力；滑阀差压超驰控制、主风流量控制、外取热器控制、机组控制、锅炉控制等。

（5）安全控制的基本要求。裂解炉进料压力、流量控制报警与联锁；紧急裂解炉温度报警和联锁；紧急冷却系统；紧急切断系统；反应压力与压缩机转速及入口放火炬控制；再生压力的分程控制；滑阀差压与料位；温度的超驰控制；再生温度与外取热器负荷控制；外取热器汽包和锅炉汽包液位的三冲量控制；锅炉的熄火保护；机组相关控制；可燃与有毒气体检测报警装置等。

（6）宜采用的控制方式。①将引风机电流与裂解炉进料阀、燃料油进料阀、稀释蒸汽阀之间形成联锁关系，一旦引风机故障停车，则裂解炉自动停止进料并切断燃料供应，但应继续供应稀释蒸汽，以带走炉膛内的余热；②将燃料油压力与燃料油进料阀、裂解炉进料阀之间形成联锁关系，燃料油压力降低，则切断燃料油进料阀，同时切断裂解炉进料阀；③分离塔应安装安全阀和放空管，低压系统与高压系统之间应有逆止阀并配备固定的氮气装置、蒸汽灭火装置；④将裂解炉电流与锅炉给水流量、稀释蒸汽流量之间形成联锁关系；一旦水、电、蒸汽等公用工程出现故障，裂解炉能自动紧急停车；⑤反应压力正常情况下由压缩机转速控制，开工及非正常工况下由压缩机入口放火炬控制；⑥再生压力由烟机入口蝶阀和旁路滑阀（或蝶阀）分程控制；⑦再生、待生滑阀正常情况下分别由反应温度信号和反应器料位信号控制，一旦滑阀差压出现低限，则转由滑阀差压控制；⑧再生温度由外取热器催化剂循环量或流化介质流量控制；⑨外取热汽包和锅炉汽包液位采用液位、补水量和蒸发量三冲量控制；⑩带明火的锅炉设置熄火保护控制；⑪大型机组设置相关的轴温、轴震动、轴位移、油压、油温、防喘振等系统控制；⑫在装置存在可燃气体、有毒气体泄漏的部位设置可燃气体报警仪和有毒气体报警仪。

七、氟化工艺

（1）工艺简介。氟化是向化合物的分子中引入氟原子的反应，涉及氟化反应的工艺过程为氟化工艺。氟与有机化合物作用是强放热反应，放出大量的热可使反应物分子结构遭到破坏，甚至着火爆炸。氟化剂通常为氟气、卤族氟化物、惰性元素氟化物、高价金属氟化物、氟化氢、氟化钾等。

（2）工艺危险特点。①反应物料具有燃爆危险性；②氟化反应为强放热反应，不及时排除反应热量，易导致超温超压，引发设备爆炸事故；③多数氟化剂具有强腐蚀性、剧毒，在生产、储存、运输、使用等过程中，容易因泄漏、操作不当、误接触以及其他意外而造成危险。

（3）典型工艺。①直接氟化：黄磷氟化制备五氟化磷等；②金属氟化物或氟化氢气体氟化：SbF_3、AgF_2、CoF_3 等金属氟化物与烃反应制备氟化烃；氟化氢气体与氢氧化铝反应制备氟化铝等；③置换氟化：三氯甲烷氟化制备二氟一氯甲烷；2，4，5，6-四氯嘧啶与氟化钠制备 2，4，6-三氟-5-氟嘧啶等；④其他氟化物的制备。浓硫酸与氟化钙（萤石）制备无水氟化氢等。

（4）重点监控工艺参数。氟化反应釜内温度、压力；氟化反应釜内搅拌速度；氟化物流量；助剂流量；反应物的配料比；氟化物浓度。

（5）安全控制的基本要求。反应釜内温度和压力与反应进料、紧急冷却系统的报警和联锁；搅拌的稳定控制系统；安全泄放系统；可燃和有毒气体检测报警装置等。

（6）宜采用的控制方式。①氟化反应操作中，要严格控制氟化物浓度、投料配比、进料速度和反应温度等，必要时应设置自动比例调节装置和自动联锁控制装置；②将氟化反应釜内温度、压力与釜内搅拌、氟化物流量、氟化反应釜夹套冷却水进水阀形成联锁控制，在氟化反应釜处设立紧急停车系统，当氟化反应釜内温度或压力超标或搅拌系统发生故障时自动停止加料并紧急停车；③采用安全泄放系统。

八、加氢工艺

（1）工艺简介。加氢是在有机化合物分子中加入氢原子的反应，涉及加氢反应的工艺过程为加氢工艺，主要包括不饱和键加氢、芳环化合物加氢、含氮化合物加氢、含氧化合物加氢、氢解等。

（2）工艺危险特点。①反应物料具有燃爆危险性，氢气的爆炸极限为 4%～75%，具有高燃爆危险特性；②加氢为强烈的放热反应，氢气在高温高压下与钢材接触，钢材内的碳易与氢气发生反应生成碳氢化合物，使钢制设备强度降低，发生氢脆；③催化剂再生和活化过程中易引发爆炸；④加氢反应尾气中有未完全反应的氢气和其他杂质在排放时易引发着火或爆炸。

（3）典型工艺。①不饱和炔烃、烯烃的三键和双键加氢；环戊二烯加氢生产环戊烯等；②芳烃加氢：苯加氢生产环己烷；苯酚加氢生产环己醇等；③含氧化合物加氢：一氧化碳加氢生产甲醇；丁醛加氢生产丁醇；辛烯醛加氢生产辛醇等；④含氮化合物加氢：己二腈加氢生产己二胺；硝基苯催化加氢生产苯胺等；⑤油品加氢：馏分油加氢裂化生产石脑油、柴油和尾油；渣油加氢改质；减压馏分油加氢改质；催化（异构）脱蜡生产低凝柴油、润滑油基础油等。

（4）重点监控工艺参数。加氢反应釜或催化剂床层温度、压力；加氢反应釜内搅拌速度；氢气流量；反应物质的配料比；系统氧含量；冷却水流量；氢气压缩机运行参数、加氢反应尾气组成等。

（5）安全控制的基本要求。温度和压力的报警和联锁；反应物料的比例控制和联锁系统；紧急冷却系统；搅拌的稳定控制系统；氢气紧急切断系统；加装安全阀、爆破片等安全设施；循环氢压缩机停机报警和联锁；氢气检测报警装置等。

（6）宜采用的控制方式。将加氢反应釜内温度、压力与釜内搅拌电流、氢气流量、加氢反应釜夹套冷却水进水阀形成联锁关系，设立紧急停车系统。加入急冷氮气或氢气的系统。当加氢反应釜内温度或压力超标或搅拌系统发生故障时自动停止加氢，泄压，并进入紧急状态。设置安全泄放系统。

九、重氮化工艺

（1）工艺简介。一级胺与亚硝酸在低温下作用，生成重氮盐的反应称为重氮化。脂肪族、芳香族和杂环的一级胺都可以进行重氮化反应。涉及重氮化反应的工艺过程为重氮化工艺。通常重氮化试剂是由亚硝酸钠和盐酸作用临时制备的。除盐酸外，也可以使用硫酸、高氯酸和氟硼酸等无机酸。脂肪族重氮盐很不稳定，即使在低温下也能迅速自发分解，芳香族重氮盐较为稳定。

（2）工艺危险特点。①重氮盐在温度稍高或光照的作用下，特别是含有硝基的重氮盐极易分解，有的甚至在室温时亦能分解。在干燥状态下，有些重氮盐不稳定，活性强，受热或摩擦、撞击等作用能发生分解甚至爆炸；②重氮化生产过程所使用的亚硝酸钠是无机氧化剂，175 ℃时能发生分解、与有机物反应导致着火或爆炸；③反应原料具有燃爆危险性。

（3）典型工艺。①顺法：对氨基苯磺酸钠与2-萘酚制备酸性橙-Ⅱ染料；芳香族伯胺与亚硝酸钠反应制备芳香族重氮化合物等；②反加法：间苯二胺生产二氟硼酸间苯二重氮盐；苯胺与亚硝酸钠反应生产苯氨基重氮苯等；③亚硝酰硫酸法：2-氰基-4-硝基苯胺、2-氰基-4-硝基-6-溴苯胺、2，4-二硝基-6-溴苯胺、2，6-二氰基-4-硝基苯胺和2，4-二硝基-6-氰基苯胺为重氮组分与端氨基含醚基的偶合组分经重氮化、偶合成单偶氮分散染料；2-氰基-4-硝基苯胺为原料制备蓝色分散染料等；④硫酸铜催化法：邻、间氨基苯酚用弱酸（醋酸、草酸等）或易于水解的无机盐和亚硝酸钠反应制备邻、间氨基苯酚的重氮化合物等；⑤盐析法：氨基偶氮化合物通过盐析法进行重氮化生产多偶氮染料等。

（4）重点监控工艺参数。重氮化反应釜内温度、压力、液位、pH 值；重氮化反应釜内搅拌速度；亚硝酸钠流量；反应物质的配料比；后处理单元温度等。

（5）安全控制的基本要求。反应釜温度和压力的报警和联锁；反应物料的比例控制和联锁系统；紧急冷却系统；紧急停车系统；安全泄放系统；后处理单元配置温度监测、惰性气体保护的联锁装置等。

（6）宜采用的控制方式。①将重氮化反应釜内温度、压力与釜内搅拌、亚硝酸钠流量、重氮化反应釜夹套冷却水进水阀形成联锁关系，在重氮化反应釜处设立紧急停车系统，当重氮化反应釜内温度超标或搅拌系统发生故障时自动停止加料并紧急停车。设置安全泄放系统；②重氮盐后处理设备应配置温度监测、搅拌、冷却联锁自动控制调节装置，干燥设备应配置温度测量、加热热源开关、惰性气体保护的联锁装置；③采用安全设施，包括安全阀、爆破片、紧急放空阀等。

十、氧化工艺

（1）工艺简介。氧化为有电子转移的化学反应中失电子的过程，即氧化数升高的过程。多数有机化合物的氧化反应表现为反应原料得到氧或失去氢。涉及氧化反应的工艺过程为氧化工艺。常用的氧化剂有空气、氧气、过氧化氢、氯酸钾、高锰酸钾、硝酸盐等。

（2）工艺危险特点。①反应原料及产品具有燃爆危险性；②反应气相组成容易达到爆炸极限，具有闪爆危险；③部分氧化剂具有燃爆危险性，如氯酸钾、高锰酸钾、铬酸酐等都属于氧化剂，如遇高温或受撞击、摩擦以及与有机物、酸类接触，皆能引起火灾爆炸；④产物中易生成过氧化物，化学稳定性差，受高温、摩擦或撞击作用易分解、燃烧或爆炸。

（3）典型工艺。典型工艺有：乙烯氧化制环氧乙烷；甲醇氧化制甲醛；对二甲苯氧化制对苯二甲酸；异丙苯经氧化-酸解联产苯酚和丙酮；环己烷氧化制环己酮；天然气氧化制乙炔；丁烯、丁烷、C_4 馏分或苯的氧化制顺丁烯二酸酐；邻二甲苯或萘的氧化制邻苯二甲酸酐；均四甲苯的氧化制均苯四甲酸二酐；苊的氧化制 1，8-萘二甲酸酐；3-甲基吡啶氧化制 3-吡啶甲酸（烟酸）；4-甲基吡啶氧化制 4-吡啶甲酸（异烟酸）；2-乙基己醇（异辛醇）氧化制 2-乙基己酸（异辛酸）；对氯甲苯氧化制对氯苯甲醛和对氯苯甲酸；甲苯氧化制苯甲醛、苯甲酸；对硝基甲苯氧化制对硝基苯甲酸；环十二醇/酮混合物的开环氧化制备十二碳二酸；环己酮/醇混合物的氧化制己二酸；乙二醛硝酸氧化法合成乙醛酸；丁醛氧化制丁酸；氨氧化制硝酸等。

（4）重点监控工艺参数。重点监控工艺参数为：氧化反应釜内温度和压力；氧化反应釜内搅拌速度；氧化剂流量；反应物料的配比；气相氧含量；过氧化物含量等。

（5）安全控制的基本要求。安全控制的基本要求有反应釜温度和压力的报警和联锁；反应物料的比例控制和联锁及紧急切断动力系统；紧急断料系统；紧急冷却系统；紧急送入惰性气体的系统；气相氧含量监测、报警和联锁；安全泄放系统；可燃和有毒气体检测报警装置等。

（6）宜采用的控制方式。将氧化反应釜内温度和压力与反应物的配比和流量、氧化反应釜夹套冷却水进水阀、紧急冷却系统形成联锁关系，在氧化反应釜处设立紧急停车系统，当氧化反应釜内温度超标或搅拌系统发生故障时自动停止加料并紧急停车。配备安全阀、爆破片等安全设施。

十一、过氧化工艺

（1）工艺简介。向有机化合物分子中引入过氧基（—O—O—）的反应称为过氧化反应，得到的产物为过氧化物的工艺过程为过氧化工艺。

（2）工艺危险特点。①过氧化物都含有过氧基（—O—O—），属含能物质，由于过氧键结合力弱，断裂时所需的能量不大，对热、振动、冲击或摩擦等都极为敏感，极易分解甚至爆炸；②过氧化物与有机物、纤维接触时易发生氧化、火灾；③反应气相组成容易达到爆炸极限，具有燃爆危险。

（3）典型工艺。①过氧化氢的生产；②乙酸在硫酸存在下与过氧化氢作用，制备过氧乙酸水溶液；③酸酐与过氧化氢作用直接制备过氧二酸；④苯甲酰氯与过氧化氢的碱性溶液作用制备过氧化苯甲酰；⑤异丙苯经空气氧化生产过氧化氢异丙苯等。

（4）重点监控工艺参数。过氧化反应釜内温度；pH 值；过氧化反应釜内搅拌速度；（过）氧化剂流量；参加反应物质的配料比；过氧化物浓度；气相氧含量等。

（5）安全控制的基本要求。反应釜温度和压力的报警和联锁；反应物料的比例控制和联锁及紧急切断动力系统；紧急断料系统；紧急冷却系统；紧急送入惰性气体的系统；气相氧含量监测、报警和联锁；紧急停车系统；安全泄放系统；可燃和有毒气体检测报警装置等。

（6）宜采用的控制方式。①将过氧化反应釜内温度与釜内搅拌电流、过氧化物流量、过氧化反应釜夹套冷却水进水阀形成联锁关系，设置紧急停车系统。②过氧化反应系统应设置泄爆管和安全泄放系统。

十二、氨基化工艺

（1）工艺简介。氨基化，又称“胺化”，是在分子中引入氨基（—NR_2，R 可为 H）的反应，包括 R—CH_3 烃类化合物（R：氢、烷基、芳基）在催化剂存在下，与氨和空气的混合物进行高温氧化反应，生成腈类等化合物的反应。涉及上述反应的工艺过程为氨基化工艺。

（2）工艺危险特点。①反应介质具有燃爆危险性。在常压 20 ℃时，氨气的爆炸极限为 15%～27%，随着温度、压力的升高，爆炸极限的范围增大。因此，在一定的温度、压力和催化剂的作用下，氨的氧化反应放出大量热，一旦氨气与空气比失调，就可能发生爆炸事故。②由于氨呈碱性，具有强腐蚀性，在混有少量水分或湿气的情况下无论是气态或液态氨都会与铜、银、锡、锌及其合金发生化学作用。③氨易与氧化银或氧化汞反应生成爆炸性化合物（雷酸盐）。

（3）典型工艺。①邻硝基氯苯与氨水反应制备邻硝基苯胺；②对硝基氯苯与氨水反应制备对硝基苯胺；③间甲酚与氯化铵的混合物在催化剂和氨水作用下生成间甲苯胺；④甲醇在催化剂和氨气作用下制备甲胺；⑤1-硝基蒽醌与过量的氨水在氯苯中制备 1-氨基蒽醌；⑥2，6-蒽醌二磺酸氨解制备 2，6-二氨基蒽醌；⑦苯乙烯与胺反应制备 N-取代苯乙胺；⑧环氧乙烷或亚乙基亚胺与胺或氨发生开环加成反应，制备氨基乙醇或二胺；⑨甲苯经氨氧化制备苯甲腈；⑩丙烯氨氧化制备丙烯腈等。

（4）重点监控工艺参数。氨基化反应釜内温度、压力；氨基化反应釜内搅拌速度；物料流量；反应物质的配料比；气相氧含量等。

（5）安全控制的基本要求。反应釜温度和压力的报警和联锁；反应物料的比例控制和联锁系统；紧急冷却系统；气相氧含量监控联锁系统；紧急送入惰性气体的系统；紧急停车系统；安全泄放系统；可燃和有毒气体检测报警装置等。

（6）宜采用的控制方式。①将氨基化反应釜内温度、压力与釜内搅拌、氨基化物料流量、氨基化反应釜夹套冷却水进水阀形成联锁关系，设置紧急停车系统。②采用安全设施，包括安全阀、爆破片、单向阀及紧急切断装置等。

十三、磺化工艺

（1）工艺简介。磺化是向有机化合物分子中引入磺酰基（—SO_3H）的反应。磺化分为三氧化硫磺化法、共沸去水磺化法、氯磺酸磺化法、烘焙磺化法和亚硫酸盐磺化法等。涉及磺化反应的工艺过程为磺化工艺。磺化反应除了增加产物的水溶性和酸性外，还可以使产品具有表面活性。芳烃经磺化后，其中的磺酸基可进一步被其他基团［如羟基（—OH）、氨基（—NH_2）、氰基（—CN）等］取代，生成多种衍生物。

（2）工艺危险特点。①反应原料具有燃爆危险性；磺化剂具有氧化性、强腐蚀性；如果投料顺序颠倒、投料速度过快、搅拌不良、冷却效果不佳等，都有可能造成反应温度异常升高，使磺化反应变为燃烧反应，引起火灾或爆炸事故；②三氧化硫易冷凝堵管，泄漏后易形成酸雾，危害较大。

（3）典型工艺。①三氧化硫磺化法：气体三氧化硫和十二烷基苯等制十二烷基苯磺酸钠；硝基苯与液态三氧化硫制间硝基苯磺酸；甲苯磺化生产对甲基苯磺酸和对位甲酚；对硝基甲苯磺化生产对硝基甲苯邻磺酸等。②共沸去水磺化法：苯磺化制苯磺酸；甲苯磺化制甲基苯磺酸等。③氯磺酸磺化法：芳香族化合物与氯磺酸反应制芳磺酸和芳磺酰氯；乙酰苯胺与氯磺酸生产对乙酰氨基苯磺酰氯等。④烘焙磺化法。苯胺磺化制备对氨基苯磺酸等；⑤亚硫酸盐磺化法：2，4-二硝基氯苯与亚硫酸氢钠制备2，4-二硝基苯磺酸钠；1-硝基蒽醌与亚硫酸钠作用得到α-蒽醌硝酸等。

（4）重点监控工艺参数。磺化反应釜内温度；磺化反应釜内搅拌速度；磺化剂流量；冷却水流量。

（5）安全控制的基本要求。反应釜温度的报警和联锁；搅拌的稳定控制和联锁系统；紧急冷却系统；紧急停车系统；安全泄放系统；三氧化硫泄漏监控报警系统等。

（6）宜采用的控制方式。①将磺化反应釜内温度与磺化剂流量、磺化反应釜夹套冷却水进水阀、釜内搅拌电流形成联锁关系。设置紧急断料系统，当磺化反应釜内各参数偏离工艺指标时，能自动报警、停止加料，甚至紧急停车。②磺化反应系统应设有泄爆管和紧急排放系统。

十四、聚合工艺

（1）工艺简介。聚合是一种或几种小分子化合物变成大分子化合物［也称高分子化合物或聚合物，通常分子量为（1×10^4）～（1×10^7）］的反应，涉及聚合反应的工艺过程为聚合工艺。聚合工艺的种类很多，按聚合方法可分为本体聚合、悬浮聚合、乳液聚合、溶液聚合等。

（2）工艺危险特点。①聚合原料具有自聚和燃爆危险性；②如果反应过程中热量不能及时移出，随物料温度上升，发生裂解和暴聚，所产生的热量使裂解和暴聚过程进一步加剧，进而引发反应器爆炸；③部分聚合助剂危险性较大。

（3）典型工艺。①聚烯烃生产：聚乙烯生产；聚氯乙烯生产；聚丙烯生产；聚苯乙烯生产等。②合成纤维生产：涤纶生产；锦纶生产；维纶生产；腈纶生产；尼龙生产等。③橡胶生产：丁苯橡胶生产；顺丁橡胶生产；丁腈橡胶生产等。④乳液生产：醋酸乙烯乳液生产；丙烯酸乳液生产等。⑤涂料黏合剂生产：醇酸油漆生产；聚酯涂料生产；环氧涂料黏合剂生产；丙烯酸涂料黏合剂生产等。⑥氟化物聚合：四氟乙烯悬浮法、分散法生产聚四氟乙烯；四氟乙烯（TFE）和偏氟乙烯（VDF）聚合生产氟橡胶和偏氟乙烯-全氟丙烯共聚弹性体（俗称26型氟橡胶或氟橡胶-26）等。

（4）重点监控工艺参数。聚合反应釜内温度、压力，聚合反应釜内搅拌速度；引发剂流量；冷却水流量；料仓静电、可燃气体监控等。

（5）安全控制的基本要求。反应釜温度和压力的报警和联锁；紧急冷却系统；紧急切断系统；紧急加入反应终止剂系统；搅拌的稳定控制和联锁系统；料仓静电消除、可燃气体置换系统，可燃和有毒气体检测报警装置；高压聚合反应釜设有防爆墙和泄爆面等。

（6）宜采用的控制方式。将聚合反应釜内温度、压力与釜内搅拌电流、聚合单体流量、引发剂加入量、聚合反应釜夹套冷却水进水阀形成联锁关系，在聚合反应釜处设立紧急停车系统，当反应超温、搅拌失效或冷却失效时，能及时加入聚合反应终止剂。设置安全泄放系统。

十五、烷基化工艺

（1）工艺简介。把烷基引入有机化合物分子中的碳、氮、氧等原子上的反应称为烷基化反应。涉及烷基化反应的工艺过程为烷基化工艺，可分为C-烷基化反应、N-烷基化反应、O-烷基化反应等。

（2）工艺危险特点。①反应介质具有燃爆危险性；②烷基化催化剂具有自燃危险性，遇水剧烈反应，放出大量热量，容易引起火灾甚至爆炸；③烷基化反应都是在加热条件下进行，原料、催化剂、烷基化剂等加料次序颠倒、加料速度过快或者搅拌中断停止等异常现象容易引起局部剧烈反应，造成跑料，引发火灾或爆炸事故。

（3）典型工艺。①C-烷基化反应：乙烯、丙烯以及长链α-烯烃，制备乙苯、异丙苯和高级烷基苯；苯系物与氯代高级烷烃在催化剂作用下制备高级烷基苯；用脂肪醛和芳烃衍生物制备对称的二芳基甲烷衍生物；苯酚与丙酮在酸催化下制备2，2-对（对羟基苯基）丙烷（俗称双酚A）；乙烯与苯发生烷基化反应生产乙苯等；②N-烷基化反应：苯胺和甲醚烷基化生产苯甲胺；苯胺与氯乙酸生产苯基氨基乙酸；苯胺和甲醇制备*N*，*N*-二甲基苯胺；苯胺和氯乙烷制备*N*，*N*-二烷基芳胺；对甲苯胺与硫酸二甲酯制备*N*，*N*-二甲基对甲苯胺；环氧乙烷与苯胺制备*N*-（β-羟乙基）苯胺；氨或脂肪胺和环氧乙烷制备乙醇胺类化合物；苯胺与丙烯腈反应制备*N*-（β-氰乙基）苯胺等；③O-烷基化反应：对苯二酚、氢氧化钠水溶液和氯甲烷制备对苯二甲醚；硫酸二甲酯与苯酚制备苯甲醚；高级脂肪醇或烷基酚与环氧乙烷加成生产聚醚类产物等。

（4）重点监控工艺参数。烷基化反应釜内温度和压力；烷基化反应釜内搅拌速度；反应物料的流量及配比等。

（5）安全控制的基本要求。反应物料的紧急切断系统；紧急冷却系统；安全泄放系统；可燃和有毒气体检测报警装置等。

（6）宜采用的控制方式。①将烷基化反应釜内温度和压力与釜内搅拌、烷基化物料流量、烷基化反应釜夹套冷却水进水阀形成联锁关系，当烷基化反应釜内温度超标或搅拌系统发生故障时，自动停止加料并紧急停车。②采用安全设施，包括安全阀、爆破片、紧急放空阀、单向阀及紧急切断装置等。

十六、新型煤化工工艺

（1）工艺简介。以煤为原料，经化学加工使煤直接或者间接转化为气体、液体和固体燃料、化工原料或化学品的工艺过程称为煤化工工艺，主要包括煤制油（甲醇制汽油、费-托合成油）、煤制烯烃（甲醇制烯烃）、煤制二甲醚、煤制乙二醇（合成气制乙二醇）、煤制甲烷气（煤气甲烷化）、煤制甲醇、甲醇制醋酸等工艺。

（2）工艺危险特点。①反应介质涉及一氧化碳、氢气、甲烷、乙烯、丙烯等易燃气体，具有燃爆危险性；②反应多为高温、高压过程，易发生工艺介质泄漏，引发火灾、爆炸和一氧化碳中毒事故；③反应过程可能形成爆炸性混合气体；④多数煤化工新工艺反应速度快，放热量大，造成反应失控；⑤反应中间产物不稳定，易造成分解爆炸。

（3）典型工艺。①煤制油（甲醇制汽油、费-托合成油）；②煤制烯烃（甲醇制烯烃）；③煤制二甲醚；④煤制乙二醇（合成气制乙二醇）；⑤煤制甲烷气（煤气甲烷化）；⑥煤制甲醇；⑦甲醇制醋酸。

（4）重点监控工艺参数。反应器温度和压力；反应物料的比例控制；料位；液位；进料介质温度、压力与流量；氧含量；外取热器蒸汽温度与压力；风压和风温；烟气压力与温度；压降；H_2/CO 比；NO/O_2 比；NO/醇比；H_2、H_2S、CO_2 含量等。

（5）安全控制的基本要求。反应器温度、压力报警与联锁；进料介质流量控制与联锁；反应系统紧急切断进料联锁；料位控制回路；液位控制回路；H_2/CO 比例控制与联锁；NO/O_2 比例控制与联锁；外取热器蒸汽热水泵联锁；主风流量联锁；可燃和有毒气体检测报警装置；紧急冷却系统；安全泄放系统。

（6）宜采用的控制方式。①将进料流量、外取热蒸汽流量、外取热蒸汽包液位、H_2/CO 比例与反应器进料系统设立联锁关系，一旦发生异常工况启动联锁，紧急切断所有进料，开启事故蒸汽阀或氮气阀，迅速置换反应器内物料，并将反应器进行冷却、降温。②采用安全设施，包括安全阀、防爆膜、紧急切断阀及紧急排放系统等。

十七、电石生产工艺

（1）工艺简介。电石生产工艺是以石灰和炭素材料（焦炭、兰炭、石油焦、冶金焦、白煤等）为原料，在电石炉内依靠电弧热和电阻热在高温下进行反应，生成电石的工艺过程。电石炉形式主要分为两种：内燃型和全密闭型。

（2）工艺危险特点。①电石炉工艺操作具有火灾、爆炸、烧伤、中毒、触电等危险性；②电石遇水会发生激烈反应，生成乙炔气体，具有燃爆危险性；③电石的冷却、破碎过程具有人身伤害、烫伤等危险性；④反应产物一氧化碳有毒，与空气混合到 12.5%～74%时会引起燃烧和爆炸；⑤生产中漏糊造成电极软断时，会使炉气出口温度突然升高，炉内压力突然增大，造成严重的爆炸事故。

（3）典型工艺。石灰和炭素材料(焦炭、兰炭、石油焦、冶金焦、白煤等)反应制备电石。

（4）重点监控工艺参数。炉气温度；炉气压力；料仓料位；电极压放量；一次电流；

一次电压；电极电流；电极电压；有功功率；冷却水温度、压力；液压箱油位、温度；变压器温度；净化过滤器入口温度、炉气组分分析等。

（5）安全控制的基本要求。设置紧急停炉按钮；电炉运行平台和电极压放视频监控、输送系统视频监控和启停现场声音报警；原料称重和输送系统控制；电石炉炉压调节、控制；电极升降控制；电极压放控制；液压泵站控制；炉气组分在线监测、报警和联锁；可燃和有毒气体检测和声光报警装置；设置紧急停车按钮等。

（6）宜采用的控制方式。①将炉气压力、净化总阀与放散阀形成联锁关系；将炉气组分氢、氧含量高与净化系统形成联锁关系；将料仓超料位、氢含量与停炉形成联锁关系。②采用安全设施，包括安全阀、重力泄压阀、紧急放空阀、防爆膜等。

十八、偶氮化工艺

（1）工艺简介。合成通式为 R—N=N—R 的偶氮化合物的反应为偶氮化反应，式中，R 为脂烃基或芳烃基，两个 R 基可相同或不同。涉及偶氮化反应的工艺过程为偶氮化工艺。脂肪族偶氮化合物由相应的肼经过氧化或脱氢反应制取。芳香族偶氮化合物一般由重氮化合物的偶联反应制备。

（2）工艺危险特点。①部分偶氮化合物极不稳定，活性强，受热或摩擦、撞击等作用能发生分解甚至爆炸；②偶氮化生产过程所使用的肼类化合物高毒，具有腐蚀性，易发生分解爆炸，遇氧化剂能自燃；③反应原料具有燃爆危险性。

（3）典型工艺。①脂肪族偶氮化合物合成。水合肼和丙酮氰醇反应，再经液氯氧化制备偶氮二异丁腈；次氯酸钠水溶液氧化氨基庚腈，或者甲基异丁基酮和水合肼缩合后与氰化氢反应，再经氯气氧化制取偶氮二异庚腈；偶氮二甲酸二乙酯（DEAD）和偶氮二甲酸二异丙酯（DIAD）的生产工艺。②芳香族偶氮化合物合成。由重氮化合物的偶联反应制备偶氮化合物。

（4）重点监控工艺参数。偶氮化反应釜内温度、压力、液位、pH 值；偶氮化反应釜内搅拌速度；肼流量；反应物质的配料比；后处理单元温度等。

（5）安全控制的基本要求。反应釜温度和压力的报警和联锁；反应物料的比例控制和联锁系统；紧急冷却系统；紧急停车系统；安全泄放系统；后处理单元配置温度监测、惰性气体保护的联锁装置等。

（6）宜采用的控制方式。①将偶氮化反应釜内温度、压力与釜内搅拌、肼流量、偶氮化反应釜夹套冷却水进水阀形成联锁关系。在偶氮化反应釜处设立紧急停车系统，当偶氮化反应釜内温度超标或搅拌系统发生故障时，自动停止加料，并紧急停车。②后处理设备应配置温度检测、搅拌、冷却联锁自动控制调节装置，干燥设备应配置温度测量、加热热源开关、惰性气体保护的联锁装置。③采用安全设施，包括安全阀、爆破片、紧急放空阀等。

第三节 危险作业安全技术

《化工和危险化学品生产经营单位重大生产安全事故隐患判定标准（试行）》（安监总管三〔2017〕121 号）将“未按照国家标准制定动火、进入受限空间等特殊作业管理制度，或者制度未有效执行”列为重大生产安全事故隐患。《危险化学品企业特殊作业安全规范》（GB 30871—2022）自正式实施以来，规范了化工企业特殊作业环节需要采取的安全措施，加强了作业过程风险控制和作业前的审批，明确了人员监护的重要性，对减少特殊作业环节事故的发生起到了重要作用。

《危险化学品企业安全风险隐患排查治理导则》提出了关于“危险作业”的相关要求，“危险作业”是指操作过程安全风险较大，易发生人身伤亡或设备损坏，事故后果严重，需要采取特别控制措施的作业。一般包括：①八项特殊作业：动火作业、受限空间作业、吊装作业、高处作业、临时用电作业、盲板抽堵作业、动土作业与断路作业；②储罐切水、液化烃充装等危险性较大的作业；③安全风险较大的设备检维修作业等。

储罐切水、液化烃充装等危险性较大的作业属在正常生产运行状态下的常规作业类型，作业程序较为固定，一般可以通过制定并严格执行作业规程来完成，企业结合自身情况决定是否需要实施作业许可。

本节主要针对八项特殊作业安全技术进行介绍。

一、动火作业综合安全技术

动火作业是指在直接或间接产生明火的工艺设施以外的禁火区内从事可能产生火焰、火花、炽热表面的非常规作业。动火作业应做到“四不动火”，即没有动火作业票不动火；没有监护人或监护人不在场不动火；安全措施没有落实不动火；动火部位与现场不符不动火。总体安全要求如下。

1）监护人员要求

动火监护人应具备独立开展监护工作的能力，且应参加监护人专项培训且考试合格，持证上岗，方可承担动火监护人职责；监护人专项培训内容至少包括：作业存在的风险，风险控制措施，消防、气防器材的使用，事故情况下的应急处置、急救与逃生，工业气瓶、焊接机具的使用常识和相关作业管理规定等。

2）动火作业准备

（1）在带有易燃易爆、有毒有害介质的设备和管道上动火时，应当制定有效的作业方案及应急预案，采取可行的风险控制措施，经检测合格，达到安全动火条件后方可动火。

凡在盛有或者盛装过危险化学品的设备、管道等生产、储存设施及处于甲、乙类火灾危险区域的生产设备上动火作业，应将其与生产系统彻底隔离，并进行清洗、置换，分析合格后方可作业。

在存有可燃或有毒有害物料的设备、容器、管道上动火，须首先进行退料及切断各种物料的来源，彻底吹扫、清洗置换，将与之相连的各部位加好盲板并挂牌（无法加盲板的部位应采取其他可靠隔断措施或拆除），防止物料的窜入或火源蹿到其他部位。盲板应符合压力等级要求，严禁用铁皮、石棉板、水封或者关闭阀门代替盲板作为隔断措施。

因条件限制无法清洗、置换而确需动火作业时，按特级动火执行。

（2）需要动火的塔、罐、容器、槽车等设备和管线经清洗、置换和通风后，应检测可燃气体、有毒有害气体、氧气浓度，达到许可作业浓度才能进行动火作业。

3）作业环境安全要求

（1）动火作业前应清除距动火点周围 5 m 之内的可燃物质或者用阻燃物品隔离。

（2）距离动火点 10 m 范围内及动火点上方、下方，不应同时进行可燃溶剂清洗或者喷漆等作业，不应进行可燃性粉尘清扫作业。

（3）距动火点 15 m 区域内的漏斗、排水口、各类井口、排气管、管道、地沟等应封严盖实，不允许排放可燃液体，不允许有其他可燃物泄漏，对于有可能泄漏易燃、可燃物料的设备设施，应当采取隔离措施。

（4）距动火点 15 m 内不应排放可燃液体，距动火点 30 m 内不允许排放可燃气体，不允许有液态烃或者低闪点油品泄漏。

（5）动火点周围或者其下方的电缆桥架、孔洞、窨井、地沟、水封设施、污水井等，应当检查分析并采取清理或者封盖等措施。

（6）对于受热分解可产生易燃易爆、有毒有害物质的场所，应当进行风险分析并采取清理或者封盖等防护措施，因条件限制无法满足安全要求时，应当用阻燃物品隔离。

（7）铁路沿线 25 m 以内的动火作业，如遇装有危险化学品的火车通过或者停留时，应立即停止。

4）作业过程安全要求

（1）运行状态的生产作业区域和罐区内，凡是可不动火的一律不动火，凡是能拆移下来的动火部件原则上应拆移到安全场所动火。在油气罐区防火堤内进行动火作业时，不应同时进行切水、取样、排污作业。

（2）严禁在装置停车倒空置换期间及投料开车过程中进行动火作业。

（3）在生产、使用、储存氧气的设备上进行动火作业时，应与动火点隔绝（加盲板），动火前应置换，设备内氧含量不应超过 23.5%。

（4）动火作业人员在动火点的上风作业，位于避开物料可能喷射和封堵物射出的方位，并采取隔离措施控制火花飞溅。遇有五级风以上（含五级风）天气，应停止一切露天动火作业，因生产确需动火，动火作业应执行“升级管理”要求。

（5）用气焊（割）动火作业时，乙炔瓶必须直立放置，不应卧放使用，乙炔瓶应当安装防回火装置，氧气瓶与乙炔瓶的间隔不小于 5 m，二者与明火距离均不得小于 10 m，并有防倾倒措施。氧气瓶和乙炔瓶应远离热源及电气设备，不准在烈日下暴晒。使用电焊时，电焊工具应完好，电焊机外壳须接地，与动火点间距不应超过 10 m。不能满足要求时应当将电焊机作为动火点进行管理。

（6）进入受限空间的动火作业应将内部物料除净，易燃易爆、有毒有害物料应进行吹扫和置换，打开通风口或者人孔，并采取空气对流或者采用机械强制通风换气；在有可燃物构件和使用可燃物做防腐内衬的设备内部进行动火作业时，应采取防火隔绝措施；作业前应检测氧含量、易燃易爆气体和有毒有害气体浓度，合格后方可进行动火作业；实施焊割作业时，气瓶应放置在受限空间外。进入受限空间的动火还要遵循进入受限空间作业安全管理的相关要求。

（7）高处动火作业（含在多层构筑物的二层及以上动火）必须采取防止火花溅落的

措施，高处动火作业使用的安全带、救生索等防护装备应采用防火阻燃材料，必要时使用自动锁定连接。氧气瓶、乙炔瓶与动火点垂直投影点距离不得小于 10 m。高处动火作业还应遵循高处作业安全管理的相关要求。在风险较大的位置作业，作业平台护栏搭设完整并设置快速逃生通道。

二、受限空间作业综合安全技术

受限空间作业是指作业人员进入受限空间实施的作业活动。总体安全要求如下。

1）作业环境要求

（1）为保证受限空间内空气流通和人员呼吸需要，打开人孔、手孔、料孔、风门、烟门等与大气相通的设施进行自然通风，并尽可能抽取远离工作区域的新鲜空气，必要时应采取强制通风；涂刷具有挥发性溶剂的涂料时，应采取强制通风措施；严禁向受限空间通纯氧或富氧空气。进入期间的通风不能代替进入之前的吹扫工作。在忌氧环境中作业，通风前应对作业环境中与氧性质相悖的物料采取卸放、置换或清洗合格的措施，达到可以通风的安全条件要求。

（2）当受限空间存在动火作业时，该处受限空间内不应安排涂刷油漆、涂料等其他可能产生有毒有害、可燃物质的作业活动。

（3）受限空间内的温度应控制在不对人员产生危害的安全范围内。

（4）对受限空间内可能会造成坠落或滑跌事故的工作面（包括残留物、工作物料或设备）和到达工作面的路径，应制定预防坠落或滑跌的安全措施。对受限空间内阻碍人员移动、对作业人员造成危害，影响救援的设备（如搅拌器），应采取固定措施，必要时应移出受限空间。

（5）为防止静电危害，作业单位应对受限空间内或其周围的设备接地，并进行检测。

2）照明及电气安全要求

受限空间作业，应有足够的照明，照明应使用安全电压不大于 36 V 的安全行灯。金属设备内和特别潮湿作业场所作业，尤其当受限空间原来盛装爆炸性液体、气体等介质时，应使用防爆电筒或电压不大于 12 V 的防爆安全行灯，行灯变压器不应放在容器内或容器上。照明灯具应符合防爆要求，使用手持电动工具应有漏电保护装置。

3）作业人员安全要求

（1）作业单位根据作业中存在的风险种类和风险程度，依据相关防护标准，配备个体防护装备并确保正确穿戴。作业人员应穿戴防静电服装，使用防爆工具、机具。严禁携带手机等非防爆通信工具和其他非防爆器材。当设备和容器内有夹套、填料、衬里、密封圈等，虽然化验分析合格，但有可能继续释放有毒、有害和可燃气体的，作业时要佩戴氧气检测报警仪、可燃气体报警仪、有毒气体检测报警仪，佩戴正压式空气呼吸器或长管呼吸器。佩戴长管呼吸器时，应仔细检查气密性并防止通气长管被挤压，吸气口应置于新鲜空气的上风口并有专人监护。

（2）作业人员进入受限空间前，应首先拟定逃生方法。作业人员不应携带与作业无关的物品进入受限空间；作业中不应抛掷材料、工器具等物品；在有毒、缺氧环境下不应摘下防护面具；作业过程中适当安排人员轮换。

（3）受限空间作业一般不得使用卷扬机、吊车等设备运送作业人员，特殊情况需经作业主管部门和安全环保处批准。

（4）受限空间作业的人员及其携入的工具、材料要登记，作业结束后监护人对照清单清点人员、工具和材料，确认无遗留后，做好记录。

4）作业过程安全要求

（1）在受限空间作业期间，严禁同时进行各类与该受限空间相关的试车、试压或试验等工作。

（2）受限空间作业应当推行全过程视频监控，对难以实施视频监控的作业场所，应当在受限空间出入口设置视频监控。受限空间作业宜使用智能监控系统，至少具备视频监控、气体监测及报警等功能。

（3）接入受限空间的电线、电缆、通气管应在进口处进行保护或者加强绝缘，应当避免与人员出入使用同一出入口。气体分析合格前、作业中断或者停止期间，应当在受限空间入口处增设警示标志，并采取防止人员误入的措施。

（4）受限空间作业在涉及动火、临时用电、起重吊装、高处作业等作业时，应同时执行相关管理规定。

三、吊装作业综合安全技术

吊装作业按照吊装重物质量或者长度不同，分为一级、二级、三级。吊装质量大于100 t或者长度大于60 m（含60 m），为一级吊装作业，其中，实际起重量超过额定起重能力的80%，以及两台及以上的起重机联合起吊的，按一级吊装作业管理；吊装质量在40~100 t（含40 t和100 t），为二级吊装作业；吊装质量小于40 t，为三级吊装作业。总体安全要求如下。

1）作业人员安全要求

吊装作业人员（起重机司机、指挥人员等）应按要求取得特种设备作业人员资格证，方可从事吊装作业。在吊装作业前，作业单位技术人员应向作业人员进行技术交底。

2）安全检查要求

使用单位必须按照相关标准规定对吊装机具进行安全检查，包括每天作业前检查、经常性安全检查（每月至少一次）和定期安全检查（每年至少一次），同时接受政府指定部门的定期检查，对检查中发现问题的吊装机具，必须进行维修处理，并保存维修档案。

3）作业方案要求

以下情况应当编制吊装作业方案（至少包括吊装作业描述、起重设备摆放、吊装作业受力计算、吊装辅具的选用、吊装作业实施步骤、作业风险评估及安全防范措施、应急预案等内容）：①一、二级吊装作业，经风险评估确认需要编制高处作业安全工作方案的三级吊装作业；②吊装物体质量虽不足40 t，但形状复杂、刚度小、长径比大、精密贵重；③在作业条件特殊情况下的三级吊装作业；环境温度低于-20 ℃的吊装作业；④吊装作业环境、起重机械、吊物等较复杂的情况；⑤吊车吊篮作业，吊装司机无法看到吊物的作业。

4）安全距离要求

（1）吊物的吊装路径应当避开油气生产设备、管道。

（2）起重机与周围设施的安全距离不应小于 0.5 m。

（3）在沟（坑）边作业时，起重机临边侧支腿或者履带等承重构件的外缘应当与沟（坑）保持不小于其深度 1.2 倍的安全距离，且起重机作业区域的地耐力满足吊装要求。

（4）不应靠近输电线路进行吊装作业，确需在输电线路附近作业时，起重机械的安全距离应当大于起重机械的倒塌半径，并符合《电力安全工作规程电力线路部分》（DL/T 409—2023）的要求。不能满足时，应当停电后再进行作业。

5）作业过程安全

（1）利用两台或多台起重机吊运同一重物时，升降、运行应保持同步；各台起重机所承受的载荷不得超过各自额定起重能力的 75%。

（2）对吊装作业全过程进行监督检查包括人员资格、机械完整性、吊装环境等要素的监督检查。

（3）夜间吊装作业，要有足够的照明。遇到大雪、暴雨、大雾、六级及以上大风等恶劣天气时，不得从事室外吊装作业。

6）吊装机具要求

吊装机具的设计、制造、改造、维修、安装、拆除和移动应符合操作规程、使用说明书以及国家相关标准要求。

四、高处作业综合安全技术

高处作业，指在距坠落高度基准面 2 m 或 2 m 以上有可能坠落的高处进行的作业。总体安全要求如下。

1）防坠落安全要求

（1）坠落防护措施的优先选择顺序如下：①设置固定的楼梯、护栏、屏障和限制系统；②使用工作平台，如脚手架或带升降的工作平台等；③使用区域限制安全带。④使用坠落保护装备。

（2）使用高处作业防坠落装备应当遵守以下规定：①选择符合安全要求的安全带、安全绳和安全网，并按照《坠落防护装备安全使用规范》（GB/T 23468—2009）中关于安全带等的安全使用要求；②应当根据工作性质正确选配区域限制安全带、坠落悬挂安全带和围杆作业安全带，必要时应当配合使用自锁器或者速差自控器；③安全带应拴挂于牢固的构件或物体上，应当防止挂点摆动和碰撞，使用坠落悬挂安全带时，应高挂低用，挂点应当位于工作平面上方，坠落下方安全空间范围内应无障碍物，系挂点下方应有足够的净空；④禁止将安全带挂在移动、带尖锐棱角或者不牢固的物件上，严禁用绳子捆在腰部代替安全带，如无可靠挂点，应当设置符合相关标准要求的挂点装置或生命线。

（3）如果不能完全消除坠落危害，应通过改善工作场所的作业环境来预防坠落，如安装楼梯、护栏、屏障、行程限制系统、逃生装置等。

（4）在屋顶、脚手架、受限空间、攀登梯子及升降平台等处作业，宜使用自动收缩式救生索，自动收缩式救生索应直接连接到安全带的背部 D 形环上，一次只能一人使用，严禁与缓冲安全绳一起使用或与其连接。

（5）作业期间应当对操作平台、防坠落设施等进行检查，发现有松动、变形、损坏或者脱落等情况时，应当立即修理完善，重新验收合格后方可使用。

2）作业人员安全要求

（1）高处作业人员应穿轻便衣着，禁止穿硬底、铁掌和易滑的鞋；作业人员应沿通道、梯子上下，不得沿立杆、栏杆攀登。高处作业人员不应站在不牢固的结构物上进行作业：在彩钢板屋顶、石棉瓦、瓦楞板等轻型材料上作业，应铺设牢固的脚手板并加以固定，脚手板上要有防滑措施；不应在未固定、无防护设施的构件及管道上进行作业或通行。

（2）高处作业人员严禁骑坐、倚靠在未安装牢固的设备、管道、模板或其他构件上。禁止在平台、孔洞边缘、通道、安全网及材料支撑下方区域休息。

（3）一个梯子上只允许一人站立，严禁带人移动梯子。作业人员不得站在梯子顶端，用靠梯时，脚距梯子顶端不得少于四步，用人字梯时不得少于两步。使用时应放置稳定，并有专人扶持，梯子与作业基准面的夹角以60°~70°为宜。

（4）作业人员应当身体健康，凡经诊断患有心脏病、贫血病、癫痫病、晕厥及眩晕症、严重关节炎、四肢骨关节及运动功能障碍疾病以及未控制的高血压病，其他相关禁忌证，或者服用嗜睡、兴奋等药物以及饮酒的人员，不得从事高处作业。

（5）作业基准面30 m及以上作业人员，作业前必须体检，合格后方可从事作业。

3）作业过程安全要求

（1）作业前，属地单位和作业单位应检查所有安全设施是否坚固、牢靠。作业单位应预先评估，在合适位置预制锚固点、吊绳及安全带的固定点；检查高处作业中使用的安全标志、工具、仪表、电气设施和各种设备，确认完好后方可投入使用；30 m以上高处作业应当配备通信联络工具。

（2）作业单位应当根据实际需要配备和使用符合安全要求的作业平台、高空作业车、吊篮、梯子、挡脚板、跳板等，尽可能采用脚手架、操作平台和升降机等作为安全作业平台。高处电缆桥架作业（安装和敷设）应设置作业平台。脚手架的搭设、拆除和使用应当符合《施工脚手架通用规范》（GB 55023—2022）中脚手架应经验收合格，挂合格标识牌后方能使用的要求。

（3）安全网的安装和测试结果应符合要求，确认安全牢固后方可投入使用。掉入安全网的材料、构件和工具应及时予以清除。

（4）在传动机器附近使用梯子时，应在梯子与机器的传动部位设置可靠的隔离设施。

4）临边作业安全

应尽量避免临边作业，尽可能在地面预制好装设缆绳、护栏等设施的固定点，避免在高处进行作业。如必须进行临边作业时，应采取可靠的防护措施。临边作业必须采取临边防护措施，设置防护栏杆，必要时架设安全平网；垂直运输接料平台，除两侧设防护栏杆外，平台口还应设置安全门或活动防护栏杆。

五、临时用电作业综合安全技术

临时用电作业是指在正式运行的电源上所接的非永久性用电，如因施工、检修需要，加接线路、增设临时施工变电器、接入电焊机、潜水泵、电动工具、通风机、照明灯具等一切临时性负荷，用于解决突发问题或满足临时需求。这种作业在加油站施工过程中较为常见，由于配送电过程频繁、用电设备较多、作业环境恶劣等特点，若不遵守安全规范，容易引发安全事故。送电操作顺序为：总配电箱（盘）—分配电箱（盘）—开关箱（下级过载保护电流应小于上级）。停电操作顺序为：开关箱—分配电箱（盘）—总配电箱（盘），紧急情况除外。总（分）配电箱使用时应当上锁。临时用电作业安全要求如下。

1）临时用电线路要求

（1）所有的临时用电线路必须采用额定电压等级不低于 500 V 的绝缘导线。施工电缆应包含全部工作芯线。单相用电设备应采用三芯电缆，三相动力设备应采用四芯电缆，三相四线制配电的电缆线路和动力、照明合一的配电箱（盘）应采用五芯电缆。

（2）所有临时用电线路应由电气专业人员检查合格方可投用。搬迁或移动后的临时用电线路应再次检查确认。对安全隐患必须及时处理，并应履行复查验收手续。

（3）临时用电线路的自动开关和熔丝（片）应根据用电设备的容量确定，并符合安全用电要求，不得随意加大或缩小，不得用其他金属丝代替熔丝（片）。

（4）临时电源暂停使用或检修时，应切断电源，上锁并应悬挂“禁止合闸，有人工作”的标识牌。停送电必须由专人负责。搬迁或移动临时用电线路时，应先切断电源并上锁。施工现场停止作业 1 h 以上时，应将动力开关箱断电上锁。

（5）临时用电线路经过火灾爆炸危险场所以及有高温、振动、腐蚀、积水、防爆区域及机械损伤等区域时，不得有接头，并应采取相应的保护措施。

2）配电箱安全要求

（1）配电箱（盘）应保持整洁、接地良好。对配电箱（盘）、开关箱进行定期检查、维修时，必须将其上一级相应的电源隔离开关分闸断电、上锁，并悬挂“禁止合闸、有人工作”标示牌，严禁带电作业。

（2）所有的临时配电箱（盘）应标上电压标志和危险标志。室外的临时用电配电箱（盘）应设有安全锁具，钥匙由配电箱（盘）及其所属单位现场负责人保管；配电箱（盘）应有防雨、防潮措施；在距配电箱（盘）、开关及电焊机等电气设备 15 m 范围内，不应存放易燃、易爆、腐蚀性等危险物品。

（3）配电箱（盘）、开关箱装设应端正、牢固。固定式配电箱（盘）、开关箱的中心点与地面的垂直距离应为 1.4~1.6 m。移动式配电箱（盘）、开关箱应装设在坚固、稳定的支架上，其中心点与地面的垂直距离宜为 0.8~1.6 m。

3）电缆线路安全要求

（1）使用时间在 1 个月以上的临时用电线路，采用架空方式安装，应满足以下要求：架空线路应架设在专用电杆或支架上，严禁架设在树木、脚手架及临时设施上；在架空线路上不得进行接头连接，如果必须接头，则需进行结构支撑，确保接头不承受拉、张力；临时架空线最大弧垂与地面距离，在施工现场不低于 2.5 m，穿越机动车道不低于 5 m；在起重机等大型设备进出的区域内不允许使用架空线路。

（2）使用时间在 1 个月以下的临时用电线路，可采用架空或地面走线等方式，并满足以下要求：沿墙面或者地面敷设电缆线路，应有醒目的警示标志；沿地面明敷的电缆线路应当沿建筑物墙体根部敷设，穿越道路或者其他易受机械损伤的区域，应当采取防机械损伤的措施，周围环境应保持干燥。

（3）采用埋地敷设，应避免机械损伤和介质腐蚀，应满足以下要求：埋地电缆路径应设方位标志和安全标志；电缆类型应根据敷设方式、环境条件选择；电缆直接埋地敷设的深度不应小于 0.7 m；埋地电缆的接头应设在地面上的接线盒内，接线盒应能防水、防尘、防机械损伤，并应远离易燃、易爆、易腐蚀场所；避免敷设在可能施工的区域内。

（4）在穿越建筑物、构筑物、道路及易受机械损伤、介质腐蚀场所和引出地面从 2 m 高到地下 0.2 m 处，必须加设防护套管，防护套管内径不应小于电缆外径的 1.5 倍。

（5）在电缆敷设路径附近，当有产生明火的作业时，应采取防止火花损伤电缆的措施。

（6）电缆线路不得沿地面直接敷设，不得浸泡在水中。

4）临时用电设施要求

临时用电设施应安装符合规范要求的漏电保护器。移动电动工具、手持式电动工具应逐个配置漏电保护器和电源开关。所有的临时用电都应设置接地保护，接地电阻值应满足相关规范的要求，接地线和接零线应分开设置。

六、盲板抽堵作业综合安全技术

盲板抽堵作业是指在设备或管道上安装和拆卸盲板的作业。这种作业通常在设备抢修、检修及设备开停工过程中进行，当设备或管道内可能存有物料（气、液、固态）且处于一定温度和压力的情况下，需要进行盲板抽堵作业，或者在物料经过吹扫、置换、清洗后也需要进行盲板抽堵作业。

1）盲板抽堵打开要求

盲板抽堵打开方式如下（包括但不限于）：①解开法兰。②从法兰上去掉一个或者多个螺栓。③打开阀盖或者拆除阀门。④打开管线连接件。⑤调换 8 字盲板。⑥去掉盲板、盲法兰、堵头和管帽。⑦断开仪表、润滑、控制系统管线，如引压管、润滑油管等。⑧断开加料和卸料临时管线（包括任何连接方式的软管）。⑨用机械方法或者其他方法穿透管线。⑩开启检查孔。⑪微小调整（如更换阀门填料）。⑫其他。

2）项目设计安全要求

（1）在新、改、扩建项目的设计过程中，建设单位与设计单位应共同考虑消除或降低因管线/设备打开产生的风险，并确保设计在符合工程标准的基础上，满足本规定要求。

（2）在项目设计的各个阶段，应考虑隔离和清理，包括但不限于以下内容：①为清理管线/设备增加连接点，同时应考虑由此可能产生泄漏的风险；②能够隔离第二能源，如伴热管线、电伴热以及热交换介质等；③有经验的现场操作人员和维修人员应参与设计或设计审查；④设计阶段应优先考虑双重隔离，双重隔离是指符合下列之一的情况：双阀—导淋（双截止阀关闭、双阀之间的导淋常开）。截止阀加盲板或盲法兰。

（3）如果双重隔离不可行，应采取适当防护措施。隔离的优先顺序如下：双截止阀、单截止阀、凝固（固化）工艺介质、其他。

3）作业安全要求

（1）明确作业的具体位置。作业区域所在单位应当在盲板抽堵作业前预先绘制盲板位置图，对盲板进行统一编号，设专人统一指挥。盲板抽堵作业时，应按位置图作业，并对每个盲板进行标识，标牌编号应与盲板位置图上的盲板编号一致，逐一确认并做好记录。在不同生产单位共用的管道上进行盲板抽堵作业，作业前应告知上下游相关单位。

（2）盲板抽堵过程中发现现场工作条件与方案不一致时（如导淋阀堵塞或管线设备清理不合格）或管线/设备内部状况不明时，立即停止打开，并在确保作业人员安全的前提下对打开处复位，然后，重新进行风险评估，重新制定工艺处理方案、盲板抽堵作业方案及落实防控措施，并办理相关作业许可后，再进行作业。

（3）作业人员应当在上风向作业，不应正对被打开管线/设备的介质或者能量释放部位。通风不良作业场所应当采取强制通风措施，防止可燃气体、有毒气体积聚。必要时在受管线/设备打开影响的区域设置路障或者警戒线，控制无关人员进入。

（4）在火灾爆炸危险场所进行盲板抽堵作业时，应当使用防爆工具，距盲板抽堵作业地点 30 m 内不应有动火作业。

（5）核验盲板抽堵作业点的上下游阀门已进行有效隔断并上锁挂签；盲板应当加在有物料来源阀门的另一侧，盲板两侧均需安装合格垫片，所有螺栓必须紧固到位。不应在同一管道上同时进行两处或者两处以上的盲板抽堵作业。

（6）涉及带压开孔，其作业步骤和方法应符合《石油工业带压开孔作业安全规程》（SY/T 6554—2019）行业标准要求。

（7）拆盲板前，应当确认设备、系统符合投用条件。盲板抽堵作业结束，由作业单位和属地单位专人共同确认。

4）个体防护装备要求

（1）盲板抽堵作业时，安全专业人员和使用人员参与选择确定合适的个体防护装备，属地单位安全工程师与作业单位作业现场负责人共同负责选择满足管线/设备打开（盲板抽堵）作业要求的个体防护装备。

（2）在火灾爆炸危险场所进行盲板抽堵作业时，作业人员应根据作业现场及被打开管线介质的危险特性等穿防静电工作服、工作鞋，并使用防爆工具。

（3）在强腐蚀性介质的管道、设备上进行盲板抽堵作业时，作业人员应采取防止酸碱化学灼伤的措施。

（4）在介质温度较高或较低、可能造成人员烫伤或冻伤的管道、设备上进行盲板抽堵作业时，作业人员应采取防烫、防冻措施。

（5）在涉及硫化氢、氯气、氨气、一氧化碳及氰化物等毒性气体的管线/设备上作业时，除满足上述要求外，还应佩戴移动式或者便携式气体检测仪，必要时佩戴正压式空气呼吸器。所有进入受管线打开影响区域的人员（包括预备人员）应当同样穿戴所要求的个体防护装备。

（6）个体防护装备在使用前，应进行正确使用个体防护装备的培训，且使用人员应进行现场检查或测试，合格后方可使用。

（7）建立个体防护装备清单，清单包括使用的防护装备种类、使用时间及有效使用范围等内容，以确保现场人员能够及时获取个体防护装备。

七、动土作业综合安全技术

动土作业是指挖土、打桩、地锚入土深度 0.5 米以上；地面堆放负重在 50 kg/m^2 以上；使用推土机、压路机等施工机械进行填土或平整场地的作业。总体安全要求如下。

1）开挖前作业安全

（1）在动土开挖前，作业单位应当先做好地面和地下排水，防止地面水渗入作业层面造成塌方。作业过程中，如果有积水或者正在积水，应当采用导流渠、构筑堤防或者其他适当的措施，防止地表水或者地下水进入挖掘处，并采取适当的措施向邻近区域排水。

（2）作业单位应指定具有专业技术资质的人员担任技术负责人，负责制定作业方案，并以书面形式保存在作业现场。对于挖掘深度 6 m 以内的作业，为防止动土作业面发生坍塌，应由技术负责人根据土质的类别设计斜坡和台阶、支撑和挡板等保护系统；对于挖掘深度超过 6 m 所采取的保护系统，应由有资质的单位设计。在稳固岩层中挖掘或挖掘深度小于 1.5 m，且已经过技术负责人检查，认定没有坍塌可能性时，不需要设置保护系统；作业负责人应在动土作业许可证上说明理由。

（3）根据对土质地基承载力的分析，确定斜坡或台阶的坡度允许值（高宽比）、挖掘机械与坑槽边沿之间的距离。

（4）在动土开始之前，技术负责人在选择液压支撑、沟槽千斤顶和挡板等保护措施时，应遵循制造商的技术要求和建议。

2）挖掘坑、槽、井、沟等作业安全要求

（1）挖掘土方应当自上而下逐层挖掘，不应采用挖底脚的办法挖掘；使用的材料、挖出的泥土应当堆在距坑、槽、井、沟边沿至少 1 m 处，堆土高度不应大于 1.5 m，坡度不大于 45°；挖出的泥土不应堵塞下水道、窨井以及作业现场的逃生通道和消防通道。

（2）应当根据土壤类别、力学性质、开挖深度、荷载等因素采取防止滑坡和塌方措施，不应在土壁上挖洞攀登；作业过程中应当对坑、槽、井、沟边坡或者固壁支撑架随时检查，特别是雨雪后和解冻时期，如发现边坡有裂缝、疏松或者支撑有折断、走位等异常情况时，应当立即停止作业，并采取相应措施

（3）不应在坑、槽、井、沟上端边沿站立、行走；不应在坑、槽、井、沟内休息。

（4）在坑、槽、井、沟的边缘安放机械、铺设轨道及通行车辆时，应当保持适当距离，采取有效的固壁措施，设置警示标识或障碍物。

（5）确认 1.2 m 以内的任何地下设施的正确位置和深度只可人工使用手工工具挖掘；在防爆区域挖掘时，应当使用防爆工具。

（6）在坑、沟槽内作业应正确穿戴安全帽、防护鞋、手套等个体防护装备。

（7）保护性支撑系统的安装应自上而下进行，支撑系统的所有部件应稳固相连。在拆除固壁支撑时，应当从下往上进行；更换支撑时，应当先装新的，后拆旧的，回填和支撑系统的拆除应同步进行。

（8）在沟（槽、坑）下作业应当按规定坡度顺序进行，使用机械挖掘时，人员不应进入机械旋转半径内；深度大于 2 m 时，应当设置人员上下的梯子等能够保证人员快速进出的设施；作业人员之间应当保持 2. 5 m 以上的安全距离。

3）邻近结构物安全

（1）动土前应确定附近结构物是否需要临时支撑；必要时由有资质的专业人员对邻近结构物基础进行评价，并提出保护措施建议。

（2）如果动土作业危及邻近的房屋、墙壁、道路、管道或其他结构物，应当采取支撑系统或其他保护措施，如支撑、加固或托换基础来确保这些建（构）筑物的稳固性，并保护员工免受伤害，加强观测，防止位移和沉降。

（3）机械开挖时，应当避开构筑物、管线，在线缆、非油气管线等地下隐蔽设施两侧 1 m 范围内应当采用人工开挖；油气输送管线管沟动土时，在地下设施两侧 2 m 范围内应当采用人工开挖。

（4）在动力设施安全距离内，如架空线路、管廊、地下电缆、管网等附近进行绿化时，必须经地下隐蔽设施的主管部门同意方可进行，不得危及动力设施安全。

（5）动土作业在靠近地下管线、电缆、建（构）筑物和设施基础等处施工时，不能采用机械挖掘，尤其对于下方敷设电缆的部位，禁止使用镐头和铁棒施工，还须采取必要的安全措施，防止造成生产或人身事故。

4）进、出口安全要求

（1）挖掘深度超过 1. 2 m 时，应在合适的距离内提供梯子、台阶或坡道等，用于安全进出。

（2）作业场所不具备设置进出口条件，应设置逃生梯、救生索及机械升降装置等，安排专人监护作业，始终保持有效的沟通。

（3）当允许员工、设备在挖掘处上方通过时，应提供带有标准栏杆的通道或桥梁，并明确通行限制条件。

5）作业环境安全要求

（1）当深度超过 1. 2 m 的可能存在引起燃烧、爆炸、中毒、窒息等危险性气体的场所或遇到和地漏、下水井、阀门井相连时或遇可燃、有毒物质相通的前述设施时，要增加作业相关安全措施（如进行气体检测等），执行受限空间作业相关规定。挖掘（动土）作业需要用火时，执行动火作业安全管理要求。

（2）对填埋区域，危险化学品生产、储存区域等可能产生危险性气体的作业，应对作业环境进行气体检测，必要时应采取使用呼吸器、通风设备和防爆工具等相关措施。

（3）雷雨天气应停止动土作业，雨后复工前，作业单位应检查受雨水影响的挖掘现场，监督排水设备的正确使用，检查土壁稳定和支撑牢固情况；发现问题，要及时采取措施，防止骤然崩塌。

6）标识与警示要求

（1）采用机械设备挖掘时，应确认作业范围内没有障碍物（如架空线路、管架等）。

（2）作业现场应设置护栏、盖板和明显的警示标识，夜间应悬挂警示灯。

（3）挖掘（动土）作业如果阻断生产区域内交通主、支路与车间引道时，应执行断路作业安全管理要求。

（4）采用警示路障时，应将其安置在距开挖边缘至少 1.5 m 之外；如果采用废土堆作为路障，其高度不得低于 1 m；在道路附近作业时应穿戴警示背心。

（5）作业现场在人行道或者车行路线附近时，应当设置围护和警告标志。

7）作业现场清理

作业结束后，作业单位应清理现场、及时回填，撤除作业区域、路口设置的路栏、道路作业警示灯、导向标等交通警示设施，恢复地面设施，报告公司调度、消防支队等恢复交通。地下隐蔽设施变化的，作业单位应将变化情况向属地单位和相关方通报，并在竣工图上详细标注，以完善地下设施布置图。

八、断路作业综合安全技术

断路作业是指在企业生产区域内的交通主干道、次干道、支道，以及消防通道、装置引道上进行生产、维修、电力、通信等影响正常交通作业和消防应急处置的作业。总体安全要求如下。

1）断路作业实施要求

（1）作业单位接到作业许可证后，即可在规定的时间内，按规定的作业内容进行作业。

（2）作业前，断路申请单位应会同企业相关部门制定交通组织方案，需通行车辆的道路，应铺设临时通行设施，保证消防车和其他重要车辆的通行安全，并满足应急救援要求。

（3）用于断路作业的工件、材料应当放置在作业区域内或者其他不影响正常交通的场所。

（4）在消防通道上的断路作业，必须分步施工，确保消防车顺利通行。如影响消防通道，必须向作业主管部门、公司调度中心与消防支队报告。

（5）施工过程中出现占用规划批准范围以外场地，可能损坏道路、管线、电力、邮电通信等公共设施，需要临时停水、停电、中断道路交通，需要进行爆破等情形时，应及时报告属地单位，采取有效措施后方可继续进行作业。

2）交通警示标志和设施要求

（1）作业单位应当根据需要在断路的路口和相关道路上设置作业标志、限速标志、距离辅助标志、导向标等交通警示标志，在作业区域附近设置路栏、锥形交通路标、道路作业警示灯等交通警示设施；

（2）在道路上进行定点作业，白天不超过 2 h、夜间不超过 1 h 即可完工的，需要现场交通指挥人员指挥交通，作业区域设置了锥形交通路标、路栏或者道路作业警示灯等交通警示设施，可不设标志牌。

（3）在夜间或者雨、雪、雾天进行断路作业时设置的道路作业警示灯，应当设置高度离地面 1.5，不低于 1.0 m；在作业区域周围的锥形交通路标处，且能反映作业区域轮廓；开启并发出至少自 150 m 以外清晰可见的连续、闪烁或者旋转的红光。

（4）在爆炸危险区域内警示灯应当符合防爆要求。

3）作业现场清理

作业结束后，作业单位须清理现场，撤除作业区域、路口设置的路栏、道路作业警示灯、导向标等交通警示设施，报告作业主管单位、公司调度中心和消防支队恢复交通。地下隐蔽设施变化的，作业单位应将变化情况向属地单位、项目管理部门和相关方通报，并在竣工图上详细标注，以完善地下设施布置图。

第六章　危险化学品生产设备设施安全

危险化学品的生产过程离不开化工设备，化工设备品种繁杂、形式多样、生产过程安全管理要求严苛，尤其是特种设备，在制造、使用等全生命周期都要经过特种设备安全监督管理部门的监督管理，防爆电气设备则由于其使用于危险化学品生产的特殊场所，以及易于产生火花的特性，在生产过程中安全管控的重要性不言而喻。因此，针对不同类型设备应当进行分类管理。

第一节　典型化工设备

化工设备是指化工生产中静止的或配有少量传动机构组成的装置，主要用于完成传热、传质和化学反应等过程，或用于储存物料。按结构特征和用途分为容器、塔器、换热器、反应器（包括各种反应釜、固定床或液态化床）和管式炉等。

一、容器类化工设备

容器类化工设备主要有槽、罐、釜等，其操作规程如下。

1. 设备检查与准备

（1）检查化工容器外观是否完整，有无明显损坏、变形或泄漏现象。

（2）确认容器的安全附件（如压力表、温度计、液位计等）是否齐全且工作正常。

（3）检查容器进出口阀门、法兰连接处是否紧固，无泄漏。

（4）确保容器内部清洁，无杂质和遗留物。

（5）检查与容器相关的管道、泵、压缩机等设备是否完好，运行正常。

2. 操作前安全确认

（1）确认容器内的介质种类、数量及状态是否符合要求。

（2）检查容器及其附件是否在有效期内，并按规定进行定期检验。

（3）确认容器周围环境安全，无火源、静电等潜在危险。

（4）检查操作人员是否熟悉操作规程，具备相应资质和操作经验。

3. 容器开启与关闭

（1）在开启容器前，应先打开相关的放空阀门，确保容器内部无残余压力。

（2）缓慢开启进出口阀门，避免介质冲击和产生过大的应力。

（3）关闭容器时，应先关闭进出口阀门，再关闭放空阀门。

（4）操作过程中应注意观察容器及其附件的工作状态，确保正常运行。

4. 介质加入与排出

（1）根据工艺要求，按照规定的加料顺序和速率加入介质。

（2）在加入介质时，应注意观察容器内液位和压力的变化，避免超负荷运行。

（3）介质排出前，应确认排出管道畅通无阻，避免产生堵塞或泄漏。

（4）调节阀门开度，控制介质排出的速率和量，确保工艺稳定。

5. 压力与温度控制

（1）根据工艺要求，设定容器的压力和温度控制范围。

（2）定期检查压力表和温度计的工作状态，确保其准确可靠。

（3）操作过程中应密切关注容器内压力和温度的变化，及时调整相关设备，保持稳定运行。

6. 日常维护与保养

（1）定期对容器进行清洗和除锈，保持内外表面清洁。

（2）检查并紧固容器的法兰连接、阀门等部件，防止泄漏。

（3）定期对容器的安全附件进行校验和维护，确保其正常工作。

（4）定期对与容器相关的管道、泵、压缩机等设备进行检查和维护，确保其运行正常。

7. 故障识别与处理

（1）发现容器泄漏、压力异常、温度异常等异常情况时，应立即停止操作并报告。

（2）根据故障类型和严重程度，采取相应的处理措施，如紧急停车、切换备用设备等。

（3）故障发生后，应及时查明原因，采取有效措施防止类似故障再次发生。

8. 应急措施与预案

（1）制定针对化工容器的应急预案，明确应急处理流程和责任分工。

（2）定期组织应急演练，提高操作人员的应急处置能力。

（3）准备必要的应急设备和物资，如灭火器、应急照明、通信工具等。

（4）在发生紧急情况时，应按照应急预案的要求迅速响应，确保人员安全并最小化事故损失。

二、分离塔器类化工设备

分离塔器类化工设备主要有浮阀塔、填料塔、泡罩塔、转盘塔等。

（一）浮阀塔操作规程

1. 操作前准备

（1）操作人员需接受专业培训，确保熟悉浮阀塔的结构、原理及操作流程。

（2）检查浮阀塔及其附属设备是否完好无损，确认所有紧固件无松动。

（3）检查进出料管道、阀门、仪表等是否完好，确保其处于正常工作状态。

（4）确认供电系统正常，并开启必要的照明和指示设备。

2. 启动浮阀塔

（1）打开浮阀塔进料阀门，缓慢进入物料。

（2）启动浮阀塔的风机或泵，调整至适当的运行速度。

（3）观察浮阀塔内物料的流动情况，确保浮阀正常工作，无堵塞现象。

3. 浮阀塔调整

（1）根据物料性质和操作要求，适时调整塔的各项操作参数。

（2）观察浮阀塔及其附件运行情况，确保无泄漏。

4. 正常运行监控

（1）定期检查浮阀塔的运行状态，包括物料流量、温度、压力等参数。

（2）注意观察浮阀塔内物料的变化，及时发现问题并处理。

（3）定期记录运行数据，分析操作效果，优化操作参数。

5. 故障排查与处理

（1）发现浮阀塔运行异常时，应立即停机检查，找出故障原因。

（2）根据故障原因采取相应的处理措施，如更换损坏部件、调整操作参数等。

（3）如遇重大故障无法处理，应及时报告上级领导，并联系专业维修人员。

6. 停车与维护

（1）在停车前，应先关闭进料阀门，停止风机或泵的运行。

（2）清理浮阀塔内及外部的残留物料，保持清洁。

（3）定期检查浮阀塔及其附属设备的运行状态，进行必要的维护和保养。

7. 安全注意事项

（1）操作过程中应佩戴防护用品，确保人员安全。

（2）禁止浮阀塔超温超压运行。

（3）如遇紧急情况，应立即停机并采取相应的安全措施。

8. 操作记录与交接

（1）每次操作都应详细记录操作时间、物料流量、温度、压力等参数。

（2）记录浮阀塔的运行状态及故障处理情况。

（3）在交接班时，应将浮阀塔的运行情况、存在的问题及注意事项交接给下一班操作人员。

（二）泡罩塔操作规程

1. 操作前准备

（1）检查泡罩塔及其附属设备是否完好无损，无泄漏、堵塞等现象。

（2）确保所有连接管道、阀门、法兰等紧固可靠，无松动。

（3）检查泡罩塔的进料、出料、回流等管道是否畅通无阻。

（4）检查仪表、传感器、控制系统等是否正常工作，指示准确。

（5）确认供电系统稳定，并开启必要的照明和指示设备。

2. 开机步骤

（1）打开泡罩塔的进料阀门，缓慢加入物料。

（2）启动泡罩塔的鼓风机或循环泵，调整至适当的流速。

（3）观察泡罩塔的运行情况，确保物料均匀分布并通过泡罩层。

（4）逐渐调整操作参数，如温度、压力、流量等，至工艺要求范围内。

3. 关机步骤

（1）逐渐减小物料进料量，直至停止进料。

（2）关闭鼓风机或循环泵，停止流体循环。
（3）打开泡罩塔的底部出料阀门，排空塔内剩余物料。
（4）关闭所有附属设备和仪表，断开电源。
4. 监控与调整
（1）定期检查泡罩塔的运行状态，包括物料流量、温度、压力等参数。
（2）观察泡罩层的液面高度和波动情况，确保其稳定工作。
（3）根据操作要求及时调整操作参数，优化泡罩塔的性能。
（4）定期检查仪表、传感器等设备的准确性和可靠性。
5. 故障排查
（1）发现泡罩塔运行异常时，应立即停机检查，找出故障原因。
（2）根据故障现象进行排查，如检查管道是否堵塞、阀门是否损坏等。
（3）如遇重大故障无法处理，应及时报告上级领导，并联系专业维修人员。
（4）维修完成后应进行试运行，确保泡罩塔恢复正常工作状态。
6. 维护保养
（1）定期对仪表、传感器等进行校准和维修，确保其准确性和可靠性。
（2）检查并更换磨损严重的泡罩层和其他易损件。
（3）定期对附属设备进行检查和维护，确保其正常运行。
7. 安全注意事项
（1）操作过程中应佩戴防护用品，确保人员安全。
（2）禁止泡罩塔超温超压运行。
（3）如遇紧急情况，应立即停机并采取相应的安全措施。
（4）遵守相关安全规定和操作规程，确保设备和人员安全。
8. 记录与报告
（1）每次操作都应详细记录操作时间、物料流量、温度、压力等参数。
（2）记录泡罩塔的运行状态及故障处理情况。
（3）定期向相关部门提交操作报告，包括生产数据、性能分析、故障统计等。
（4）发现问题或异常情况应及时报告给上级领导，并采取措施进行处理。

（三）转盘塔操作规程

1. 设备检查与准备
（1）检查转盘塔整体结构是否完整，无明显损坏或变形。
（2）确认转盘塔所有紧固件（如螺栓、螺母等）是否牢固，无松动现象。
（3）检查电机、减速器、轴承等关键部件是否完好无损，润滑是否充足。
（4）检查电气系统，确保电源线、控制线路等无破损，接触良好。
（5）检查安全防护装置（如防护罩、安全护栏等）是否齐全有效。
（6）确保现场照明充足，作业环境良好。
2. 转盘启动与停止
（1）在启动转盘前，确保所有人员已离开转盘区域，且无其他障碍物。
（2）按照操作规程，先开启电源，再启动转盘电机。

（3）观察转盘运行情况，确保其平稳、无异常振动或噪声。
（4）停止转盘时，应先关闭电机，再断开电源。
3. 物料装载与卸载
（1）在装载物料前，确保转盘表面干净无异物，且物料符合设备要求。
（2）装载物料应均匀分布，避免偏载或超载。
（3）卸载物料时，应使用专用工具，禁止手抓或脚踩转盘。
（4）卸载完毕后，应及时清理转盘表面残留物料。
4. 安全操作规范
（1）操作人员应经过专业培训，熟悉设备性能和操作规程。
（2）操作过程中应佩戴防护用品，如手套、安全鞋等。
（3）禁止在转盘运行过程中触摸或靠近旋转部件。
（4）如遇紧急情况，应立即停止转盘并采取相应的安全措施。
5. 异常处理与故障排除
（1）发现转盘运行异常时，应立即停止运行并检查原因。
（2）常见故障如电机故障、轴承损坏等应及时报修，由专业人员进行维修。
（3）维修过程中应遵守安全操作规程，确保人员和设备安全。
6. 操作结束与设备维护
（1）操作结束后，应关闭电源并清理转盘表面及周围环境。
（2）定期对转盘塔进行维护保养，如润滑轴承、紧固螺栓等。
（3）定期对电气系统进行检查，确保安全可靠。
7. 作业人员培训与要求
（1）操作人员应接受相关安全培训，了解设备性能和操作规程。
（2）操作人员应具备良好的操作技能和安全意识，能够熟练应对各种操作情况。
（3）定期对操作人员进行考核和评估，确保其符合要求。
8. 环境卫生与清洁
（1）保持转盘塔周围环境整洁，无杂物堆放。
（2）定期清理转盘表面及周围区域的灰尘和污垢。
（3）废弃物应分类处理，遵守环保要求。

三、反应器类化工设备

反应器类化工设备主要有管式反应器、流态化反应器、搅拌釜反应器等。

（一）管式反应器操作规程

1. 设备检查与准备
（1）检查管式反应器外观是否完好，无变形、裂纹等损伤。
（2）确认反应器内部清洁，无残留物或异物。
（3）检查反应器进出口管道、阀门、法兰等连接部位是否紧固、无泄漏。
（4）检查加热、冷却系统是否正常，温度控制仪表显示准确。
（5）检查辅助设备是否完好，运行正常。

2. 物料准备与投料

（1）根据工艺要求，确保所需原料质量符合要求。

（2）根据工艺要求，确保达到初期反应条件。

（3）投料过程中应缓慢、均匀，避免产生过大的冲击或涡流。

（4）投料过程中应重点关注温度及压力变化，避免超温超压。

3. 温度控制与调节

（1）根据工艺要求，设定反应器的初始温度，并启动加热或冷却系统。

（2）定期检查温度控制仪表的显示值，确保实际温度与设定值相符。

（3）根据反应过程中温度的变化趋势，适时调整加热或冷却速率，保持温度稳定。

（4）注意观察反应器内物料状态，避免温度过高导致物料分解或聚合。

4. 压力监控与调整

（1）根据工艺要求，设定反应器的初始压力，并检查压力表的显示值。

（2）在反应过程中，密切关注压力的变化，如发现异常波动或超压现象，应及时采取措施进行调整。

（3）根据需要，可启动或关闭放空阀门、调节进出口阀门开度等来控制压力。

5. 流量控制与管理

（1）根据工艺要求，设定物料进出口的流量，并检查流量计的工作状态。

（2）在反应过程中，定期检查流量计的显示值，确保实际流量与设定值相符。

（3）如发现流量异常或波动较大，应及时检查管道、阀门等连接部位是否泄漏或堵塞，并采取相应措施进行处理。

6. 反应过程监控

（1）密切关注反应过程中物料颜色、状态等变化，如有异常应及时报告并采取措施。

（2）定期检查反应器内物料混合程度，确保反应均匀进行。

（3）记录反应过程中的关键参数（如温度、压力、流量等），以便分析和优化工艺条件。

7. 产物收集与处理

（1）根据工艺要求，设置合适的收集装置，用于收集反应产物。

（2）确保收集装置密封良好，无泄漏现象。

（3）定期检查收集装置中产物的质量和数量，如有异常应及时采取措施。

（4）对收集到的产物进行后处理，如过滤、干燥、包装等，以满足后续使用要求。

8. 设备清洗与维护

（1）在每次使用完毕后，应对反应器进行彻底清洗，去除残留物和污垢。

（2）检查反应器内部及附件的磨损情况，如有需要应及时更换或修复。

（3）定期对反应器进行维护和保养，如润滑、紧固螺栓等，确保其正常运行和延长使用寿命。

（4）建立设备档案，记录设备的使用情况、维修记录等信息，以便追踪和管理。

（二）流态化反应器操作规程

1. 设备检查与启动

（1）检查流态化反应器外观是否完好，无明显损伤、变形或泄漏。

（2）确认所有连接管道、阀门和法兰紧固可靠，无泄漏现象。

（3）检查流态化床层是否均匀，无杂质或大块物料。

（4）启动反应器前，确保所有安全装置（如压力传感器、温度计等）安装完毕并工作正常。

（5）开启反应器电源，检查控制系统是否正常运行，仪表显示准确。

2. 物料准备与加料

（1）根据工艺要求，准备所需原料，并确保其质量符合标准。

（2）打开加料阀门，将原料缓慢、均匀地加入流态化反应器中。

（3）监控加料过程，确保物料流量稳定，避免过大波动。

3. 温度与压力控制

（1）根据工艺要求，设定反应器的初始温度和压力。

（2）定期检查温度和压力仪表的显示值，确保实际值与设定值相符。

（3）根据反应过程中温度和压力的变化趋势，适时调整加热或冷却速率，以及调整反应器进出口阀门开度，以保持温度和压力稳定。

4. 流体流速调节

（1）根据工艺要求，设定流体的初始流速。

（2）通过调节流体进出口阀门开度或调整泵的工作状态，控制流体的流速。

（3）定期检查流体流速仪表的显示值，确保实际流速与设定值相符。

（4）根据反应过程的需要，适时调整流体流速，以优化反应效果。

5. 反应过程监控

（1）密切关注反应过程中物料颜色、状态等变化，如有异常应及时报告并采取措施。

（2）定期检查反应床层的流动状态，确保流态化正常进行。

（3）记录反应过程中的关键参数（如温度、压力、流速等），以便分析和优化工艺条件。

6. 产品收集与处理

（1）根据工艺要求，设置合适的收集装置，用于收集反应产物。

（2）确保收集装置密封良好，无泄漏现象。

（3）定期检查收集装置中产物的质量和数量，如有异常应及时采取措施。

（4）对收集到的产物进行后处理，如分离、干燥、包装等，以满足后续使用要求。

7. 安全操作与应急措施

（1）操作人员应接受专业培训，了解设备性能和安全操作规程。

（2）在操作过程中，应佩戴适当的防护用品，如防护眼镜、手套等。

（3）如发现异常情况或安全隐患，应立即停机并报告相关部门。

（4）配备必要的应急设备和器材，如灭火器、急救箱等，以备不时之需。

（5）定期进行安全演练和培训，提高操作人员的安全意识和应急处理能力。

（三）搅拌釜反应器操作规程

1. 设备检查与准备

（1）操作前必须对搅拌釜反应器进行全面检查，确保设备完好无损，各部件连接紧固，无泄漏现象。

（2）检查搅拌釜内的搅拌器、温度计、压力计等仪表是否完好并校准。

（3）开启搅拌釜的电源、水源和冷却系统，确保设备处于正常的工作状态。

2. 原料检查与投放

（1）检查原料的品质、纯度和数量，确保符合生产工艺要求。

（2）根据工艺要求，按照规定的比例和顺序，将原料准确、安全地投入搅拌釜中。

3. 搅拌速度与温度

（1）根据反应的要求，设置合适的搅拌速度，保证物料混合均匀。

（2）严格控制反应温度，根据工艺曲线调整加热或冷却速率，确保反应在设定的温度范围内进行。

4. 反应过程监控

（1）实时监控反应过程，注意观察反应物的颜色、状态变化，记录相关参数。

（2）如发现异常情况，如温度过高、压力异常等，应立即采取措施进行处理，并向相关部门报告。

5. 安全措施与防护

（1）操作人员必须穿戴符合安全要求的防护服、手套、眼镜等。

（2）搅拌釜应设置在有良好通风条件的地方，远离火源、热源等危险源。

（3）定期对搅拌釜进行安全检查，确保设备安全可靠。

6. 反应结束处理

（1）反应结束后，应按照工艺要求关闭搅拌釜的电源、水源和冷却系统。

（2）将反应产物进行后续处理，如分离、提纯等。

7. 设备清洁与维护

（1）反应结束后，对搅拌釜进行彻底清洗，去除残留物，保持设备内部清洁。

（2）定期对搅拌釜进行维护和保养，如更换磨损件、润滑轴承等。

8. 记录与报告填写

（1）操作过程中应详细记录各项参数和操作情况，包括设备状态、原料投放量、反应温度、搅拌速度等。

（2）定期对操作记录进行汇总和分析，编制相应的生产报告和质量控制报告。

四、换热器类化工设备

换热器类化工设备有列管式换热器、板式换热器、蛇管换热器等。此处重点介绍列管式换热器和板式换热器。

（一）列管式换热器操作规程

1. 开机前准备

（1）检查列管式换热器外观是否完好无损，各部件连接是否紧固，确保设备处于良好状态。

（2）检查换热器的管道、阀门、法兰等连接部位是否密封良好，无泄漏现象。

（3）确认换热器内部清洁，无杂物、污垢等。

（4）检查电源、水源、冷却水等辅助设施是否正常，确保开机后能够正常运行。

2. 设备启动步骤

（1）打开冷却水进出口阀门，确保冷却水循环畅通。

（2）打开物料进出口阀门，将物料引入换热器。

（3）启动循环泵，使物料在换热器内循环流动。

（4）逐步调整加热或冷却介质流量，控制物料温度在规定范围内。

3. 运行参数监控

（1）实时监控物料进出口温度、流量、压力等参数，确保在工艺要求的范围内。

（2）注意观察换热器外壳、管道等部位的温度变化，防止过热或超温。

（3）定期检查冷却水流量、温度等参数，确保冷却效果良好。

4. 日常维护与保养

（1）定期清洗换热器表面，去除灰尘、污垢等杂物。

（2）检查管道、阀门、法兰等连接部位是否紧固，如有泄漏及时处理。

（3）定期检查循环泵、电机等辅助设备的运行状况，确保正常运行。

5. 故障诊断与处理

（1）如发现换热器进出口温差异常、流量波动等异常情况，应立即停机检查。

（2）对换热器进行外观检查，查找泄漏、变形等损坏部位，并及时修复。

（3）对于无法处理的故障，应及时联系专业维修人员进行处理。

6. 安全操作规范

（1）操作人员必须熟悉设备结构、性能及安全操作规程。

（2）严禁在设备运行过程中对设备进行维修、保养等操作。

（3）如发现异常情况或安全隐患，应立即停机并报告相关部门。

7. 停机操作要点

（1）在停机前，应先关闭物料进出口阀门，停止物料流动。

（2）关闭加热或冷却介质进出口阀门，停止加热或冷却。

（3）关闭循环泵，停止物料循环。

（4）关闭冷却水进出口阀门，停止冷却水循环。

8. 记录与报告填写

（1）操作过程中应详细记录各项参数和操作情况，包括物料进出口温度、流量、压力等。

（2）定期对操作记录进行汇总和分析，编制相应的生产报告和质量控制报告。

（3）如发现异常情况或故障，应及时填写故障报告，并上报相关部门。

（二）板式换热器操作规程

1. 设备启动前准备

（1）确保板式换热器的所有附件、连接管线和仪表都已经正确安装和校验。

（2）检查换热器四周有无障碍物，确保设备周围有足够的操作空间。

（3）检查换热器的紧固件是否牢固，确保设备在运行过程中不会因松动而发生泄漏。

（4）准备好操作所需的工具，如阀门操作手柄、温度计、压力计等。

2. 介质流程确认

（1）确认换热器的介质进出口流程，确保介质按照规定的方向流动。

（2）检查介质管道上的标识，确保介质种类、温度、压力等参数符合设计要求。

3. 换热器检查

（1）检查换热器板片是否有损坏或变形，如有异常应及时更换。

（2）检查换热器密封垫是否完好，如有老化或损坏应及时更换。

（3）检查换热器的压紧装置是否工作正常，确保板片之间的密封性。

4. 阀门操作指南

（1）在启动前，先打开介质进出口阀门，确保介质能够顺畅流通。

（2）根据工艺要求，调整介质流量，控制换热器内的温度和压力。

（3）在停机时，应先关闭介质进出口阀门，再关闭循环泵。

5. 温度与压力监控

（1）在运行过程中，应实时监控换热器的进出口温度、压力等参数。

（2）如发现温度、压力异常波动，应立即停机检查，防止设备损坏或事故发生。

6. 清洗与维护

（1）定期对换热器进行清洗，去除板片表面的污垢和杂质，保证换热效果。

（2）定期检查换热器的密封垫和压紧装置，确保其完好有效。

（3）对于长期停用的换热器，应做好防腐措施，防止设备腐蚀。

7. 紧急停车步骤

（1）在遇到紧急情况时，如设备泄漏、温度过高、压力异常等，应立即按下紧急停车按钮。

（2）关闭介质进出口阀门，切断电源和动力源，确保设备安全停车。

（3）及时报告相关部门，组织人员对设备进行检修和故障排除。

8. 安全注意事项

（1）操作人员应熟悉板式换热器的结构、性能和安全操作规程。

（2）在操作过程中，应佩戴好防护用品，如手套、防护眼镜等。

（3）严禁在设备运行过程中进行检修、维护等操作。

（4）如发现异常情况或安全隐患，应立即停机并报告相关部门。

五、加热炉类化工设备

加热炉类化工设备有电加热炉、管式裂解炉、废热锅炉等。此处重点介绍电加热炉的操作规程。

1. 设备启动前准备

（1）确保电加热炉的所有附件、连接管线和仪表都已经正确安装和校验。

（2）检查加热炉四周有无障碍物，确保设备周围有足够的操作空间。

（3）检查加热炉的紧固件是否牢固，确保设备在运行过程中不会因松动而发生泄漏。

（4）准备好操作所需的工具。

2. 设备检查与安装

在使用电加热炉前，应仔细检查设备是否完好，并按照要求正确安装和连接电源。

3. 操作与控制

（1）通过控制器进行操作，如启动、停止、设定时间等。

（2）操作人员应熟悉控制器的各项功能，并严格按照操作规程进行操作。

4. 设备监控与维护

（1）电加热炉操作人员应定期检查电加热炉的电气设备和接线是否正常，保证电气线路的安全可靠。

（2）应定期清理设备表面和炉体内部，防止杂物积聚，影响设备散热和正常运行。

5. 紧急处理

在发生事故或紧急情况时，要立即切断电源并采取相应措施，保护人员安全并防止进一步损害。

6. 安全注意事项

（1）禁止违规操作。不得在电加热炉上进行任何非法操作，如超负荷使用、调整未经允许的参数等，这些行为可能导致设备损坏和人员伤害。

（2）火源安全。电加热炉附近不得存放易燃物品，避免引发火灾。使用过程中，要随时注意炉体温度，避免热伤害。

（3）培训和操作规程。操作人员必须接受相关培训，并按照操作规程进行操作，禁止未经培训的人员操作电加热炉。

第二节　特种设备安全

特种设备是指涉及生命安全、危险性较大的锅炉、压力容器（含气瓶）、压力管道、电梯、起重机械、客运索道、大型游乐设施和场（厂）内专用机动车辆八大类。国家对特种设备实行目录管理，监管部门对列入《特种设备目录》的特种设备实施监督管理。本节只对危险化学品生产涉及的六大类特种设备的安全管理要求进行详细介绍，对于客运索道和大型游乐设施虽属于特种设备，在本书中不作介绍。

一、锅炉

锅炉包括各种工业和民用的蒸汽锅炉、热水锅炉等。锅炉操作规程如下。

1）启动前的准备

（1）检查锅炉的水位是否正常，水位过低或过高都会影响锅炉的正常运行。

（2）检查锅炉的燃料是否充足，燃料不足会导致锅炉的热效率降低。

（3）检查锅炉的烟道是否畅通，烟道堵塞同样会导致锅炉的热效率降低。

（4）检查锅炉的安全阀是否正常，安全阀失灵可能导致锅炉的爆炸。

2）启动锅炉

（1）打开给水阀门，使锅炉内的水位达到正常水位。

（2）打开引风机，使炉膛内形成负压，然后打开点火器点火。

3）运行过程中的注意事项

（1）锅炉的水位和压力应始终保持在正常范围内，过高或过低的压力和水位都可能影响锅炉的正常运行。

（2）锅炉的燃料应按照规定的比例加入，不合适的燃料比例会降低锅炉的热效率。

（3）定期检查锅炉的安全阀和压力表，确保它们工作正常。

（4）经常注意水位，使其保持在水位表 2/3 的位置。

4）停止锅炉

（1）先关闭燃料阀门，然后关闭引风机和送风机。

（2）锅炉停止后，及时排放锅炉内的余热，以免锅炉内的水温过高。

5）日常维护

（1）定期对锅炉进行安全检查和隐患排查，及时消除隐患。

（2）锅炉用水应经过软化处理并保持清洁，不得含有油脂。

（3）水位表的玻璃管外应装置坚固的防护罩，并每班冲洗一次，以确保能迅速观察到水位的上升或下降。

6）安全注意事项

（1）如果在运行过程中发现锅炉存在气压迅速上升超过许可工作压力、水位异常下降、安全阀失灵等紧急情况时，应立即停炉并进行相应处理。

（2）具体的锅炉操作规程可能会因锅炉类型、燃料类型以及具体的运行条件而有所不同。因此，在实际操作中，应严格遵循锅炉制造商提供的操作手册和相关安全规定，确保锅炉的安全运行。

（3）操作锅炉的人员必须经过专业培训，熟悉操作规程和应急处理措施，确保能够正确、安全地操作锅炉。

二、压力容器

压力容器包括各种存储和运输气体或液体的设备，如气瓶、罐车、罐式集装箱等。压力容器操作规程如下。

1）操作前准备

（1）仔细检查压力容器的外观，确保无明显的损伤或泄漏。

（2）检查压力容器的安全阀、压力表和温度计的工作状态，确保它们准确可靠。

（3）检查压力容器的进出口阀门的开闭情况，确保阀门操作灵活可靠。

（4）检查压力容器的附件和管路的连接情况，确保无松动或渗漏。

（5）确认操作区域内的环境安全，无明火、易燃物品和爆炸物。

2）操作步骤

（1）打开进气阀门，逐渐增加进气量，同时观察压力表和温度计的变化情况。

（2）根据工艺要求，调节进气阀门和出气阀门的开度，以控制压力容器内的压力。

（3）定期检查压力容器的压力表和温度计的读数，确保其准确可靠。

（4）在操作过程中，如发现压力容器有异常情况（如压力突然升高、温度异常升高等），应立即停止操作，并报告相关人员。

（5）操作结束后，逐渐关闭进气阀门和出气阀门，将压力容器内的压力释放至安全范围内。

（6）关闭压力容器的进出口阀门，确保压力容器与外部环境隔离。

3）事故应急处理

在试验或操作过程中，如发生任何意外事故，应立即停止操作，采取相应的紧急措施，保护操作人员和周围环境的安全。

4）记录与报告

试验或操作过程中应详细记录各项数据和情况，并及时报告相关部门和管理人员，以便对操作或试验进行评估和改进。

5）其他注意事项

（1）压力容器应严格按照规定的操作压力、温度条件使用，不得在超温、超压和超负荷下运行。如需变动温度、压力控制指标，应报请领导批准。

（2）使用单位应对每台压力容器进行编号、登记，并建立设备档案。

（3）容器操作人员应经过培训并考试合格，严格遵守安全操作规程和岗位责任制，定时、定量、定路线进行检查。

三、压力管道

压力管道包括长输管道、公用管道、工业管道等。压力管道操作规程如下。

1）管道检查

（1）在初次启动前，必须对管道进行内外部的全面检查，确保各种连接、法兰、阀门等设备无泄漏或不符合规范的情况。

（2）每次运转前，都应检查管道是否有变形、裂纹、损伤、异物等情况，并对管道内的流体进行检查，以确保流体的质量和安全性。

2）操作流程

（1）管道的启动、停机、转换等操作必须严格按照操作规程规定的流程进行，不得有违规操作。

（2）操作人员必须严格按照工作要求或提示进行操作，在管道运转时必须保持专注，并按照流程关注仪表显示、感觉管道的工作状况，以便及时发现并处理异常情况。

3）阀门操作

（1）管道阀门的使用必须符合规范，每天应检查阀门状态，确保其正常工作，不得有疏忽情况。

（2）根据工艺要求，对阀门进行分组，并定期进行漏气、漏油、漏水测试，以确保阀门的密封性和可靠性。

（3）在管道运转过程中，必须按照指示操作阀门，不得随意开闭，以免影响管道的正常运行。

4）维护与保养

（1）定期对管道设备动、静部件进行检查、保养，清除杂物，更换损坏零件和润滑油，保证设备在良好状态下运行。

（2）管道周边地面应保持平整，管道两侧不得储存杂物，也不得有火源和较高温度的设备，以确保管道的安全运行。

5）安全注意事项

（1）管道所有人应提供适当的资源和支持，以保障维护工作的顺利进行。

（2）维护工作人员应遵守相关的安全规定和操作规程，确保工作场所的安全，并佩戴个人防护装备，如安全帽、安全鞋和手套等。

（3）在突发情况下，必须迅速报告上级，并按照应急预案要求开展救援工作，确保事件不扩大化。

四、电梯

电梯包括乘客电梯、货物电梯、自动扶梯、自动人行道等。电梯操作规程如下。

1）操作前准备

（1）电梯操作员应确认电梯处于静止状态，然后按下开门按钮，等待乘客进入。

（2）操作员应确保电梯内无异物和人员卡阻，并检查电梯的显示面板、按钮等是否正常工作。

2）乘客进入电梯

（1）乘客在进入电梯前，应确认电梯是否停在该楼层，如未停靠，需按下呼叫按钮并等待。

（2）乘客进入电梯时，应注意脚下情况，避免绊倒其他乘客，并尽量靠边站立，保持通道畅通。

（3）禁止在电梯内打闹、推搡或进行其他危险行为，同时要避免将手、脚或其他物体放在门缝中。

3）电梯启动与运行

（1）乘客进入后，操作员应按下关门按钮，确保门关闭彻底。

（2）操作员按下所需楼层的按钮，启动电梯。在电梯运行过程中，操作员应保持警惕，确保电梯平稳运行。

（3）乘客在电梯内应保持站立或坐姿，不得进行奔跑、跳跃等危险行为，并避免摇晃或摔倒。

（4）乘客不得随意触摸电梯内的按钮，如需选择楼层应按下相应的按钮，并等待电梯到达目标楼层后再离开。

4）到达目标楼层

（1）当电梯到达目标楼层时，操作员应及时按下开门按钮，确保门打开彻底，然后允许乘客离开。

（2）乘客在离开电梯时，应确保离开后电梯内无人，并及时关好电梯门。

5）紧急情况处理

（1）如果电梯在运行过程中发生故障，操作员应按下紧急停止按钮，停止电梯运行，并及时与维修人员或相关部门联系，报告故障情况，按照指示进行处理。

（2）在电梯内发生火灾或其他紧急情况时，操作员应按下紧急报警按钮，同时引导乘客镇静并采取适当的应急措施，如用湿毛巾捂住口鼻等。

6）安全设施与维护

（1）安全设施应定期检查、维护，确保其正常运行。

（2）维护人员应熟悉电梯的操作原理和维修流程，具备相关证书和技能，并定期对电梯进行巡检，检查电梯的运行状况、安全装置和控制系统是否正常。

五、起重机械

起重机械包括塔式起重机、升降机、流动式起重机等。起重机械操作规程如下。

1）操作前准备

（1）对起重机械进行全面检查，包括各装置是否完好可靠，如控制器、制动器、限位器、电铃、紧急开关等。

（2）确认起重机械具有合格的制造和安装证明，并在使用期限内。

（3）准备好必要的停车设备，如垫块、楔子等，以便在停车时使用。

（4）对周围环境进行检查，确保没有障碍物或人员会妨碍起重机械的停车操作。

2）操作过程

（1）根据吊装任务，制定合理的吊装方案，并选择合适的起重机械和吊装工具。

（2）操作起重机械时，应遵循平稳、准确、安全的原则，避免突然启动、停止或转向。

（3）起重机械作业人员必须听从挂钩起重人员指挥，在得到指挥信号后，方能进行操作，行车启动时应先鸣铃。

（4）起重机械作业人员应在规定的安全走道上运行，必须在站台或扶梯上行走和上下。

（5）臂架的长度和仰角应根据被吊重物的重量和起升高度进行调整，并估计吊索和重物本身的高度，留出适当的空间。

（6）严禁在操作过程中拉动支腿调节阀。调整支腿必须在空载状态下进行，调整前可将动臂前转或后转。

3）停车操作

（1）在停车前，应逐渐减速并降低负载，以减少对机械和负载的冲击。

（2）将起重机械平稳地停放在指定位置，并使用停车设备固定好机械，防止其移动。

（3）停车后应对起重机械进行检查，确保其处于安全状态，没有异常或故障。

（4）将停车情况记录在操作日志中，包括停车时间、位置、机械状态等信息，以便后续跟踪和管理。

4）其他注意事项

（1）露天行车遇有暴风、雷雨或六级以上大风时应停止工作，切断电源，车轮前后应塞垫块卡牢。

（2）操作人员应经过专业培训，熟悉操作规程和应急处理措施，确保能够正确、安全地操作起重机械。

（3）定期对起重机械进行检查、维护和检修，及时发现和处理潜在的安全隐患。

六、场（厂）内专用机动车辆

场（厂）内专用机动车辆如叉车、装载机等。场（厂）内专用机动车辆操作规程如下。

1）操作前准备

穿戴必要的工作服和劳动防护用品，如工作服、劳保鞋、劳保手套、口罩、防护眼镜等，以确保操作人员的安全。

2）操作过程

（1）遵守工厂内机动车辆的安全规则，这包括行驶速度不能超过规定限制，如 15 km/h，以及运行转弯时务必减速行驶，防止惯性分叉的物体被抛出，造成人员或物品损伤。

（2）驾驶员应熟悉自己所驾驶车辆的性能和技术状况，并能及时发现故障、及时排除。开车前不喝酒，驾驶时思想集中，不开小差。

（3）在叉物品时，注意其摆放的高度和稳定性，并严禁超载，以防叉车受损或造成不安全因素。

（4）无关人员不得进入叉车区域，如养护区域，以确保作业区域的安全。

（5）停车后应拧紧手刹，放下叉脚，关掉电源，取出钥匙，以确保车辆处于安全状态。

3）日常维护和检查

（1）定期保养车辆，确保车辆状况良好，如刹车、后视镜等部件的正常运行。进入易燃易爆场所作业的车辆必须具有防爆措施，排气管应安装火星熄灭器。

（2）场内专用机动车辆必须经质量技术监督部门检验合格，方能驾驶。

（3）车辆的安全技术状况应定期检查，包括制动器、转向器、喇叭、灯光、后视镜等必须保持齐全有效。

（4）在行驶过程中，如发生故障，应停车修复后方可继续行驶。

4）其他注意事项

（1）具体的操作规程可能会因车辆类型、工艺要求和具体运行条件而有所不同。因此，在实际操作中，应严格遵循车辆制造商提供的操作手册和相关安全规定，确保场内专用机动车辆的安全、稳定运行。

（2）加强操作人员的培训和管理，提高安全意识和操作技能，也是保障场内专用机动车辆安全运行的重要措施。

第三节　防　爆　电　气

对用于化工、煤炭、石油等含有爆炸性气体、蒸气的危险场所，以及爆炸性、可燃性粉尘危险场所中已经安装使用的防爆电箱、防爆电机、防爆灯具等防爆电气设备进行全面的防爆安全检验检测，依照《危险场所电气防爆安全规范》（AQ 3009—2007）、《电气装置安装工程 爆炸和火灾危险环境电气装置施工及验收规范》（GB 50257—2014）辨识查找环境或设备存在的防爆安全隐患，并提供专业的现场防爆安全解决方案。

一、隔爆型（标志 B）防爆电气设备

1. 设计原理

隔爆型（标志 B）防爆电气设备的核心在于其隔爆外壳。这种外壳允许进入内部的爆炸性气体与空气混合物在外壳内发生燃烧爆炸，但不会发生严重的变形或损坏，更不允许爆炸生成物将外壳爆破，或者从外壳内部通过通往外壳外部的任何通道窜到外壳外部，点燃周围的爆炸性气体与空气混合物。隔爆外壳应具有足够的强度，以承受内部爆炸产生的压力，同时，设备在爆炸性环境中使用时，外壳本身也不应当成为点燃源。

2. 选型要求

（1）分析使用环境。明确场所的危险等级，包括气体和粉尘分类等级，温度、压力等环境要求。

（2）选择正确的种类。根据设备的使用环境和工艺要求，选择适合的隔爆型防爆电气设备。

（3）安全性。评估设备的使用寿命、稳定性、信号传输、温度控制等方面，确保设备安全可靠、防爆性能稳定。

（4）工艺要求。考虑设备外观、尺寸、重量、精度、稳定性等，结合实际工艺要求进行选型。

（5）经济性。综合考虑设备的采购成本、使用成本、维护成本等方面，确保合理选择设备，降低生产成本。

3. 安全要求

（1）设备结构要求。隔爆型防爆电气设备的接合面应满足特定的防爆要求。如果接合面被紧固螺栓孔或类似物的孔分隔，那么孔与外壳内外侧的间距最大值应满足特定的规定，以确保隔爆性能。此外，隔爆电动机轴与轴孔的隔爆接合面在正常工作状态下不应产生摩擦，以减少潜在的爆炸风险。

（2）设备表面要求。隔爆接合面的表面粗糙度应符合相关规定，以确保其良好的隔爆性能。同时，隔爆接合面的法兰减薄厚度应不大于原设计规定的维修余量，以防止因过度磨损而降低隔爆性能。

（3）设备缺陷处理。隔爆接合面出现的缺陷或机械伤痕，如砂眼或划痕，在经过特定处理后，其伤痕深度、宽度和长度等应满足特定的限制，以确保隔爆性能不受影响。

（4）设备防护要求。隔爆电气设备应配备相应的防护措施，如防爆箱、防爆管路等，以防止外部爆炸性物质进入设备内部。同时，设备应使用符合防爆要求的电缆和连接器，以确保整个系统的防爆性能。

（5）设备检验与认证。隔爆型防爆电气设备应通过型式试验和验收检查，确保其符合安全要求。设备应获得防爆合格证书，证明其符合相关的国家和行业标准，如国家标准《爆炸性环境》（GB/T 3836）系列等。

二、本安型（标志 A）防爆电气设备

1. 设计原理

本安型（标志 A）防爆电气设备主要通过限制电气设备电路的各种参数或采取保护措施来限制电路的火花放电能量和热能，使其在正常工作和规定的故障状态下产生的电火花和热效应均不能点燃周围环境的爆炸性混合物。这主要通过限制电流、电压、能量等参数，以及采用液体浸泡、隔离原理等实现。

具体来说，限制电流和电压的原理是通过适当的电路设计和电器元件来降低能量的释放和电火花的产生，从而有效地降低电气设备的发热量和能量，减少爆炸的危险。液体浸泡原理则是将电气设备完全浸入绝缘或难燃液体中，液体在电压升高或电气设备故障时能吸收部分能量，抑制电火花的产生。隔离原理则是通过采用适当的隔离结构和材料，将电气设备内部的可燃气体与外界环境隔离，防止火花、火焰的外泄。

2. 选型要求

首先要考虑的是设备保护级别，确保其与使用的爆炸性环境相适应。例如，对于 0 区、1 区和 2 区等不同的爆炸性气体环境，应分别选择对应的设备保护级别 Ga、Gb 和 Gc。同样，对于 20 区、21 区和 22 区等可燃性粉尘场所，应分别选择相应的设备保护级别 Da、Db 和 Dc。

此外，还需考虑经济性原则，即在满足安全要求的前提下，尽量选择成本合理、寿命长、可靠性高、运行费用低、可维护性好的产品。同时，环境适应性原则也十分重要，要考虑设备在特定环境温度、湿度、大气压等条件下的性能表现，以及外壳防护等级和抗腐蚀性能等。

最后，可维护性原则也是选型时需要考虑的因素。在同等条件下，应优先选择结构简单、重量轻的产品，必要时还应考虑系统运行要求，如连续的自动化系统应优先选用本质安全型产品。

综上所述，本安型防爆电气设备的选型需要结合设备保护级别、经济性原则、环境适应性原则和可维护性原则等多方面因素进行综合考虑，以确保选择到既符合安全要求又满足实际使用需求的设备。

3. 安全要求

（1）标志与认证。所有本安型电气设备上都应该标明“Exi”“Exia”或“Exib”的标志，用来表明该设备符合防爆要求。设备必须通过相关的防爆认证，确保其符合行业标准和规范。

（2）材料要求。本安型电气设备所使用的材料必须是防爆材料，具有耐腐蚀、不导电的性质，从而保证在恶劣的环境下仍能正常工作。

（3）安装与维护。安装本安型电气设备应该在符合场所要求的安全环境中进行，所有设备的接线、保护接地都应该符合规范。设备的维护应由专业的人员进行，以确保设备始终保持正常工作状态。

（4）防爆等级。本安型电气设备有不同的防爆等级，如“ⅰa”和“ⅰb”等级。这些等级根据设备在正常工作和故障条件下的表现来划分，确保在不同危险级别的环境中都能安全使用。

三、增安型防爆电气设备

1. 设计原理

增安型防爆电气设备主要是通过采取一系列的结构和电气措施，来提高设备在正常运行和过载条件下的安全性能，避免产生电火花、电弧或高温，从而达到防爆的目的。这些措施包括增加设备的机械强度、优化设备的电气设计、采用耐高温材料等，以确保设备在恶劣的工作环境下也能稳定、安全地运行。

2. 选型要求

在选择增安型防爆电气设备时，首先要考虑的是设备的使用环境和工艺要求。例如，需要明确场所的危险等级、气体或粉尘的类型、温度、湿度等环境因素，以及设备的功率、电压、电流等电气参数。

同时，还应考虑设备的保护级别和防爆标志，确保其符合场所的防爆要求。此外，设备的可靠性和稳定性也是选型时需要考虑的重要因素，包括设备的故障率、维修周期、使用寿命等。

此外，经济性原则同样适用，即在满足安全要求的前提下，尽量选择成本合理、性能优良的设备。这需要对不同品牌、型号的设备进行综合比较，选出性价比最高的产品。

综上所述，增安型防爆电气设备主要是通过结构和电气措施来提高设备的安全性能，而选型则需要综合考虑使用环境、工艺要求、保护级别、防爆标志、可靠性和经济性等因素，以选择最适合的设备。

3. 安全要求

（1）外壳防护。增安型电气设备应依靠外壳的防护措施来保护内部的电气部件。外壳的防护等级应符合相关标准，如内装裸露带电零件的外壳至少应有 IP54 的防护等级，内装绝缘带电零件的外壳至少应有 IP44 的防护等级。这样，即使在粉尘或水分侵入的情况下，也能有效防止电气设备的过载或短路，从而避免产生电火花或电弧，确保设备的安全运行。

（2）额定电压与保护措施。对于增安型电气设备，其额定电压有明确的规定。例如，“eb”保护级别的设备，其供电的额定电压不超过 11 kV（交流有效值或直流值）；“ec”保护级别的设备，其供电的额定电压不超过 15 kV。此外，设备应采取一些附加措施，确保在正常运行时或规定的异常条件下，不产生危险温度、电弧和火花。

（3）内部导线与紧固件。增安型防爆电气设备的内部导线应采用机械保护、固定或走线，避免损坏。紧固件方面，Ⅰ类设备需按照特定标准的特殊紧固件要求进行处理①，其余则无特殊要求。

（4）安全认证。申请增安型防爆认证应提前准备好相关资料及样机，以确保设备符合安全标准，并获得相应的认证。

四、防爆充油型（标志 C）电气设备

1. 设计原理

防爆充油型（标志 C）电气设备的防爆原理是将电气设备的全部或部分部件浸在变压器油内，使设备在故障状态下产生的电弧、火花不能点燃油面以上的或壳外的爆炸性混

① 相关标准如《爆炸性环境 第 1 部分：设备 通用要求》（GB/T 3836.1—2021）。

合物。这种设计通过油的绝缘和冷却作用，降低设备在工作过程中产生的热量和火花能量，从而防止爆炸。

2. 选型要求

在选择防爆充油型防爆电气设备时，首先要考虑的是设备的使用环境和爆炸性物质的种类。不同的环境和物质对防爆设备的要求不同，因此需要选择与之相适应的设备。同时，设备的防爆等级也是一个重要的考虑因素，必须确保所选设备的防爆等级能够满足实际使用环境的需要。

此外，还需要考虑设备的电气参数、功率、尺寸等因素，以确保设备能够满足实际使用需求。同时，设备的可靠性和稳定性也是选型时需要考虑的重要因素，包括设备的故障率、维修周期、使用寿命等。

另外，经济性也是选型时需要考虑的一个因素。在满足安全要求和使用需求的前提下，应尽量选择成本合理、性能优良的设备，以降低生产成本。

综上所述，防爆充油型防爆电气设备是通过油的绝缘和冷却作用防止设备产生火花引发爆炸，而在选型时需要综合考虑使用环境、爆炸性物质种类、防爆等级、电气参数、可靠性、稳定性以及经济性等多个因素，以选择最适合的设备。

3. 安全要求

（1）防爆性能。防爆充油型电气设备应具有防止电火花、热源和电弧导致的爆炸的能力。设备在工作频率和电流强度可能达到过载时，其表面温度和油温不得高过规定值，以确保设备在异常条件下也不会引发爆炸。

（2）油的选择和使用。充油型防爆电气设备所充的油应具有较高的化学稳定性，且符合《电工流体　变压器和开关用的未使用过的矿物绝缘油》（GB 2536—2011）规定的矿物油标准。油的使用不应影响设备的防爆性能，同时需要设有油位指示器或油位信号装置，以方便监控油位。

（3）外壳防护。防爆充油型电气设备的外壳应能承受内部爆炸性混合物的爆炸压力，并阻止其向周围爆炸性混合物传爆。外壳的防护等级需要不低于规定值，如 IP43。当电气设备额定容量大于 1 kV · A 时，外壳应设有从油中释放出气体、蒸气的排气孔和排油孔，这些排气孔和排油孔的防护等级也不应低于规定值，如 IP41。

（4）排油孔设置。如果外壳设有排油孔，排油孔螺栓塞需要至少旋入规定数量的扣数，并有密封衬垫，保证密封性好。密封件需要采用耐油材料制造，以防止油泄漏。

五、防爆通风充气型（标志 F）电气设备

1. 设计原理

防爆通风充气型（标志 F）电气设备主要利用通风充气的方式，将设备内部充满正压的惰性气体（如氮气等），从而防止外界的有害气体、粉尘或潮湿空气进入设备内部。这种正压环境能够有效地防止电火花或高温部件与外部爆炸性混合物接触，进而实现防爆的目的。同时，通风系统能够确保设备内部的气体流动，保持设备的散热效果，避免过热引发安全隐患。

2. 选型要求

在选择防爆通风充气型防爆电气设备时，首先需要考虑设备的使用环境和工艺要求。不同的环境和工艺对设备的防爆等级、气体类型、压力要求等都有所不同，因此需要根据实际情况进行选择。此外，设备的功率、电流、电压等电气参数也是选型时需要关注的重要因素。

同时，设备的可靠性、稳定性和维护性也是选型过程中不可忽视的因素。应选择具有可靠防爆性能、稳定运行、易于维护的设备，以确保设备的长期安全使用。

此外，经济性原则也是选型时需要考虑的。在满足安全要求和工艺需求的前提下，应尽量选择性价比高、成本合理的设备，以降低生产成本。

综上所述，防爆通风充气型防爆电气设备是通过通风充气的方式形成正压环境，防止电火花与外部爆炸性混合物接触，实现防爆目的。在选型时，需要综合考虑设备的使用环境、工艺要求、电气参数、可靠性、稳定性和经济性等因素，以选择最适合的设备。

3. 安全要求

（1）防爆性能。防爆通风充气型电气设备必须能够防止内部产生的电火花、电弧或高温与外部爆炸性环境相互作用，从而避免引发爆炸。这要求设备在设计、制造和使用过程中，必须严格遵守防爆要求，确保设备在正常工作或异常条件下均不会成为爆炸的点火源。

（2）通风与充气系统。设备的通风与充气系统是确保其防爆性能的关键。通风系统应能有效地降低设备内部可能积聚的可燃气体或粉尘的浓度，防止其达到爆炸极限。充气系统则负责向设备内部充入适量的非爆炸性气体，以稀释或置换可能存在的可燃气体，从而保持设备内部环境的安全。

（3）外壳防护。防爆通风充气型电气设备的外壳应具有足够的强度和密封性，能够承受内部可能发生的爆炸压力，并防止爆炸性混合物进入设备内部。外壳的防护等级应符合相关标准，以确保在恶劣环境下也能保持其防护性能。

（4）温度控制。设备内部的电气元件和部件在工作过程中产生的温度应控制在安全范围内，避免产生高温表面或热点，从而防止点燃周围的爆炸性混合物。

（5）定期检查与维护。防爆通风充气型电气设备应定期进行防爆性能检查和维护，确保其通风与充气系统、外壳防护等关键部件的正常运行和完好性。同时，设备的操作人员和维护人员应接受相关培训，熟悉设备的操作规程和安全注意事项。

六、防爆安全火花型电气设备

1. 设计原理

防爆安全火花型电气设备主要是通过限制电路中可能产生的电火花能量，使其不足以点燃周围的爆炸性气体或粉尘混合物。这类电气设备通常通过特殊的电路设计、电器元件和材料来实现，如使用低电压、小电流、高电阻、快速断路等措施，降低电路中可能产生的电火花能量。同时，设备的外壳也经过特殊设计，具有良好的密封性和防爆性能，防止外部爆炸性混合物进入设备内部。

2. 选型要求

在选择防爆安全火花型电气设备时，首先需要明确设备的使用环境和爆炸性物质的特性。这包括了解环境中的气体或粉尘类型、浓度、温度等参数，以及设备的安装位置、工作电压、电流等要求。根据这些信息，可以确定所需的防爆等级和设备类型。

此外，还需要考虑设备的可靠性、稳定性和维护性。选择具有良好品牌声誉、经过认证的设备，可以确保设备的质量和性能。同时，设备的维护也是选型时需要考虑的因素，应选择易于维护、具有较长使用寿命的设备。

最后，经济性原则也是选型时需要考虑的因素。在满足安全要求和性能需求的前提下，应尽量选择成本合理、性价比高的设备。

综上所述，防爆安全火花型电气设备是通过限制电火花能量实现防爆，而在选型时则需要综合考虑使用环境、爆炸性物质特性、设备性能、可靠性和经济性等因素，以选择最适合的设备。

3. 安全要求

（1）电路与元件要求。设备的电路和元件必须按照防爆要求进行特殊设计和制造。例如，采用低能量电路、快速断开装置、特殊的电气连接和接线方式等，以减少电火花产生的可能性。

（2）外壳防护。设备的外壳应具有足够的强度和密封性，以防止外部爆炸性混合物进入设备内部。外壳的防护等级应符合相关标准，以确保其防护性能。

（3）温度控制。设备在工作过程中产生的温度应严格控制在安全范围内，避免产生高温表面或热点，从而防止点燃周围的爆炸性混合物。

（4）检查与维护。防爆安全火花型电气设备应定期进行防爆性能检查和维护，确保其电路、元件和外壳等关键部件的正常运行和完好性。同时，设备的操作人员和维护人员应接受相关培训，熟悉设备的操作规程和安全注意事项。

（5）认证与标志。设备必须通过相关的防爆认证，如防爆合格证书等，以证明其符合防爆安全标准。设备上应标有明显的防爆标志，以便识别其防爆等级和适用范围。

七、防爆特殊型（标志 T）电气设备

1. 设计原理

防爆特殊型（标志 T）电气设备是除上述防爆形式以外的，为特定用途而设计的电气设备。其防爆原理可能涉及一种或多种特殊的防爆技术，这些技术旨在防止电气设备在工作过程中产生的电火花、电弧或高温等可能引发爆炸的因素。这些设备可能采用特殊的结构设计、材料选择或电气保护措施，以适应特定的工作环境和爆炸性物质的特性。

2. 选型要求

在选择防爆特殊型电气设备时，首先要明确设备的使用环境和工艺要求。这包括了解环境中的爆炸性物质的种类、浓度、温度等参数，以及设备的安装位置、工作电压、电流等要求。此外，还需要考虑设备的防爆等级、保护级别和特殊要求，确保设备能够满足实际使用环境的防爆要求。

同时，设备的可靠性、稳定性和维护性也是选型时需要考虑的重要因素。应选择经过认证、质量可靠、性能稳定的设备，以确保设备在长时间运行过程中能够保持良好的防爆性能。此外，设备的维护周期、维修难度等也是需要考虑的因素，以便于设备的日常管理

和维护。

最后，经济性原则也是选型时需要考虑的。在满足安全要求和性能需求的前提下，应尽量选择成本合理、性价比高的设备。这需要对市场上的不同品牌、型号的设备进行综合比较，选出最适合的设备。

综上所述，防爆特殊型防爆电气设备可能涉及多种特殊的防爆技术，而在选型时则需要综合考虑使用环境、工艺要求、防爆等级、保护级别、可靠性、稳定性和经济性等因素，以选择最适合的设备。

3. 安全要求

（1）设备应具有防止电火花、热源和电弧导致的爆炸的能力，其防爆原理和结构应经过严格的测试和验证。

（2）设备应能在特定的温度、湿度和气压条件下正常工作，且应具有良好的电气和力学性能。

（3）设备的外壳和接合面应满足特定的防爆要求，如接合面的间隙、法兰减薄厚度等应符合相关规定。

（4）设备应配备相应的防护措施，如防爆箱、防爆管路等，以防止外部爆炸性物质进入设备内部。

（5）设备的电源和电路应采取有效的隔离和保护措施，以防止电源的故障或电路中的电火花引发爆炸。

（6）设备应具有良好的接地保护措施，以确保其电气安全。

（7）设备应经过型式试验和验收检查，确保其符合相关的安全要求和防爆标准。

第七章　现场应急处置

危险化学品事故具有显著的突发性、复杂性、扩散性，为了控制、减轻和消除其引起的危害，通过合理有效的应急处置程序和应急处置技术，提高从业人员应对危险化学品生产安全事故和自救互救的能力，对最大限度预防和减少事故造成的人员伤亡和财产损失，维护社会稳定，意义重大。

第一节　危险化学品事故类型

危险化学品事故是指由一种或数种危险化学品能量意外释放造成的人身伤亡、财产损失或环境污染事故，了解事故特征及事故发生原因，有助于总结经验教训，发现问题所在，找到应对的方法和对策。

一、危险化学品常见事故类型

化工企业在生产、经营过程中的原料、中间体和产品大多是危险化学品，事故一旦发生，比其他行业企业事故具有更大的危险性，常常造成群死群伤的严重事故。根据危险化学品的易燃易爆、有毒、腐蚀等危险特性，以及危险化学品事故定义的研究，将危险化学品事故的类型分为六类：危险化学品泄漏事故、危险化学品火灾事故、危险化学品爆炸事故、危险化学品中毒和窒息事故、危险化学品灼伤事故和其他事故。

二、危险化学品事故特征

（1）危险化学品事故具有显著的突发性。其发生不受地形、气象、季节和环境的影响，没有先兆。装置的缺陷，设备材质、安装、制作、施工的缺陷，人员的误操作，外界的突发事件等都可能引发危险化学品事故。

（2）危险化学品事故具有复杂性。危险化学品种类繁多、危险性复杂，且绝大部分是易燃易爆、有毒有害、有腐蚀性的危险化学品，一旦发生事故（燃烧、爆炸、泄漏等）往往伴随新的危险物质产生，给事故预防、判断和救援带来很大难度，具有复杂性的特点。

（3）危险化学品事故具有扩散性。危险化学品泄漏、燃烧、爆炸后产生的有毒、有害物质会随着空气、水体和大地扩散进入周边环境，造成新的危害或事故。危险化学品事故的扩散性决定其不仅对事故现场的人员和财产造成损失，也会对周边一定范围内的人员和环境造成危害。

（4）危险化学品事故危害严重。危险化学品事故除可造成人员伤亡外，也可引起人体器官系统暂时性或永久性的功能性损害，或致畸、致癌，甚至影响后代。

（5）危险化学品事故社会影响巨大。危险化学品事故往往引起交通阻断、人员紧急疏散、环境污染等，造成社会恐慌，社会影响大。

三、危险化学品常见事故原因分析

化工企业常见事故与其他行业企业常见事故在事故原因上没有显著的差别和根本的不同。

事故发生的原因，主要有直接原因与间接原因两个方面。

1. 直接原因

（1）机械、物质或环境的不安全状态。如防护、保险、监测、信号等装置缺乏或有缺陷，设备、设施、工具、附件有缺陷或缺失，个体防护用品用具缺少或有缺陷，生产（施工）场地环境不良等。

（2）人的不安全行为。如不清楚原料理化特性导致设备压力迅速上升，操作错误造成安全装置失效，使用不安全设备，物体存放不当，冒险进入危险场所，动火作业管理不到位，操作规程不熟或违反操作规定，注意力分散，忽视个体防护用品用具的使用，不安全装束等。其中，违章作业、维护不周、操作失误这三个原因，又是造成事故的主要原因。

2. 间接原因

（1）技术和设计上有缺陷，工业构件、建筑物、机械设备、仪器仪表、工艺过程、操作方法、维修检验等的设计、施工和材料使用存在问题，设施及安全防护不到位。

（2）安全生产主体责任落实不到位，安全意识淡薄，教育培训不够、未经培训、缺乏或不懂安全操作技术知识，劳动组织不合理。

（3）安全管理不到位，对现场工作缺乏安全检查或指导错误，安全操作规程缺失或不健全；风险意识差，安全风险辨识评估不全面、事故防范措施不到位，事故隐患整改不力，应急管理能力缺失等。

需要注意的是，随着我国危险化学品种类的不断增多和化工产业不断发展，危险化学品具有特殊灾害特性，易引发泄漏、火灾、爆炸等灾害间的耦合事故，有的事故直接原因与间接原因很清楚，有的事故直接原因与间接原因则很模糊。一般来讲，造成事故的原因往往是多种因素共同作用的结果。

第二节　应急处置要求及程序

应急处置是危险化学品造成或可能造成人员伤害、财产损失和环境污染及其他较大社会危害时，应急处置主体依据有关应急预案，采取应急行动和有效措施，控制事态发展或者消除突发事件的危害，最大限度地减少突发事件造成的损失，保护公众的生命和财产安全的过程及其活动。

一、应急处置的基本原则

1. 以人为本，保障安全

应急处置是应急管理的核心环节，也是应急管理过程中最困难、最复杂的阶段。能否有效处置突发事件，直接关系到社会的安危。因此，应当安排专人对事故现场的安全状况进行实时跟踪和风险研判，确保现场人员安全。同时，必须高度关注应急救援人员的人身安全，为应急救援人员选择适宜的个体防护装置，避免次生、衍生事件的发生。

2. 统一领导，分级负责

应急处置工作通常需要跨部门、跨地域调动资源，因而必须具有高度集中、统一领导与指挥的应急管理指挥系统，实现资源的整合，避免各自为战，确保政令的畅通。在应急指挥部门的统一领导下，现场指挥部、各成员单位、事发地政府各司其职、协同配合、科学处置，组织开展应急处置和应急救援工作。同时，应急处置要坚持分级负责的原则，即根据危险化学品事故严重程度、可控性、救援难度和影响范围的响应分级，依据危险化学品应急预案要求，由相应级别的应急指挥部门做出决策，开展处置工作。

3. 属地先期处置

危险化学品从业单位依据自救和政府实施救援相结合的原则，及时如实报告事故情况和现场物料、装备、生产工艺等信息，疏散现场人员，在确保安全的前提下，组织本单位救援力量第一时间开展先期处置。属地政府及有关部门在第一时间赶赴突发事件现场，有助于把事故消灭在萌芽状态。

4. 依法管理，科学处置

在应急处置过程中，要严格依照国家法律、法规、规章等规定采取应急措施处置。要充分利用和借鉴各种高科技成果，发挥专家的决策智力支撑作用，避免蛮干苦干。同时，也要充分利用专业人员的专业装备、专业知识、专业能力，实现危险化学品事故的专业处置，体现专业处置的原则，使危险化学品事故处置能够依法、科学、有序地进行，进而减少不必要的生命、财产损失。

二、危险化学品应急处置程序

危险化学品在生产、储存、运输和使用过程中因意外或人为破坏等原因发生泄漏、火灾爆炸，极易造成人员伤害和环境污染的事故。制定完备的应急预案，了解化学品基本知识，掌握化学品事故现场应急处置程序，可有效降低事故造成的损失和影响。应急处置一般分为八步。

1. 事故报警

事故报警的及时与准确是能否及时控制事故的关键环节。危险化学品事故发生后，事故现场有关人员应将事故发生的时间与地点，事故引发物质、强度，事故简要情况、人员伤亡情况等立即报告单位负责人，单位负责人接到报告后，应当于 1 h 内报告当地应急管理部门和行业主管部门，并开始启动应急，即启动报警程序和相应的反应机制。

2. 出动企业应急救援人员

接到事故报警后，应迅速组织应急救援人员，赶赴现场。第一到场力量在上风或侧上风方向安全区域集结，尽可能在远离且可见危险源的位置停靠车辆，设立现场指挥部。当发生重大事故时，企业需与其他救援部门和机构共同构成联合指挥部，提供企业信息，如厂区分布图、重要保护目标、消防设施位置等，还应当配合其他部门开展应急救援。

3. 建立警戒

针对不同事故，考虑危险化学品对人体的不同伤害，开展现场控制工作。派出侦检组采取编码标识、标志识别和仪器侦检等方法，确定危险源性质、范围、危害程度及被困人员数量和位置，划定初始警戒距离和人员疏散距离，设置安全员控制警戒区出入口，同时结合事故发生的不同时期，可以将现场分为初始安全区、事故现场控制等区域。

1）初始安全区

危险化学品泄漏后，若接触泄漏物或吸入其蒸气可能会危及生命，则有必要确定初始安全区，以供现场应急人员在专业人员到达事故现场前作应急参考。

2）事故现场控制

根据确定的初始安全距离，可以疏散现场的人员，禁止人员进入隔离区。应急处置人员到达现场后，应进一步细化安全区域，确定应急处置人员、洗消人员和指挥人员分别所处的区域。在这些区域明确应急处置人员的工作，有利于应急行动和有效控制设备进出，并且能够统计进出事故现场的人员。一旦确定警戒范围，必须在警戒区设置警戒标志，消除警戒区内火种。同时，搭建简易洗消点，对疏散人员和救援人员进行紧急洗消。

设置警戒标志可使用反光警戒标志牌、警戒绳，夜间可以拉防爆灯光警戒绳。在警戒区外围适当位置（上风、侧风便于观察事故现场处）设置出入口、停放车辆区域、存放器材装备区域等，严格控制各区域进出人员、车辆、物资，并进行安全检查、逐一登记。主要路口必须布置警戒人员，必要时实行交通管制。

对于易燃气体、液体泄漏事故，如果火灾尚未发生，则必须消除警戒区内的火源。常见火源有明火、非防爆电器、高温设备、进入警戒区作业人员的手机、化纤类服装、钉子鞋、火花工具及汽车、摩托车等机动车辆的尾气。

4. 紧急疏散

人群疏散是减少人员伤亡扩大的关键。紧急疏散时应注意：如事故物质有毒时，需要佩戴个体防护用品或采用简易有效的防护措施，并有相应的监护措施；应向侧上风方向转移，明确专人引导和护送疏散人员到安全区，并在疏散或撤离的路线上设立哨位，指明方向；不要在低洼处滞留；要查清是否有人留在污染区与着火区。需要注意的是，为使疏散工作顺利进行，每个车间应至少有两个畅通无阻的紧急出口，并有明显标志。

5. 事故现场控制

为了减少危险化学品事故对生命和环境的危害，根据现场实时侦检数据，全面分析灾情信息、环境信息、伤员信息，结合类似处置案例进行事故发展趋势及潜在风险评估和行动方案制订。根据灾情评估结果，结合现场泄漏、燃烧、爆炸等不同情况，在事故发生的初期科学运用紧急停车、稀释防爆、关阀堵漏、冷却控制、堵截蔓延、倒料转输、切断外排、化学中和、泡沫覆盖、浸泡水解、放空点燃、洗消监护等方法进行控制措施和遏制行动，可以有效防止事故扩大。

6. 现场急救

在事故现场，化学品对人体可能造成中毒、窒息、冻伤、化学灼伤、烧伤等伤害，不论患者还是救援人员都需要进行适当的防护。现场急救注意选择有利地形设置急救点；做好自身及伤病员的个体防护；防止发生继发性损害；应至少 2~3 人为一组集体行动；所用的救援器材具备防爆功能。

7. 现场人员个体防护

在危险化学品事故应急抢险过程中应根据危险化学品事故的特点及其引发物质的不同，以及应急人员的职责，采取不同的个体防护装备：应急救援指挥人员、医务人员和其他不进入污染区域的应急人员一般配备过滤式防毒面罩、防护服、防毒手套、防毒靴等；工程抢险、消防和侦检等进入污染区域的应急人员应配备密闭型防毒面罩、防酸碱型防护服和空气呼吸器等。同时，做好现场毒物的洗消工作（包括人员、设备、设施和场所等）。

8. 现场清理和洗消

事故现场清理是为了防止进一步危害的过程。在现场危险分析的基础上，应根据危险源性质正确选用洗消药剂，对作业区域内人员、车辆、器材进行全面洗消，协助有关部门开展污染场地清洗，使二次事故的可能性尽可能小。这类工作包括防止有毒有害气体的生成或蔓延、释放，防止易燃易爆物质或气体的生成与燃烧爆炸，防止由火灾引起的爆炸等。

危险化学品应急处置程序如图 7-1 所示。

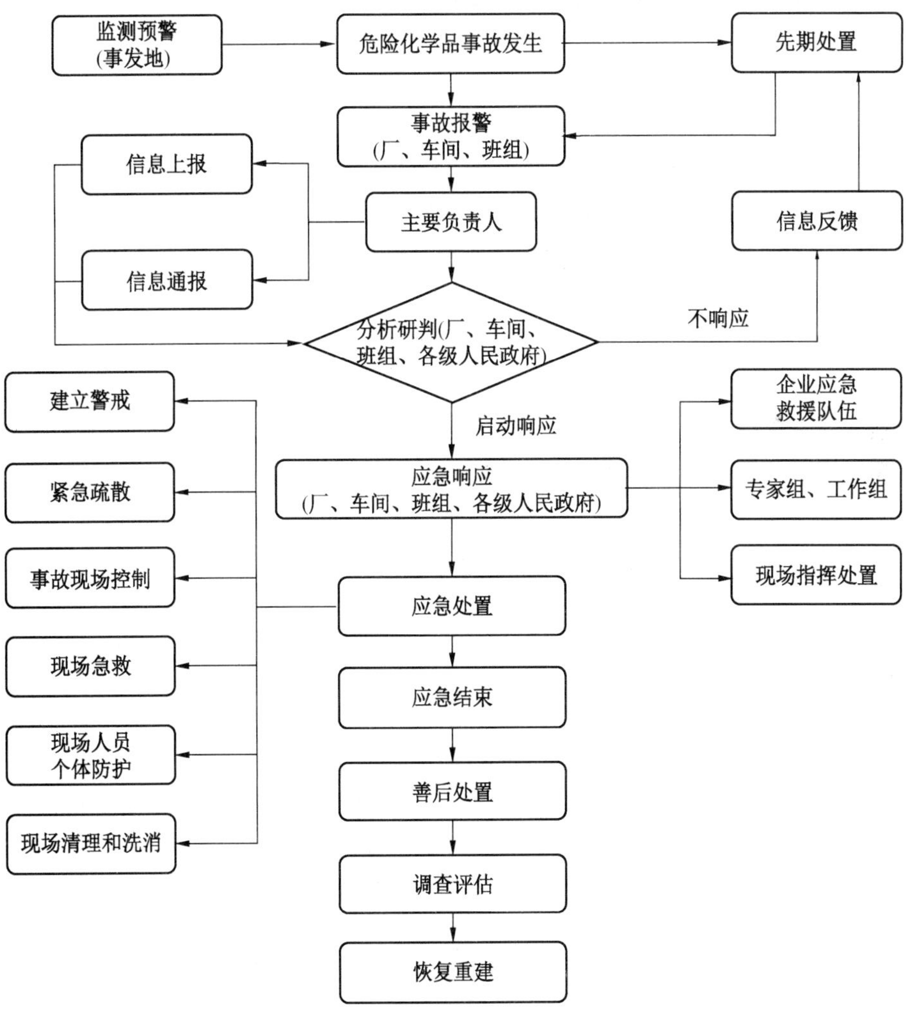

图 7-1 危险化学品应急处置程序

三、应急救援要求

（1）迅速控制危险源，组织抢救遇险人员。及时控制事故源，是应急救援工作的首要任务，只有及时控制住事故源，才能及时防止事故的继续扩展，有效地进行救援。

（2）根据事故危害程度，组织现场人员撤离或者采取可能的应急措施后撤离，这是应急救援的重要任务。在应急救援行动中，及时、有序、有效地实施现场急救与安全转送伤员是降低伤亡率、减少事故损失的关键。

（3）及时通知可能受到事故影响的单位和人员。由于化学事故发生突然、扩展迅速、涉及面广、危害大，应及时指导和组织群众采取各种措施进行自身防护，并向上风向迅速撤离危险区域或可能受到危害的区域。在撤离过程中应积极组织群众开展自救和互救工作。

（4）采取必要措施，防止事故危害扩大和次生、衍生灾害发生。对事故外逸的有毒有害物质和可能对人和环境继续造成危害的物质，应及时组织人员予以清除，消除危害后果，防止对人的继续危害和对环境的污染。对于由此发生的火灾，应及时组织力量扑救、洗消。

（5）根据需要请求邻近的应急救援队伍参加救援，并向参加救援的应急救援队伍提供相关技术资料、信息和处置方法。

（6）维护事故现场秩序，保护事故现场和相关证据。

（7）法律、法规规定的其他应急救援措施。

第三节　现场应急处置措施

现场应急处置措施主要针对不同事故采取具体处置措施，包括操作措施、工艺流程、现场处置、事故控制、人员救护等诸多方面，根据危险化学品易燃易爆、有毒、腐蚀等危险特性，以及危险化学品事故不同类型，处置措施也各异。

一、危险化学品事故一般处置原则

（1）安全防护。进入现场的应急救援人员必须配备合适的个人防护用品，在确保自身安全情况下，实施救援工作。

（2）隔离、疏散。设定初始隔离区，封锁事故现场，实行交通管制，紧急疏散转移隔离区内所有无关人员。

（3）监测、侦察。监测泄漏物质、浓度、扩散范围及气象数据，及时调整隔离区范围，做好动态监测；侦察事件现场，搜寻被困人员，确认设施、建（构）筑物险情及可能引发爆炸燃烧的各种危险源、现场及周边污染情况，确定攻防、撤退路线。

（4）医疗救护。应急救援人员应采取正确的救助方式，将遇险人员转移至安全区，进行现场急救，并视实际情况迅速将受伤、中毒人员送至医院抢救。

（5）现场控制。根据事故类型、现场具体情况，采取相应控制措施，防止事态扩大。

（6）防止次生灾害。采取措施防止进一步造成火灾、爆炸和环境污染等次生灾害，并做好相关监测工作。

（7）洗消。设立洗消站，对遇险人员、应急救援人员、救援器材等进行洗消，严格控制洗消污水排放，防止二次污染。

（8）危害信息宣传。宣传危险化学品（含剧毒品）的危害信息和应急急救措施。

二、危险化学品泄漏事故

危险化学品泄漏事故是指盛装危险化学品的密闭容器、管道或装置，在内外因素的作用下，其密闭性被破坏而出现的非正常地向外泄放、渗漏的现象，应急处置的关键是泄漏源控制和泄漏物控制。

危险化学品泄漏事故根据泄漏物性质不同主要分为气体泄漏、液体泄漏、固体泄漏。

（一）气体泄漏

可燃气体泄漏后与空气混合达到燃烧、爆炸极限，遇到引火源就会发生燃烧、爆炸。点火时间会直接影响泄漏后果，如果可燃气体泄漏后立即点火，影响范围较小；如果可燃气体泄漏后与周围空气混合形成可燃云团，遇到引火源就会发生爆燃或爆炸（滞后发火），破坏范围较大。气体扩散区域及浓度主要受泄漏量、气象条件、相对密度、泄漏源高度、溶解度等因素影响。

1. 应急处置要求

（1）建立警戒区。根据气体扩散影响因素，划出警戒范围，设立明显标志，进入现场必须选择正确行车路线、停车位置、作战阵地。

（2）人员疏散。在人员疏散时，既要考虑泄漏物扩散的区域浓度（爆炸极限范围），又要考虑爆炸产生的冲击力对建筑物可能带来的危害。

（3）易燃气体泄漏。严格控制危险区域内的一切火源，警戒区内停火、停电；严格控制进入危险区内实施抢险作业的人员数量；严禁处置人员在泄漏区域下水道等地下空间顶部、井口处滞留。

（4）谨慎使用点火方法，遇到下列情况时方可采用：①泄漏扩散将会引起更严重灾害性后果时；②顶部受损泄漏，堵漏无效时；③槽车在人员密集区泄漏，无法转移和堵漏时；④泄漏浓度有限（浓度小于爆炸下限 30%）、范围较小时。

同时，确认使用点火方法时需注意：确认危险区域内人员撤离；灭火、掩护、冷却等防范措施准备就绪；现场设有排空火炬；监视气象扩散情况及风向变化。

2. 典型气体泄漏事故

（1）氯气。氯气属剧毒品，易溶于有机溶剂，微溶于水，能和碱液发生反应，高温下与一氧化碳作用会生成毒性更大的光气，当其发生泄漏时，应当：①迅速撤离泄漏污染区人员至上风处，并立即根据气体扩散的影响区域划定警戒区，根据现场的检测结果和可能产生的危害，确定隔离区的范围，严格限制出入。一般地，少量泄漏的初始隔离半径为 150 m，大量泄漏的初始隔离半径为 450 m；②应急处理人员应佩戴正压自给式空气呼吸器，穿防毒服，戴橡胶手套（当其为液体状态时，应注意防冻）；③尽可能切断泄漏源。泄漏现场应去除或消除所有可燃和易燃物质，所使用的工具严禁沾有油污，防止发生爆炸事故（当其为液体状态时，要防止泄漏的液氯进入下水道）；④合理通风，加速扩散。可用喷雾状碱液吸收已经挥发到空气中的氯气，防止其大面积扩散，导致隔离区外人员中毒。严禁在泄漏的液氯钢瓶上喷水；⑤构筑围堤或挖坑收容所产生的大量废水。如有可能，用铜管将泄漏的氯气导至碱液池，彻底消除氯气造成的潜在危害。可以将泄漏的液氯钢瓶投入碱液池，碱液池应足够大，碱量一般为理论消耗量的 1.5 倍；⑥实时监测空气中的氯气含量，当氯气含量超标时，可用喷雾状碱液吸收。

（2）氢气。氢气为无色、无臭的气体，很难液化，极易燃，与空气混合能形成爆炸性混合物，遇热或明火即发生爆炸，当其发生泄漏时，应当：①消除所有点火源；②根据气体的影响区域划定警戒区，无关人员从侧风、上风向撤离至安全区。泄漏隔离距离至少为 100 m。如果为大量泄漏，下风向的初始疏散距离应至少为 800 m；③应急处理人员戴正压自给式空气呼吸器，穿防静电服；④作业时使用的所有设备应接地；⑤尽可能切断泄漏源；⑥喷雾状水抑制蒸气或改变蒸气云流向。防止气体通过下水道、通风系统和密闭性空间扩散。若泄漏发生在室内，宜采用吸风系统或将泄漏的钢瓶移至室外，以避免氢气四处扩散；⑦隔离泄漏区直至气体散尽。

（二）液体泄漏

工业化学品大多数是液体，其具有流动性特征，常温常压液体泄漏后，会向附近低凹区域或沿斜坡向下流动，可能流入下水道、排洪沟等限制性空间，也可能流入水体，当其聚集在防液堤内或地势低洼处形成液池后，会因表面对流缓慢蒸发，形成的可燃液体蒸气与空气混合达到燃烧、爆炸极限，遇到引火源就会发生燃烧或爆炸。影响液体泄漏后果的主要是泄漏量、蒸气压、闪点、沸点、溶解度、相对密度等。

1. 应急处置要求

（1）建立警戒区。根据气体扩散影响因素，划出警戒范围，设立明显标志，进入现场必须选择正确行车路线、停车位置、作战阵地。

（2）少量泄漏，用矿土、蛭石或其他惰性材料吸收，或在保证安全情况下，就地焚烧。大量泄漏，构筑围堤或挖坑收容，用泡沫覆盖，降低蒸气灾害。

（3）泄漏物收容。①少量残液用干沙土、水泥、煤灰、干粉等吸附，收集后做技术处理或酌情倒至空旷地方掩埋；对与水反应或溶于水的泄漏物，也可酌情直接使用大量水稀释，污水排入废水系统；②大量残液用防爆泵抽吸或使用无火花容器收集，集中处理。用泵进行回收时，电气部分必须用防爆型或用气动等不产生火花的泵或专用收集器，回收或运至废物处理场所处置，槽车要加装车用阻火器；回收时，注意蒸气扩散，加强气体检测；③在污染地面上洒上中和剂或洗涤剂浸洗，然后用大量直流水清扫现场，特别是低洼、沟渠等处，确保不留残液。

（4）一切处置行动自始至终必须严防易燃液体泄漏引发爆炸。

（5）严密监视液体流淌情况，防止灾情扩大。

（6）注意风向变换，适时调整部署。

2. 典型液体泄漏事故

（1）液氨。液氨为无色液体，易溶于水，具有腐蚀性，易挥发，极易燃，能与空气形成爆炸性混合物，与氟、氯等接触会发生剧烈的化学反应，当其发生泄漏时，应当：①消除所有点火源。根据气体的影响区域划定警戒区，无关人员从侧风、上风向撤离至安全区；②应急处置人员佩戴正压式呼吸器及各种防护器具，穿防化、防寒服；③禁止接触或跨越泄漏物；④尽可能切断泄漏源。防止气体通过下水道、通风系统和密闭性空间扩散。当发生少量泄漏时，将泄漏的容器转移到安全地带，在确保安全的情况下打开阀门泄压，同时可用沙土、蛭石等惰性吸收材料收集和吸附泄漏物。如果钢瓶发生泄漏，无法封堵时可浸入水中或稀盐酸溶液中进行中和。储罐、容器壁发生少量泄漏时，可将泄漏的液氨导流至水或稀盐酸溶液中，使其进行中和。当发生大量泄漏时，构筑围堤或挖坑收容液体泄漏物。用盐酸或其他弱酸中和，也可以喷雾状水稀释、溶解，同时构筑围堤或挖坑收容产生的大量废水。如有可能，将残余气或漏出气用排风机送至水洗塔或与塔相连的通风橱内；⑤隔离泄漏区直至气体散尽。漏气容器要妥善处理，修复、检验后再用。

（2）汽油。汽油为无色到浅黄色的透明液体，高度易燃，蒸气与空气能形成爆炸性混合物，遇到火、高热能引起燃烧爆炸，当其发生泄漏时，应当：①消除所有点火源。根据液体流动和蒸气扩散的影响区域划定警戒区，无关人员从侧风、上风向撤离至安全区。泄漏隔离距离至少为 50 m。如果为大量泄漏，下风向的初始疏散距离应至少为 300 m；②应急处理人员戴正压自给式空气呼吸器，穿防毒、防静电服；③作业时使用的所有设备应接地；④禁止接触或跨越泄漏物。尽可能切断泄漏源，防止泄漏物进入水体、下水道、地下室或密闭性空间。少量泄漏，用沙土、蛭石、吸油毡或其他不燃材料吸收。使用洁净的无火花工具收集吸收材料。大量泄漏，构筑围堤或挖坑收容，如果泄漏物沿一个方向流动，则在其流动的下方挖掘槽沟，如果泄漏物是四面流淌，则在泄漏点周围挖掘环形槽沟。用泡沫覆盖，减少蒸发。喷水雾能减少蒸发，但不能降低泄漏物在受限空间内的易燃性。用防爆泵将泄漏物转移至槽车或专用收集器内。

（三）固体泄漏

与气体和液体不同，固体泄漏通常会形成一堆，但有几类物质的表现具有特殊性，如固体粉末，大量泄漏时，能形成有害尘云，飘浮在空中，具有潜在的燃烧、爆炸和毒性危害；冷冻固体，当达到熔点时会熔化，其表现会像液体，可升华固体，当达到升华点时会升华，往往会像气体一样扩散；水溶性固体，泄漏时遇到下雨天，将表现出液体的特性。固体泄漏到水体，将对水中生物和水源造成威胁，影响其后果的主要因素是溶解度和相对密度。

1. 应急处置要求

（1）进入现场必须选择正确行车路线、停车位置、作战阵地。①少量物品泄漏，避免扬尘，使用无火花工具将泄漏介质收集于专用密封桶或干净、有盖的容器中，转移至安全场所，在确保安全情况下，就地焚烧；对与水反应或溶于水的物品可酌情直接使用大量水稀释，污水放入废水系统；②大量物品泄漏，构筑围堤或挖坑收容，可用水湿润，或用塑料布、帆布等覆盖，减少飞散，然后用无火花工具将泄漏介质收集转移至槽车或专用收集器内。若完全回收有困难，可收集后运至废物处理场所处理。

（2）可燃物泄漏时，应消除现场一切可能引发燃烧、爆炸的点火源。

（3）注意风向变换，适时调整部署。

2. 典型固体泄漏事故

（1）氰化钠。氰化钠为白色结晶性粉末，易潮解，易溶于水，与酸类物质、氯酸钾、亚硝酸盐、硝酸盐混放时，或长期暴露在潮湿空气中，易产生剧毒、易燃易爆的氰化氢气体，有爆炸危险。当其发生泄漏时，应当：①切断事故区域内的强弱电源，熄灭火源，停止高热设备。进入警戒区人员严禁携带、使用移动电话和非防爆通信、照明设备，严禁穿化纤类服装和带金属物件的鞋，严禁使用非防爆工具；②进入现场警戒区人员须佩戴正压式空气呼吸器或正压式氧气呼吸器；③查明泄漏点，站在上风侧切断泄漏源制止泄漏，防止泄漏口与水接触；④少量泄漏时，在喷雾水枪的掩护下，使用泥土、沙子或吸附棉等惰性材料吸收，或用铲子小心收集于干燥、洁净、有盖的容器中，尽可能地全部收集，再在泄入路面喷洒过量漂白粉或次氯酸钠溶液，清除残留的泄漏物。大量泄漏时，通过挖坑、挖沟、围堵或引流等方式使泄漏物汇聚到低洼处收容，使用抗溶性泡沫、塑料布、帆布覆盖，降低氰化物蒸气的危害。

（2）苯酚。苯酚，微溶于水，易溶于有机溶剂，遇明火、高热可燃，其粉体与空气混合，能形成爆炸性混合物。当其发生泄漏时，应当：①切断事故区域内的强弱电源，熄灭火源，停止高热设备。进入警戒区人员严禁携带、使用移动电话和非防爆通信、照明设备，严禁穿化纤类服装和带金属物件的鞋，严禁使用非防爆工具。②进入现场警戒区人员须佩戴正压式空气呼吸器或正压式氧气呼吸器。③选定水源，选用可靠高效的供水车辆和装备，采取合理的供水方式和方法，保证消防用水量。在苯酚泄漏点四周设置水幕，并利用水枪喷射雾状水或开花水流，稀释、驱散苯酚蒸气云团。禁止用强直流水直接冲击容器及泄漏物。④现场地面残留的少量苯酚，用沙土、干燥石灰混合，将混合物存放于密封桶中集中处理。

三、危险化学品火灾事故

危险化学品火灾事故指燃烧物质主要是危险化学品的火灾事故，不同的化学品以及在不同的情况下发生火灾时，应遵循扑救危险化学品火灾的总体要求，同时因危险化学品性质不同，可将火灾类型分为易燃液体火灾、易燃固体火灾、自燃物品火灾、遇湿易燃物品火灾、其他危险化学品火灾等，其扑救方法有很大差异，若处置不当，不仅不能有效扑救，反而会使灾情进一步扩大。

（一）扑救危险化学品火灾的总体要求

（1）先控制，后消灭。迅速隔离事发现场，抢救伤亡人员，撤离无关人员及群众，针对危险化学品火灾的火势发展蔓延和燃烧面积大的特点，积极采取统一指挥、以快制快、堵截火势防止蔓延、重点突破、排除险情、分割包围、速战速决的灭火战术。

（2）扑救人员应占领上风或侧风阵地进行火情侦察、火灾扑救，以免遭受有毒有害气体的侵害。

（3）应迅速查明燃烧范围、燃烧物品及其周围物品的品名和主要危险特性、火势蔓延的主要途径，燃烧的危险化学品及燃烧产物是否有毒。

（4）进行火情侦察、火灾扑救及火场疏散的人员应有针对性地采取自我防护措施，如佩戴防护面具、穿戴专用防护服等，要选择正确的灭火剂和合适的灭火器材。

（5）扑救初期火灾时，应关闭火灾部位的上下游阀门，切断物料来源，用现有消防器材扑灭初期火灾和控制火源。采取冷却、隔离等保护措施保护周围设施，并迅速疏散受火势威胁的物料。火灾扑救时，应针对不同的危险化学品，选择正确的灭火剂和灭火方法控制火灾，当外围火点已彻底扑灭，火种等危险源已全部控制，堵漏准备和应急救援力量准备就绪时，可实施灭火。

（6）当火种失控，有可能发生爆炸、破裂、喷溅等危及应急救援人员生命安全的情况，应按照统一的撤退信号和撤退方法及时撤退（撤退信号应格外醒目，能使现场所有人员都看到或听到，并经常预先演练）。

（7）火灾扑灭后，应派人监护现场，防止复燃。

（二）易燃液体火灾

易燃液体通常储存在容器中或以管道输送，当发生火灾时，发展迅速而猛烈，有时甚至会发生爆炸且不易扑救，需要根据它们的相对密度大小，能否溶于水等性质来确定灭火方法。

1. 易燃液体火灾处置要求

（1）切断火势蔓延的途径，冷却或搬离受火势威胁的密闭容器和可燃物，控制燃烧范围，并积极抢救受伤和被困人员。如有液体流淌时，应筑堤拦截流淌的易燃液体或挖沟导流。

（2）及时了解和掌握着火液体的品名、密度、水溶性以及有无毒害、腐蚀、沸溢、喷溅等危险性，以便采取相应的灭火和防护措施。

（3）对比水轻（相对密度小于1）且不溶于水或微溶于水的易燃液体，如苯、甲苯、乙醚、汽油、煤油、轻柴油等，可用泡沫、干粉或卤代烷扑救。燃烧面积不大或燃烧物不多时，可用二氧化碳灭火剂扑救。

比水重（相对密度大于1）而不溶于水的易燃液体，如二硫化碳、萘、蒽等着火时，可用水或泡沫扑救，但覆盖在液体表面的水或泡沫要有一定厚度，使其表面与空气隔绝。

能溶于水或部分溶于水的易燃液体，如甲醇、乙醇等醇类，醋酸乙酯、醋酸丁酯等酯类，丙酮、丁酮等酮类液体着火时，应用雾状水或抗溶性泡沫、干粉和卤代烷等灭火剂扑救。在火灾初期或燃烧物不多时，也可用二氧化碳扑救。

（4）扑救有腐蚀性或燃烧产物毒害性较大的易燃液体火灾，扑救人员须佩戴防护面罩；特殊物品火灾，应使用专用防护服；在扑救毒害品火灾时应尽量使用隔离式空气呼吸器。

（5）扑救闪点不同黏度较大的介质混合物，要注意沸溢和喷溅问题；当敞口容器内易燃可燃液体着火，不能用沙土扑救，因为沙土会沉积于容器底部，造成液位上升以致溢出，使火灾蔓延；当反应釜（炉、锅）及输送管道内的液体泄漏着火时，要注意其压力变化。

2. 典型易燃液体火灾事故

以甲醇为例，甲醇属于甲类火灾危险性物质，储存不当或发生泄漏都可能发生燃烧。发生甲醇火灾事故可能引发爆炸、中毒窒息，也可能引发环境污染。如引发爆炸事故，会使生产装置受到冲击，设备受损，可能引其他物料泄漏，扩大事故范围。

（1）一旦发生火灾，当班人员应立即向厂值班人员、厂调度及应急指挥中心等报警，同时，操作人员将事故部位的阀门关闭，并密切注意生产系统温度、压力、液位等工艺参数变化，并根据变化及时进行调整。

（2）应急指挥中心、厂值班人员及厂调度立即通知有关人员到达现场。

（3）在事故地点周围 100 m 处设置警戒线，设置禁区标志，防止无关人员进入现场，并对周围道路进行交通管制；设置疏散通道，负责疏散无关人员；设置消防通道，待增援力量到达后能够迅速进入现场。

（4）应急救援人员根据现场实际情况，先切断电源，使用干粉灭火器、消防水系统和泡沫消防系统进行扑救，防止火势蔓延，并等待救援。同时设置围堰，使用工具回收泄漏出来的甲醇，防止其四处流洒。当发现火焰发白、出现异常响声等爆炸迹象时，救援人员应及时撤离现场。

（三）易燃固体、自燃物品火灾

易燃固体指燃点低，对热、撞击、摩擦敏感，或与氧化剂接触能引起急剧及连续的燃烧或爆炸，并可能散发出有毒烟雾或有毒气体的固体。自燃物品是指自燃点低于 200 ℃，未与明火接触，在空气中能发生氧化作用放出热量而自行燃烧的物品，由于积热不散，达到其燃点而引起燃烧。

1. 易燃固体、自燃物品火灾处置要求

（1）易燃固体火灾扑救。绝大多数易燃固体着火可用水扑救，也可使用沙土、石棉毯、泡沫、二氧化碳、干粉等灭火剂应急。需注意粉状固体着火时，不能用灭火剂直接强烈冲击以避免粉尘被冲散，在空气中形成爆炸性混合物引发爆炸。

（2）自燃物品火灾扑救。大多数自燃物品起火时，可用大量的水进行灭火，也可用沙土、二氧化碳和干粉灭火剂灭火。

（3）特殊易燃固体、自燃物品火灾扑救。少数易燃固体、自燃物品扑救方式较为特殊，易燃金属粉末，如铝粉、镁粉、钛粉等着火时，因在高温下会使水分子分解，不能用水、二氧化碳、卤代烷灭火剂扑救；亚硝基类化合物和重氮盐类化合物等着火时，应使用大量水冷却灭火，不可用窒息法灭火；三乙基铝和铝铁熔剂，不能用水灭火；硫的磷化物遇水或潮湿空气可分解产生易燃有毒的气体，也不可用水施救，如：三硫化二磷宜用干沙和不用压力喷射的干粉扑救。

2. 典型易燃固体、自燃物品火灾事故

以黄磷为例，黄磷是自燃点很低且在空气中能很快氧化升温自燃的物品，遇黄磷火灾时，禁用酸碱、二氧化碳、卤代烷灭火剂，首先应切断火势蔓延途径，控制燃烧范围，用低压水或雾状水扑救。高压直流水冲击能引起黄磷飞溅，导致灾害扩大。黄磷熔融液体流淌时应用泥土、沙袋等筑堤拦截，并用雾状水冷却，对冷却后已固化的黄磷，应用钳子钳入储水容器中。来不及钳时可先用沙土掩盖，但应做好标记，等火势扑灭后，再逐步集中到储水容器中。

（四）遇水燃烧物品火灾

遇水燃烧物品指遇水或潮湿放出大量可燃、易燃气体和热量，以致引起燃烧爆炸，有些甚至不需要明火，即能自动燃烧或爆炸的物品。

1. 遇水燃烧物品火灾处置要求

（1）了解清楚遇湿易燃物品的品名、数量，是否与其他物品混存，燃烧范围，火势蔓延途径，以便采取相对应的灭火措施。

（2）在施救、搬移着火的遇湿易燃物品时，应尽可能将遇湿易燃物品与其他非遇湿易燃物品或易燃易爆物品分开。其他物品火灾威胁到相邻的遇湿易燃物品时，应迅速疏散转移遇湿易燃物品至安全地点，或用油布或塑料膜等防水布将其盖好。

（3）遇水燃烧物品火灾应用干沙、干粉、二氧化碳等扑救，灭火时严禁用水，酸、碱灭火剂，泡沫灭火剂扑救。锂、钠、钾、铷、铯、锶等由于化学性质十分活泼，不能用二氧化碳扑救。固体遇湿易燃物品可用水泥、干沙、干粉等覆盖。粉尘火灾不可使用有压力的灭火剂进行喷射。

（4）当极少量的遇湿易燃物品燃烧，在合理评估后，可用大量的水或泡沫扑救。

2. 典型遇水燃烧物品火灾事故

以碳化钙（电石）为例，电石属于危险化学品中的第4类4.3项遇湿易燃物品，生产电石厂房和仓库火灾危险性为甲类，遇水或湿气会迅速产生高度易燃的乙炔气体，在空气中达到一定的浓度时，遇明火、高温可引发爆炸。其与醇类、酸类能发生剧烈反应。

（1）清除火源，控制水源。熄灭明火，停止高热设备工作。对危险区域内的水源加以控制，防止散落电石与其接触。

（2）控制扩散。在确保安全的情况下，采取有效措施确保电石不再外泄，将包装完好的电石及时转出危险区域，并建立安全隔离带。对散落在外的电石及时用塑料布或帆布覆盖，避免扬尘，对电石附近的下水道进行封堵，以防其进入下水道等区域而扩大事故危害。

（3）回收转移。使用干燥工具将散落的电石清扫、收集到指定干燥的塑料容器内，并及时转移处置。作业过程中应避免扬尘，避免接触水和潮湿物。

（4）反应清除。如果电石散落量较小，且现场地势相对开阔时，可用大量水与电石直接反应。但反应前必须做好防爆炸、防反应水漫溢流淌工作。

（5）通风排气。为防止电石与水或潮湿空气接触产生的乙炔、硫化氢等气体积聚形成爆炸性混合物，对散落在仓库等密闭空间的电石，要加强事故现场通风，及时排除危险性气体。

（6）扑救火灾。事故现场若已发生火灾，则应用干燥石墨粉或其他干粉灭火，严禁用水和泡沫灭火剂，二氧化碳也无效。对火场周边受威胁但无法转移的其他容器，可用直射水流冷却容器壁，但严禁水进入容器。

（五）氧化剂和有机过氧化物火灾

氧化剂是指处于高氧化态，具有强氧化性，易分解并放出氧和热量的物质，包括含有过氧基的无机物。其本身不一定可燃，但与可燃物接触即能将其氧化，而自身还原引起燃烧爆炸。与粉末状可燃物能组成爆炸性混合物，对热、震动或摩擦较为敏感。有机过氧化物是指分子组成中含有过氧键的有机物，其本身易燃易爆、极易分解，对热、震动和摩擦极为敏感。

1. 氧化剂和有机过氧化物火灾处置要求

（1）迅速查明着火的氧化剂和有机过氧化物，以及其他燃烧物的品名、数量、主要危险特性、燃烧范围、火势蔓延途径、能否用水或泡沫灭火剂等扑救。

（2）将不同类别、品种的氧化剂和有机过氧化物与其他非氧化剂和有机过氧化物或易燃易爆物品分开、阻断，以便采取相对应的灭火措施。

（3）一般可用沙土进行扑救，大部分氧化剂引起的火灾都能用水扑救，最好用雾状水。能用水或泡沫扑救的，应尽可能切断火势蔓延方向，使着火源孤立起来，限制其燃烧的范围。不能用水、泡沫、二氧化碳扑救的，如过氧化物和不溶于水的液体有机氧化剂，应用沙土或二氧化碳、干粉灭火剂扑救。用水泥、干沙覆盖时，应先从着火区域四周开始，尤其是从下风处等火势主要蔓延的方向覆盖起，形成孤立火势的隔离带，然后逐步向着火点逼近由氧化剂引起的火灾。

2. 典型氧化剂和有机过氧化物火灾事故

以氯酸钾为例，氯酸钾是一种无机化合物，无色或白色结晶性粉末，强氧化剂。常温下稳定，在 400 ℃以上则分解并放出氧气，与还原剂、有机物、易燃物（如硫、磷）或金属粉末等混合可形成爆炸性混合物，急剧加热时可发生爆炸。发生火灾事故时，初始疏散距离至少为 800 m，应急救援人员应佩戴防毒面具、穿全身消防服，在上风向灭火。使用水灭火，禁止使用沙土、干粉。同时，在确保安全的前提下将容器移离火场，切勿开动已处于火场中的货船或车辆。需要注意的是，如果在火场中有储罐、槽车或罐车，周围至少隔离 800 m。用大量水冷却容器，直至火扑灭。

（六）毒害物品和腐蚀物品火灾

有毒品是指经口或吸入蒸气或皮肤接触进入机体后，能与体液和组织发生生物化学作用或生物物理作用，引起暂时性或持久性的病理改变，甚至危及生命的物品。腐蚀品是指能灼伤人体组织并对金属等物品造成损坏的固体或液体。

1. 毒害物品和腐蚀物品火灾处置要求

（1）毒害物品和腐蚀性物品火灾极易造成人员中毒和伤亡事故，要采取清水冲洗、漱洗、隔开、医治等措施。严禁其他人员擅自进入灾区，积极控制燃烧和蔓延的范围。

（2）施救人员必须注意防腐蚀、防毒气，戴防毒口罩、防毒眼镜或防毒面具，穿橡胶雨衣和长筒胶鞋，戴防腐蚀手套等，在扑救火灾时应尽量使用隔绝式氧气或空气呼吸器。

（3）毒害物品着火时，针对液体可根据有无水溶性和相对密度大小选用抗溶性泡沫或机械泡沫及化学泡沫灭火，或用沙土、干粉等扑救；针对固体可根据其性质采用水、雾状水或沙土、干粉等扑救，当其为粉末时，慎用干粉灭火剂，避免毒害品分散造成灾害区域扩大。氰化钠、氰化钾及其他氰化物等，严禁使用酸碱灭火剂灭火，只能用雾状水或二氧化碳等灭火。

（4）腐蚀性物品着火时，一般可用雾状水、干沙、泡沫、干粉等扑救，硫酸、硝酸等酸类腐蚀品不宜用高压水，以防酸液四溅，伤害扑救人员；硫酸、卤化物、强碱等遇水发热、分解或遇水产生酸性烟雾的物品着火时，不能用水施救，可用干沙、泡沫、干粉等扑救。

2. 典型毒害物品和腐蚀物品火灾事故

以氰化氢为例，氰化氢是一种无机化合物，剧毒液体，极易燃，其蒸气与空气可形成爆炸性混合物，火场温度下易发生危险的聚合反应。发生火灾事故时，应切断泄漏源。若不能切断泄漏源，则不允许熄灭泄漏处的火焰。应急救援人员必须穿戴全身专用防护服，佩戴氧气呼吸器，在安全距离以外或有防护措施处操作。灭火时可使用干粉、抗溶性泡沫、二氧化碳等灭火剂，用水灭火无效，但须用水保持火场容器冷却，用雾状水驱散蒸气。

（七）压缩气体和液化气体火灾

压缩气体和液化气体是指储存在钢瓶或储罐等容器中，处于气体状态的称为压缩气体，处于液体状态的称为液化气体，当受热、撞击或强烈震动时，容器内压力会急剧增大，致使容器破裂爆炸，或导致气瓶阀门松动漏气，造成火灾或中毒事故。

1. 压缩气体和液化气体火灾处置要求

（1）扑救气体火灾切忌盲目扑灭火势，在没有采取堵漏措施的情况下，必须保持稳定燃烧。首先应扑灭外围被火源引燃的可燃物火势，切断火势蔓延途径，控制燃烧范围，并积极抢救受伤和被困人员。

（2）如果火势中有压力容器或有受到火焰辐射热威胁的压力容器，能疏散的应尽量在水枪的掩护下疏散到安全地带，不能疏散的应部署足够的水枪进行冷却保护。为防止容器爆裂伤人，进行冷却的人员应尽量采用低姿射水或利用现场坚实的掩蔽体防护。对卧式储罐，冷却人员应选择储罐四侧角作为射水阵地。

（3）如果是输气管泄漏着火，应设法找到气源阀门。阀门完好时，只要关闭气体的进出阀门，火势就会自动熄灭。

（4）储罐或管道泄漏关阀无效时，应根据火势判断气体压力和泄漏口的大小及其形状，准备好相应的堵漏材料（如软木塞、橡皮塞、气囊塞、黏合剂、弯管工具等）。

（5）堵漏工作准备就绪后，即可用水扑救火势，也可用干粉、二氧化碳灭火，但仍需用水冷却烧烫的罐或管壁。火扑灭后，应立即用堵漏材料堵漏，同时用雾状水稀释和驱散泄漏出来的气体。如果确认泄漏口非常大，根本无法堵漏，只需冷却着火容器及其周围容器和可燃物品，控制着火范围，直到燃气燃尽，火势自动熄灭。

（6）遇有火势熄灭后较长时间未能恢复稳定燃烧或受热辐射的容器安全阀火焰变亮耀眼、尖叫、晃动等爆裂征兆时，应迅速撤退至安全地带。

2. 典型压缩气体和液化气体火灾处置要求

以液化天然气（LNG）为例，LNG 无色、无味、无毒且无腐蚀性，主要成分是甲烷，属于危险化学品中的第 2 类第 2.1 项易燃气体，火灾种类为甲类，易燃，与空气混合形成爆炸性混合物，遇热源或明火有着火爆炸危险。

（1）控制火势蔓延。指挥员在采取措施、组织力量控制火灾蔓延、防止爆炸的同时，必须组织到场力量根据地面流淌火火势大小，用足够的枪炮控制外围火焰，并由外围向火场中心推进，消灭 LNG 罐体周围的所有火焰，加强冷却。如果是输气管道泄漏着火，应设法找到并关闭气源阀门。

（2）冷却抑爆。冷却时，开启固定水喷淋系统对燃烧或受到火势威胁的储罐实施冷却，对于火焰直接烧烤的罐壁表面和邻近罐壁的受热面，要加大冷却强度，以防止水流瞬间汽化。同时高喷、消防炮等远距离、大口径装备要合理运用，均匀射水，避免物理爆炸事故发生。

（3）灭火堵漏。对准泄漏口处火焰根部合理使用交叉射水分隔、密集水流交叉射水，或对着火设施采用干粉灭火系统，对泄漏量较小的火灾，可用二氧化碳、卤代烷进行扑救。当有设备不严密而轻微小漏引起着火，可用湿泥、湿麻袋等堵住着火处灭火，火熄灭后，再按有关规定补漏；直径较小的管道着火时，可直接关闭阀门，切断燃气灭火；直径较大的管道着火时，采取逐渐关闭阀门降压，降压时要在现场安装临时压力表，使压力逐渐下降，防止回火爆炸。

需要注意的是，燃气设备烧红时，不得用水骤然冷却，以防管道和设备急剧收缩造成变形或断裂。

（4）防止爆炸和复燃。现场扑救人员应注意各种爆炸危险征兆，遇有火势熄灭后较长时间未能恢复稳定燃烧，或受热辐射的容器有下列情况：燃烧的火焰由红变白、光芒耀眼，燃烧处发出刺耳的呼啸声，罐体抖动，排气处、泄漏处喷气猛烈等，应及时撤离。

（5）针对由 LNG 设施损坏泄漏引发的火灾，是选择灭火还是受控燃烧，应根据现场实际状况科学地决断。

四、危险化学品爆炸事故

爆炸品指在受热、摩擦、撞击等外界作用下，发生剧烈化学反应，瞬时产生大量的气体和热量，使周围压力急骤上升，发生爆炸，对周围环境造成破坏的物品。常见的爆炸物品有导火索、雷管、三硝基甲苯、三硝基苯酚、枪弹、爆竹等。

1. 爆炸品所引起的爆炸特点

（1）化学响应速度快，一般以万分之一秒的时间完成化学响应。

（2）爆炸时会产生大量热能，这是爆炸物品能量的主要来源。

（3）产生大量气体，造成高压。

（4）不需外界供氧，爆炸品由于分子中含有特殊的不稳定基团，在爆炸时会引起分解或自身的氧化还原反应。

2. 爆炸品事故应急处置要求

（1）迅速判断再次发生爆炸的可能性和危险性，采取一切可能的措施，全力制止再次爆炸的发生。若有可能，在水枪的掩护下及时搬移着火源周围的爆炸品至安全区域，使周围形成一个隔离带。

（2）爆炸品着火可用水、泡沫（高倍数泡沫较好）、二氧化碳、干粉等灭火剂施救，禁止用沙土覆盖，也不可用蒸汽和酸碱泡沫灭火剂灭火。扑救爆炸品堆垛时，水流应采用吊射，避免强力水流直接冲击堆垛，造成堆垛倒塌引起再次爆炸。

（3）灭火人员应尽量利用现场的地形、地物作为掩体，采用卧姿等低姿射水；由于有些爆炸品不但本身有毒，而且燃烧产物也有毒，所以灭火时应注意防毒。有毒爆炸品着火时应佩戴隔绝式氧气或空气呼吸器，以防中毒。

五、危险化学品烧伤事故

危险化学品烧伤事故主要指腐蚀性危险化学品意外与人体接触，在短时间内在接触表面发生化学反应，造成明显破坏。化学烧伤的损害程度，与化学品的性质、剂量、浓度、物理状态（固态、液态、气态）、接触时间和接触面积的大小，以及当时急救措施等有着密切的关系。化学物质对局部的损伤作用，主要是细胞脱水和蛋白质变性，有的产热而加重烧伤。化学烧伤不同于一般的热力烧伤，化学烧伤的致伤因子与皮肤接触时间往往较热烧伤的长，因此某些化学烧伤可以是局部很深的进行性损害，甚至通过创面等途径吸收，导致全身各脏器的损害。

化学烧伤的处理原则同一般烧伤，应迅速脱离事故现场，终止化学物质对机体的继续损害；采取有效解毒措施，防止中毒；进行全面体检和化学监测。

六、危险化学品中毒和窒息事故

危险化学品中毒和窒息事故主要指因吸入、食入或接触有毒有害化学品或者化学品反应的产物而导致的人体中毒和窒息。在危险化学品的储存、运输、装卸、搬运等操作过程中会发生：吸入中毒事故（中毒途径为呼吸道）；接触中毒事故（中毒途径为皮肤、眼睛等）；误食中毒事故（中毒途径为消化道）；其他中毒和窒息事故。有毒物质对人的危害程度取决于毒物的性质、毒物的浓度、人员与毒物接触的时间等因素。应急处置要求如下。

（1）抢救最危急的生命体征，处理眼和皮肤污染，查明化学物质毒性，进行特殊对症处理。

（2）救援人员携带救生器材迅速进入现场危险区，将中毒人员移至安全区域，根据受伤情况进行现场急救。

（3）迅速将受伤、中毒人员送往医院抢救，组织医疗专家，确保治疗药物和器材的供应。

（4）对中毒原因进行分析，制定处置方案，控制泄漏源、处理泄漏物。

七、其他事故

1. 触电

触电事故是由于人体直接触碰到了带电体、接触到因绝缘损坏而漏电的设备或者站在接地故障点的周围而发生的事故。触电事故分为电伤和电击两种。电伤是指电对人体外部造成局部电灼伤、金属溅伤、电烙印等伤害。电击是指电流通过人体躯体而产生的化学效应、机械效应、热效应及生理效应而导致人身伤害。

触电事故多发生在设备检修，照明灯具更换，开关更换，配电箱、柜的操作以及电工接线等作业时人员违章或设备故障时。

触电事故一般按照启动应急程序、脱离电源、就地施救、逐级上报的原则进行处置。其中，脱离电源应根据现场具体条件，采取以下几种方法和措施。

（1）脱离低压电源的方法：①拉闸断电。若触电地点附近有电源开关或插销时，可立即拉开开关或拔下插头，断开电源；②切断电源线。若触电地点附近没有或一时找不到电源开关或插销，可用电工绝缘钳或具有干燥木柄的铁锹、斧子等切断电源，断线时应该做到一根一根切断，在切断护套线时应防止短路、弧光电流伤人；③用绝缘物品脱离电源。当电线或带电体搭落在触电者身上或被压在身下，而电源开关又比较远时，可用干燥的衣物、手套、绳索、木板、木棍等绝缘物品作为救护工具，不能触及裸露的皮肤及附近的金属物件，拉开电线或触电者使之脱离电源。

（2）脱离高压电源的方法：①拉闸断电。对高压触电应立即拉闸停电救人。在高压配电室内触电，马上拉开断路器；在高压配电室外触电，则应立即通知配电室值班人员紧急停电；②短路法。当无法通知拉闸断电时，可以采取抛掷金属导体的方法，使线路短路迫使保护装置运作而断开电源。

（3）脱离跨步电压的方法：遇到跨步电压触电时，可按上面的方法断开电源，或者救护人员穿绝缘鞋或单脚着地跑到触电者旁，紧靠触电者头部或脚部把触电者拖到安全的地面上即可就地静养或抢救。

需要注意的是，救援人员在救援时要确保自身安全，防止造成救援人员自身伤害和对伤者造成二次伤害；现场人员发现人员触电后，如果不具备救助能力或不能确保自身安全，应立即报告现场负责人或紧急求助身边的同事。

2. 高处坠落

凡在坠落高度基准面 2 m 以上（含 2 m）有可能坠落的高处进行的作业，均称为高处作业。根据高处作业者工作时所处的部位不同，高处作业坠落事故可分为临边作业高处坠落事故、洞口作业高处坠落事故、攀登作业高处坠落事故、悬空作业高处坠落事故、操作平台作业高处坠落事故、交叉作业高处坠落事故等。发生高处坠落后，可导致人员轻伤、重伤，甚至死亡。

高处坠落事故发生时应进行事故初步判断，依据事故现场必要信息明确报警，立即启动应急处置措施，并进行自救或实施救护。

（1）切断或隔离危险源，防止救援过程中发生次生灾害。

（2）如受伤人员出现骨折，应就地取材，使用夹板或竹棍固定，避免骨折部位移位。开放性骨折并伴有大出血者，应先止血再固定。出现休克或昏迷状况，应进行人工呼吸或胸外心脏按压，尽量努力抢救伤员。

（3）在伤员转送之前必须进行急救处理，避免伤情扩大，途中做进一步检查，进行病史采集，以发现一些隐蔽部位的伤情，做进一步处理，减轻患者伤情。转送途中密切观察患者的瞳孔、意识、体温、脉搏、呼吸、血压等情况，有异常应及早做出相应的处理措施，严禁移动伤者，应平躺并立即拨打 120 急救电话。

3. 物体打击

物体打击事故是指物体从空中或高处掉落后作用于人体的事故。事故作业区内被空中（高处）、物料传接时、工具摆放处等掉落的物体打击及堆垛滑落或倾倒对人体产生打击，会造成轻伤、重伤或死亡事故。

当发生一般伤害时，作业现场人员应立即停止相关施工作业，在确保自身安全的情况下，根据现场情况，采取措施，防止事故扩大，并对伤害人员采取相应的处置措施。

（1）发生物体打击事故后，应马上组织抢救伤者，首先观察伤者的受伤情况、部位、伤害性质，如伤员发生休克，应先处理休克。遇呼吸、心跳停止者，应立即进行人工呼吸，胸外心脏按压。处于休克状态的伤员要让其安静、保暖、平卧、少动，并将下肢抬高约 20°左右，尽快送医院进行抢救治疗。

（2）出现颅脑损伤，必须维持呼吸道通畅。昏迷者应平卧，面部转向一侧，以防舌根下坠或分泌物、呕吐物吸入，发生喉阻塞。有骨折者，应初步固定后再搬运。遇有凹陷骨折、严重的颅底骨折及严重的脑损伤症状出现，创伤处用消毒的纱布或清洁布等覆盖，用绷带或布条包扎后，及时送就近有条件的医院治疗。

4. 机械伤害

机械伤害是指在机械使用过程中，机械设备运动（静止）、部件、工具等直接与人体接触引起的撞伤、碰伤、卷入、绞伤、挤压、夹伤、打击、甩出、切削、刺扎等伤害。各类转动机械的外露传动部分（如齿轮、轴、履带等）和往复运动部分都有可能对人体造成机械伤害。

发生机械伤害事故后，作业现场人员应立即停止相关工作，在确保自身安全的情况下，根据现场情况，采取措施，防止事故扩大，并对伤害人员采取相应的处置措施。

（1）发生轻伤，应对伤者采取消毒、止血、包扎、止痛等临时措施。尽快将伤者送医院进行防感染和防破伤风处理。

（2）发生重伤时，应立即关闭运转机械，保护现场，及时向现场应急指挥小组及有关部门汇报。应急指挥部门接到事故报告后，迅速赶赴事故现场，组织事故抢救。对伤者进行包扎、止血、止痛、消毒、固定等临时措施，防止伤情恶化。如造成断肢或骨折，应立即进行现场固定包扎，找回被切断肢体，以便送医院后救治工作。

5. 车辆伤害

车辆伤害指企业机动车辆在行驶中引起的人体坠落和物体倒塌、下落、挤压伤亡事故，不包括起重设备提升、牵引车辆和车辆停驶时发生的事故。

现场人员应立即组织人员和设备对受伤人员和车辆进行抢救，本着先救人的原则，在确保自身安全的情况下，应采取有效措施，防止事故扩大，并对伤害人员采取相应的处置措施。

（1）当发生机动车辆倾翻时，有人被埋压在机动车辆下面或驾驶室内，应立即采用千斤顶、起重机具、切割等措施移动车辆或移开物件、货物，将被埋压的人员救出。

（2）当发生撞伤、刮伤、碾压等人员伤害，应将受伤人员移到安全地点，采取简单的救助措施。伤势较轻的，利用运输工具将受伤者送往附近医院救治；伤势较重的，立即拨打 120 急救电话，请求医疗支援。

第四节 事故现场急救

危险化学品事故现场急救是十分复杂的工作，要求应急救援人员除懂得危险化学品的理化特性和毒性特点外，还要掌握一定的医疗急救和防护知识，在有效地实施救援下能保护自身安全，为伤病员提供初步、及时、有效的现场救护措施，真正降低伤害人群，降低伤病员的致残率与死亡率。

一、现场急救要求

进行急救时，不论患者还是救援人员都需要进行适当的防护。特别是把患者从严重污染的场所救出时，救援人员必须加以预防，避免成为新的受害者。

（一）现场急救原则

现场急救总的任务是采取及时有效的急救措施和技术，最大限度地减少伤病员的疾苦，降低致残率，减小死亡率，为医院抢救打好基础。在现场急救中，必须遵守以下六条原则。

1. 先重后固的原则

先重后固的原则是指遇有心跳呼吸骤停又有骨折者，应首先用口对口呼吸和胸外按压等技术使心、肺、脑复苏，心跳、呼吸恢复后，再进行骨折固定。

2. 先止后包的原则

先止后包的原则是指遇有大出血又有创口者时，首先立即用指压、止血带或药物等方法止血，接着再消毒创口进行包扎。

3. 先重后轻的原则

先重后轻的原则是指遇有垂危的和较轻的伤病员时，应优先抢救危重者，后抢救较轻的伤病员。

4. 先救后运的原则

发现伤病员时，应先救后送。在送伤病员到医院途中，不要停顿抢救措施，继续观察病、伤变化，少颠簸，注意保暖，平安送达最近医院。

5. 急救与呼救并重的原则

在遇有成批伤病员、现场还有其他参与急救的人员时，要紧张而镇定地分工合作，急救和呼救可同时进行，以较快地争取到急救外援。

6. 搬运与急救一致性的原则

在运送重伤病员时，应与急救工作协调，争取时间，在途中应继续进行抢救工作，减少伤病员不应有的痛苦和死亡，安全到达目的地。

（二）现场急救的注意事项

（1）选择有利地形设置急救点。

（2）做好自身及伤病员的个体防护。

（3）防止发生继发性损害。

（4）应至少 2~3 人为一组集体行动，以便相互照应。

（5）所用的救援器材须具备防爆功能。

二、救援防护装备

救援防护装备指应急救援人员在处置危险化学品事故时免受化学、生物与放射性物质伤害，保护个体健康、安全穿戴的装备。在危险化学品事故应急抢险过程中应根据本单位危险化学品的种类、数量，危险化学品事故特征和事故风险评估结果，以及应急人员的职责，采取不同的个体防护装备。常见的个体防护装备包括呼吸防护器、化学防护服和其他个体防护用品等。

（一）呼吸防护器

呼吸防护器主要有氧气呼吸器、正压式空气呼吸器、自吸过滤式防毒面具等，可抵御危险化学品事故现场有毒、有害气体或蒸气对救援人员的威胁。

1. 氧气呼吸器

氧气呼吸器（图 7-2）是人员在严重污染、存在窒息性气体、毒气类型不明确或缺氧等恶劣环境下工作时常用的呼吸防护设备。氧气呼吸器以压缩气体钢瓶为气源，常见的是闭路式氧气呼吸器，使用时，打开气瓶开关，氧气经减压器、供气阀进入呼吸仓，再通过呼吸软管、供气阀进入面罩供人员呼吸；呼出的废气经呼气阀、呼吸软管进入清净罐，去除二氧化碳后进入呼吸仓，与钢瓶所提供的新鲜氧气混合供循环呼吸。由于在二氧化碳的滤除过程中，发生的化学反应会放出较高的热量，为保证呼吸的舒适度，有些呼吸器在气路中设置有冷却罐、降温盒等气体降温装置。

图 7-2 氧气呼吸器

佩戴时，将呼吸器背面朝上，放在后面或地下，放长下调整带 5~7 cm。两臂穿过肩带手握呼吸器外壳两侧中部，呼吸器顶部朝下，将呼吸器抓起绕过头顶，沿背部松手滑，肩带自然地套在肩上。上身稍向前倾拉紧调整带，使呼吸器向背部靠近，调整肩带，使呼吸器处于背部合适位置，调整并扣紧腰带和胸带。将全面罩上头带完全放松，一手将面罩下颚对准下巴并上托面罩，用另一只手将网罩套在头部，对准位置，拉紧头带，自感贴附严密舒适为止。面罩戴好后，迅速用右手逆时针拧开瓶阀把手，此时听到短促的提示声响，说明阀门已经打开，观察压力表指示值，不得小于 18 MPa，最高不超 22 MPa，戴好安全帽开始正常工作。

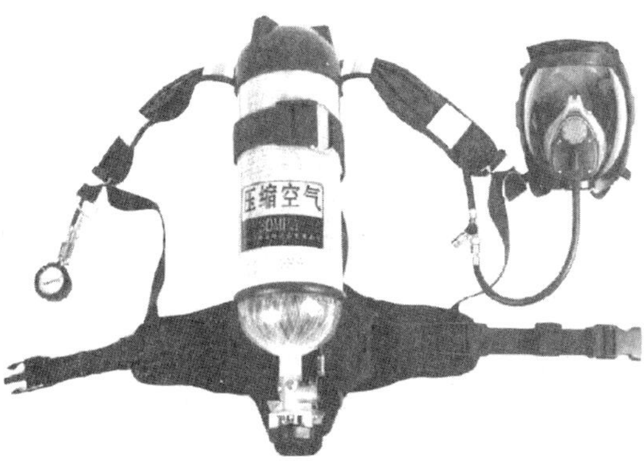

图 7-3 正压式空气呼吸器

2. 正压式空气呼吸器

正压式空气呼吸器（图 7-3）主要用于应急救援人员在火灾、有害物质泄漏、烟雾、缺氧等恶劣作业现场的火源侦察、灭火、救灾、抢险和支援。以压缩气体钢瓶为气源，但钢瓶中盛装气体为压缩空气。对于常见的正压式空气呼吸器，使用时，打开气瓶阀门，空气经减压器、供气阀、导气管进入面罩供人员呼吸；呼出的废气直接经呼气活门排出。由于其不需要对呼出废气进行处理和循环使用，所以结构相对氧气呼吸器简单。

空气呼吸器的工作时间一般为 30~360 min，根据呼吸器型号的不同，防护时间的最高限值有所不同，总的来说，空气呼吸器的防护时间比氧气呼吸器稍短。

佩戴时，先将快速接头断开（以防在佩戴时损坏全面罩），然后将其背在身后（空气瓶开关在下方），根据身材调节好肩带、腰带并系紧，以合身、牢靠、舒适为宜。把全面罩上的长系带套在脖子上，使用前全面罩置于胸前，以便随时佩戴，然后将快速接头接好。将供给阀的转换开关置于关闭位置，打开空气瓶开关。戴好全面罩（可不用系带）进行 2~3 次深呼吸，应感觉舒畅。屏气或呼气时，供给阀应停止供气，无“咝咝”的响声。用手按压供给阀的杠杆，检查其开启或关闭是否灵活。一切正常时，将全面罩系带收紧，收紧程度以既要保证气密又感觉舒适、无明显的压痛为宜。

3. 自吸过滤式防毒面具

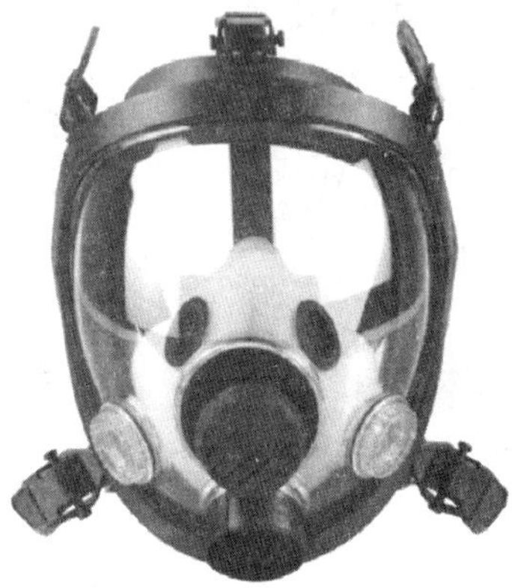

图 7-4　自吸过滤式防毒面具

自吸过滤式防毒面具（图 7-4），是防毒面具最为常见的一种，主要由面罩主体和滤毒件两部分组成。面罩起到密封并隔绝外部空气和保护口鼻面部的作用，同时还可以保护眼睛及面部皮肤免受有毒有害物质的直接伤害。滤毒件内部填充活性炭，由于活性炭里有许多形状不同大小不一的孔隙，可以吸附粉尘。在活性炭的孔隙表面，浸渍了铜、银、铬金属氧化物等化学药剂，以达到吸附毒气后与其反应，使毒气丧失毒性的作用。面具与过滤部件有的直接相连，有的通过导气管连接，既能防护大颗粒灰尘、气溶胶，又能防护有毒害蒸气和气体，通常密合效果更好，具有更高和更安全的防护效能。

佩戴自吸过滤式防毒面具时，首先要根据头型大小选择合适的面具。佩戴时，将中、上头带调整到适当位置，并松开下头带，用两手分别抓住面罩两侧，屏住呼吸，闭上双眼，将面罩下巴部位罩住下巴，双手同时向后上方用力撑开头带，由下而上戴上面罩，并拉紧头带，使面罩与脸部确实贴合，然后深呼一口气，睁开眼睛。

检查面罩佩戴气密性的方法是：用双手掌心堵住呼吸阀体进出气口，然后猛吸一口气，如果面罩紧贴面部，无漏气即可，否则应查找原因，调整佩戴位置直至气密。

（二）化学防护服

化学防护服保护穿着者的头部、躯干、手臂和腿等部位免受化学品的侵害。

1. 按照防护性能划分

根据作业场所救援物资配备要求，将化学防护服的防护性能分为高等级或低等级：低等级的化学防护服可以保护穿着者身体某一部位偶尔接触低毒性的化学品；高等级的化学防护服可使穿着者免受工作场所存在的剧毒品、有毒品或有害品的危害，同时满足应急救援人员的个体防护装备配备要求。

化学防护服分类及使用示例见表 7-1。

表7-1 化学防护服分类及使用示例

防护性能等级	类型	危害物性质	危害物的物理形态	使用示例	备注
高	气体致密型化学防护服	剧毒品	气体状态	化学气体泄漏事故处理；熏蒸工艺的工作场所；存在强挥发性液体（如二氯甲烷）的密闭空间	谨防化学品状态的变化，如固体的升华、液体的挥发，以及两种物质的化学反应等
		剧毒品	非挥发性的气雾/液态气溶胶	酸雾处理作业场所；特殊的喷涂作业；制药生产线	
	液体致密型化学防护服	剧毒品	非挥发性液体不间断喷射	化学液体泄漏事故处理；化工设备（如硫酸输送压力管道）维护时化学液体的意外泄漏	防液体渗透的化学防护服
		有毒品/有害品	非挥发性雾状液体的喷射	工业喷射应用（如喷漆）；会产生雾状化学品的农业操作	防化学液体穿透的化学防护服
	粉尘致密型化学防护服	有毒品/有害品	固体粉尘	爆破和废料回收工作；会产生危险化学粉尘的农业操作；石棉操作	防化学粉尘和矿物纤维穿透的化学防护服
低	液体致密型化学防护服	刺激品/皮肤吸收	只有暴露时才会直接接触的低风险	一般的农作物药物喷射作业；实验室化学处理作业	防局部渗透的化学防护服

注：均可重复使用和有限次使用。

2. 按照应急救援人员防护要求划分

（1）一级化学防护服装。一级化学防护服旨在为救援人员在处理高浓度、强渗透性的气体化学品事件时提供全面的保护，由带大视窗的连体头罩、化学防护服、正压式消防空气呼吸器背囊、化学防护靴和化学防护手套等部分组成，一般与正压式空气呼吸器、呼救器、通信器材等配合使用。

（2）二级化学防护服装。二级化学防护服装主要用于救援人员化学灾害现场作业时的躯体防护，可处置挥发性固态、液态化学品事故，如汽油、丙酮、醋酸乙酯等有机介质以及硫酸、盐酸、硝酸、磷酸、氢氧化钠等腐蚀性液体场合进行抢险救援作业。具有防酸碱、阻燃等性能，连体式结构，能完全覆盖使用者，一般由化学防护头罩、化学防护服、化学防护手套构成，与外置式正压式消防空气呼吸器配合使用。

（三）其他个体防护用品

其他个体防护用品主要包括头、眼睛、手、脚等部位的防护用品。头盔是用于保护应急救援人员头部、颈部免受坠落物冲击和穿透以及热辐射、火焰、电击和侧向挤压伤害的防护器具。防护眼镜是防止有害物质伤害眼睛的眼部护具，包括化学护目镜、防冲击眼镜等。手部防护用品包括防化手套、防割手套、绝缘手套、耐高温手套等，其中防化手套种类繁多，需要根据化学品种类，如油类、酸类、腐蚀性物及各种溶剂等因素综合考虑。脚部防护用品用于保护足部免受伤害，包括防滑鞋、防护安全靴、电绝缘鞋（靴）、防静电鞋（靴）等。

三、自救与互救

事故发生时，正确的应急自救互救常识是保障人身安全的关键，从业人员平时就要加强相关知识的学习和了解，掌握基本的自救技能，并定期参加应急演练，以提高自己的应急能力和逃生技巧。

1. 急性中毒

（1）应立即佩戴防毒面具或呼吸器、防毒服和防毒眼镜等个人防护装备，或者立即将身边能利用的衣服、毛巾、口罩等用水浸湿后捂住口鼻，尽可能戴上手套，穿上雨衣、雨鞋等，或用床单、衣物遮住裸露的皮肤。

（2）勿惊慌失措，憋住气，在现场应急救援人员的指挥下迅速撤离事故现场。或者立即判断事故源与风向，朝上风向或侧风向远离事故源的方向迅速撤离。如遇比空气重的气体泄漏，其易在低洼处积聚，禁止躲在低洼地带。来不及逃离泄漏污染区的人，可以选择躲避在合适的建筑物内，但必须关闭所有的门窗等，关闭空调和通风系统，人员应该转移到建筑物内远离泄漏处的那一侧。

（3）对于吸入中毒者，应迅速将其脱离中毒现场，向上风向转移至空气新鲜处，松开衣领和裤带，并注意保暖。化学毒物沾染皮肤时，应迅速脱去污染的衣服、鞋袜等，用大量流动清水冲洗 15~30 min。头面部受污染时，首先注意眼睛的冲洗。口服中毒者，如为非腐蚀性物质，应立即用催吐方法，使毒物吐出。现场可用自己的中指、食指刺激咽部、压舌根的方法催吐。催吐时尽量低头、身体向前弯曲（呕吐物不会呛入肺部）。误服强酸、强碱，催吐后反而使食道、咽喉再次受到严重损伤，可服牛奶、蛋清等。另外，对失去知觉者，呕吐物会误吸入肺；误喝了石油类物品，易流入肺部引起肺炎。有抽搐、呼吸困难、神志不清或吸气时有吼声者均不能催吐。

对中毒引起呼吸、心跳停者，应进行心肺复苏术，主要的方法有口对口人工呼吸和胸外心脏按压术。

（4）到达安全地点后，立即进行全身洗消。要及时脱去被污染的衣服，用流动的水冲洗身体，特别是接触化学品物质或曾经裸露的部分。

2. 化学性皮肤烧伤

（1）皮肤和头发接触化学物质后应立即用大量清水（加肥皂）冲洗。冲洗皮肤和头发时要保护眼睛。

（2）无论酸、碱或其他化学物烧伤，立即用大量流动自来水或清水冲洗创面 15~30 min。大部分化学物质污染皮肤都可以用冲淋器，但是对于腐蚀性强的化学物质如苯酚、硫酸、硝酸、氢氧化钠等，必须使用大流量冲淋器，争取在短时间内将污染物清洗干净。

（3）新鲜创面上不要任意涂上油膏或红药水，不用脏布包裹。

（4）黄磷烧伤时应用大量水冲洗、浸泡或用多层湿布覆盖创面。

（5）烧伤病人应及时送医院。

（6）烧伤的同时，往往合并骨折、出血等外伤，在现场也应及时处理。

3. 化学性眼烧伤

（1）迅速在现场用流动清水冲洗，千万不要未经冲洗处理而急于送医院。

（2）冲洗时眼皮一定要掰开。

（3）如无冲洗设备，也可把头部埋入清洁水中，把眼皮掰开，眼球来回转动洗涤。

（4）电石、生石灰（氧化钙）颗粒溅入眼内，应先用蘸有液状石蜡或植物油的棉签去除颗粒后，再用水冲洗。

4. 窒息现场急救措施

窒息是由于外伤、溺水、烟熏、火燎、土埋、密室缺氧以及异物吸入等原因，引起声门突然紧闭，气管及肺内空气不能外溢，肺内压力急剧升高，氧气不能进入人体，造成重要器官及全身缺氧综合征。现场急救措施有以下几项。

（1）脱离不良环境，松开患者身上过紧的衣服，使呼吸道顺畅。

（2）轻拍患者背部或用手指清除患者口、鼻、呼吸道中的分泌物和异物。

（3）人工呼吸或者面罩吸氧。

5. 冻伤现场急救措施

冻伤是指人体在严寒条件下暴露时间过长，或突然遭受寒冷袭击，身体散热大于产热，致使机体局部缺血，或体温下降，引起一系列的生理变化。现场急救可以采取下措施。

（1）脱离低温环境。脱掉患者湿冷冻结的衣服，安置在温暖的环境。动作要求轻柔缓慢，避免患者软组织损伤和骨折。

（2）体外被动复温。对面部进行温湿敷，将受冻肢体或全身浸泡于 40 ~ 42 ℃水中，注意保持水温。严禁火烤、冷水浸泡或猛力拍打受冻部位。

第八章　事故案例分析

第一节　危险化学品爆炸事故

[案例一]

2018 年 7 月 12 日 18 时 42 分 33 秒，位于宜宾市江安县某工业园区内的公司发生重大爆炸着火事故，造成 19 人死亡、12 人受伤，直接经济损失 4142 万元。

1. 事故经过

2018 年 7 月 12 日 11 时 30 分左右，宜宾某物流公司吴某将 2 t 标注为原料的 COD 去除剂（实为氯酸钠）送至宜宾某公司仓库。随后，宋某请三车间副主任查某安排 3 名工人完成了卸货。入库时，宋某未对入库原料进行认真核实，将其作为原料丁酰胺进行了入库处理。

14 时左右，二车间副主任罗某开具 20 袋丁酰胺领料单到库房领取咪草烟生产原料丁酰胺，宋某签字同意并发给罗某 33 袋“丁酰胺”（实为氯酸钠），并要求罗某补开 13 袋丁酰胺领料单。

15 时 30 分左右，二车间咪草烟生产岗位的当班人员陈某（男，二车间副主任）、毛某（女，工人）、左某（女，工人）、李某（男，班长）4 人（均已在事故中死亡）通过升降机（物料升降机由车间当班工人自行操作）将生产原料“丁酰胺”提升到二车间三楼，而后用人工液压叉车转运至三楼 2R302 釜与北侧栏杆之间堆放。

17 时 20 分前，2R301 釜完成投料。

17 时 20 分左右，2R301 釜夹套开始通蒸汽进行升温脱水作业。

18 时 42 分 33 秒，正值现场交接班时间，二车间三楼 2R301 釜发生化学爆炸。爆炸导致 2R301 釜严重解体，随釜体解体过程冲出的高温甲苯蒸气迅速与外部空气形成爆炸性混合物并产生二次爆炸，同时引起车间现场存放的氯酸钠、甲苯与甲醇等物料殉爆殉燃和二车间、三车间的着火燃烧，造成重大人员伤亡和财产损失。

2. 事故原因

涉事公司在生产咪草烟的过程中，操作人员将无包装标识的氯酸钠当作 2-氨基-2, 3-二甲基丁酰胺（以下简称丁酰胺）补充投入 2R301 釜中进行脱水操作。在搅拌状态下，丁酰胺-氯酸钠混合物形成具有迅速爆燃能力的爆炸体系，开启蒸汽加热后，丁酰胺-氯酸钠混合物的 BAM 摩擦及撞击感度[①]随着釜内温度升高而升高，在物料之间，物料与釜

① BAM 摩擦感度、撞击感度试验是联邦德国材料试验研究所（BAM）提出的一种改进试验方法，为国际通行试验方法。

内附件和内壁相互撞击、摩擦下，引起釜内的丁酰胺-氯酸钠混合物发生化学爆炸，爆炸导致釜体解体；随釜体解体过程冲出的高温甲苯蒸气，迅速与外部空气形成爆炸性混合物并产生二次爆炸，同时引起车间现场存放的氯酸钠、甲苯与甲醇等物料殉爆殉燃和二车间、三车间着火燃烧，进一步扩大了事故后果，造成重大人员伤亡和财产损失。

3. 事故防范措施

加强化工行业从业人员安全生产培训教育，提高从业人员素质。化工企业涉及危险化学品“两重点一重大”装置的专业管理人员必须具有大专以上学历，操作人员必须具有高中以上文化程度，确保从业人员的基本素质。要进一步加强化工企业特种作业人员的安全知识和技能培训，相关人员必须全面了解作业场所、工作岗位存在的安全风险，掌握相应的防范措施、应急处置措施和安全操作规程，切实增强安全操作技能。

[案例二]

2018 年 11 月 28 日零时 40 分 55 秒，位于河北张家口某经济示范园区的某公司氯乙烯泄漏扩散至厂外区域，遇火源发生爆燃，造成 24 人死亡（其中 1 人后期医治无效死亡）、21 人受伤（4 名轻伤人员康复出院），38 辆大货车和 12 辆小型车损毁，截至 2018 年 12 月 24 日直接经济损失 4148. 8606 万元，其他损失尚需最终核定。

1. 事故经过

2018 年 11 月 27 日 23 时，某公司聚氯乙烯车间氯乙烯工段丙班接班。班长李某，精馏 DCS（自动化控制技术中的集散控制系统）操作员袁某，精馏巡检工郭某、张某，转化岗 DCS 操作员孟某上岗。接班后，袁某在中控室盯岗操作，李某在中控室查看转化及精馏数据，未见异常。

28 日零时 36 分 53 秒，DCS 运行数据记录显示，压缩机入口压力降至 0. 05 kPa。中控室视频显示，袁某在之后 3 min 内进行了操作；DCS 运行数据记录显示，回流阀开度在约 3 min 时间内由 30% 调整至 80% 。

28 日零时 39 分 19 秒，DCS 运行数据记录显示，气柜高度快速下降，袁某用对讲机呼叫郭某，汇报气柜波动，通知其去检查。随后，袁某用手机向李某汇报气柜波动大。

李某在零时 41 分左右，听见爆炸声，看见厂区南面起火，立即赶往中控室通知调度侯某。侯某电话请示生产运行总监郭某后，通知转化岗 DCS 操作员孟某启动紧急停车程序，孟某使用固定电话通知乙炔、烧碱和合成工段紧急停车，停止输气。

同时，李某、郭某、张某一起打开球罐区喷淋水，随后对氯乙烯打料泵房及周围进行灭火，在灭掉氯乙烯打料泵房及周围残火后，返回中控室。调取气柜东北角的监控视频（视频时间比北京时间慢 7 分 2 秒），显示 1 号氯乙烯气柜发生过大量泄漏；零时 40 分 55 秒观察到气柜南侧厂区外火光映入视频画面。零时 42 分 44 秒，气柜区起火。

2. 事故原因

涉事公司违反《气柜维护检修规程》（SHS 01036—2004）第 2. 1 条和该公司低压湿式气柜维护检修规程的规定，聚氯乙烯车间的 1 号氯乙烯气柜长期未按规定检修，事发前氯乙烯气柜卡顿、倾斜，开始泄漏，压缩机入口压力降低，操作人员没有及时发现气柜卡顿，仍然按照常规操作方式调大压缩机回流，进入气柜的气量加大，加之调大过快，氯乙烯冲破环形水封泄漏，向厂区外扩散，遇火源发生爆燃。

3. 事故防范措施

（1）强化生产过程管理，全面提升危险化学品行业安全生产水平。一是严格按照设备检修规程做好设备的日常维护保养和计划检修工作。二是加强工艺管理，督促企业定期修订岗位操作规程，不断提高员工操作技能，完善工艺参数的过程报警、操作记录的管理，加强对异常情况的原因分析，广泛开展 HAZOP（危险与可操作性）分析，对生产装置中潜在的风险进行全面辨识、分析和评价，提高装置的自动化水平。三是加强生产管理，督促企业严格执行巡检管理制度、交接班等制度，加强对关键设备、重点部位的管控，保证生产安全平稳运行。四是加强变更管理，督促企业按照化工过程安全管理的要求，规范变更申请、变更风险评估、变更审批、变更验收的程序，严格管控变更风险。

（2）强化安全教育培训，提升各类人员安全管理素质。一是督促企业加强职工安全教育和培训工作，强化职工安全生产意识，提升职工专业技术水平，杜绝“三违”行为，各级安全监管部门在行政许可现场审核、执法检查过程中，要抽取一线员工进行安全生产知识复核。二是突出抓好培训教材的规范化、培训教师的专业化、培训对象的全员化、培训时间的经常化、培训方式的多样化、培训效果的奖惩化等六个方面工作。三是加强事故警示教育工作。凡是发生亡人事故的地区，一律组织召开由相关行业部门、同行业企业主要负责人和安全管理人员参加的警示教育现场会。

（3）严格各项工作措施，切实加强厂外区域车辆停放管理。一是加强外来运输车辆的安全生产风险辨识管控，及时发现和消除外来运输车辆可能存在的事故隐患及问题，避免因外来运输车辆出现问题进而影响企业自身生产安全。二是加强外来运输车辆停放区域安全管理，明确停车区域责任人员，负责协调、指挥、疏导、管理外来运输车辆，指引外来运输车辆停放到指定位置并保持安全距离，对车辆驾驶员和押运员进行安全告知，杜绝车辆停放距离过近，过于密集，确保安全。三是加强厂内运输车辆安全管理，严格检查进厂运输车辆及驾驶员、押运员资质证件，规范厂区内车辆行驶路线和行驶速度，向进入厂区的车辆发放阻火器等安全设施，严格限制厂区装卸区域车辆数量，设定外来运输车辆安全距离，强化外来运输人员安全管理和入厂安全教育，杜绝外来人员操作厂区装卸设施，严禁超量充装，严禁向不符合安全要求的车辆进行充装。四是科学、合理安排危险物料装卸时间，避免夜间集中装卸，避免运输车辆过于集中，形成安全隐患。

第二节　危险化学品中毒和窒息事故

[案例三]

1991 年 9 月 3 日，江西省上饶地区上饶县沙溪镇发生一起特大有毒气体泄漏中毒事故，造成 595 人中毒，其中死亡 37 人，受灾面积 27 万 m^2。

1. 事故经过

1991 年 9 月 2 日下午，江西省贵溪市农药厂租用的本县个体户一辆“日野”牌货车，车厢上装载一卧式槽罐（临时性固定），内装 2.4t 一甲胺，从上海返回贵溪。车内坐有司机谢某、贵溪农药厂储运员郑某和搭车的贵溪供销贸易中心职工余某及其小孩共 4 人。

9 月 3 日凌晨 3 时左右，汽车行经上饶县沙溪镇时，押车的郑某因其父母家住该镇，便违反有毒气体运输的有关规定，要求司机将汽车开进人口稠密的沙溪镇新生街。在开往押运员郑某家途中，距街口 28 m 处，发现马路右侧有一高约 0.5 m、宽约二分之一马路的砾石堆，司机谢某和押运员郑某未下车察看路情，强行偏左行驶（此时仍为二挡车速），致使罐体上部液相管阀门与左边伸进马路 1.2 m，粗 85 mm，离地面高 2.3 m 的桑树杈相撞，导致阀门下部接管部位折断。顿时，大量剧毒的一甲胺液体迅速汽化，并由断口处喷出。车内 4 人闻到异味后，立即离开汽车，边跑边喊，但因居民熟睡，只有部分群众惊醒后跑离危险区域。槽罐内 2.4 t 一甲胺迅速外喷，致使周围 23 万平方米范围内的居民和行人中毒。中毒人数达 595 人，其中，当场死亡 6 人，到医院接受治疗的 589 人。在接受治疗的伤员中，有 156 人因重度中毒住院。截至 9 月 29 日 24 时，累计有 37 人因中毒过重经抢救无效死亡，其中男性 17 人，女性 20 人。此外，现场附近牛猪鸡鸭等畜禽和鱼类大批死亡，树木和农作物枯萎，环境被严重污染，给当地人民群众的生命和财产造成了严重损失。

2. 事故原因

押运员郑某指使司机谢某将汽车驶离 320 国道线，开进沙溪镇新生街，碰到桑树枝干，挂断车上槽罐液相管阀门，致使罐内一甲胺全部外泄。郑某、谢某的违章行为是造成这起事故的直接原因。

3. 事故防范措施

（1）要以本次事故为例开展安全生产教育，并进行必要的紧急防护知识教育。

（2）督促、检查企业（包括个体从业人员）执行安全规定和制度的情况，对有章不循、明知故犯的要依法从重惩处。

第三节　危险化学品火灾事故

[案例四]

2015 年 8 月 12 日，位于天津市滨海新区天津港的瑞海国际物流有限公司（以下简称瑞海公司）危险品仓库发生特别重大火灾爆炸事故。调查认定，天津港“8・12”瑞海公司危险品仓库火灾爆炸事故是一起特别重大生产安全责任事故，事故造成 165 人遇难，8 人失踪，798 人受伤住院治疗；304 幢建筑物、12428 辆商品汽车、7533 个集装箱受损；直接经济损失 68.66 亿元人民币。

1. 事故经过

2015 年 8 月 12 日 22 时 51 分 46 秒，位于天津市滨海新区吉运二道 95 号的瑞海公司危险品仓库（北纬 39°02′22.98″，东经 117°44′11.64″）运抵区（“待申报装船出口货物运抵区”的简称，属于海关监管场所，用金属栅栏与外界隔离。由经营企业申请设立，海关批准，主要用于出口集装箱货物的运抵和报关监管）最先起火，23 时 34 分 06 秒发生第一次爆炸，23 时 34 分 37 秒发生第二次更剧烈的爆炸。事故现场形成 6 处大火点及数十个小火点，8 月 14 日 16 时 40 分，现场明火被扑灭。

2. 事故原因

瑞海公司违法违规经营和储存危险货物，安全管理极其混乱，未履行安全生产主体责任，致使大量安全隐患长期存在。

（1）违规存放硝酸铵。瑞海公司在运抵区多次违规存放硝酸铵，事发当日在运抵区违规存放硝酸铵高达 800 t，严重超负荷经营、超量存储。瑞海公司 2015 年月周转货物约 6 万 t，是批准月周转量的 14 倍多。多种危险货物严重超量储存，事发时硝酸钾储存量 1342. 8 t，超设计最大储存量 53. 7 倍；硫化钠储存量 484 t，超设计最大储存量 19. 4 倍；氰化钠储存量 680. 5 t，超设计最大储存量 42. 5 倍。

（2）违规混存、超高堆码危险货物。瑞海公司违反《港口危险货物安全管理规定》（交通运输部令 2012 年第 9 号）第 35 条第 2 款的规定，不仅将不同类别的危险货物混存，间距严重不足，而且违规超高堆码现象普遍，4 层甚至 5 层的集装箱堆垛大量存在。

（3）违规开展拆箱、搬运、装卸等作业。瑞海公司在拆装易燃易爆危险货物集装箱时，没有安排专人现场监护，使用普通非防爆叉车；对委托外包的运输、装卸作业安全管理严重缺失，在硝化棉等易燃易爆危险货物的装箱、搬运过程中存在用叉车倾倒货桶、装卸工滚桶码放等野蛮装卸行为。

（5）安全生产教育培训严重缺失。瑞海公司违反《危险化学品安全管理条例》（国务院令第 591 号）第 44 条和《港口危险货物安全管理规定》（交通运输部令 2012 年第 9 号）第 17 条第 3 款的有关规定，部分装卸管理人员没有取得港口相关部门颁发的从业资格证书，无证上岗。该公司部分叉车司机没有取得危险货物岸上作业资格证书，没有经过相关危险货物作业安全知识培训，对危险品防护知识的了解仅限于现场不准吸烟、车辆要戴防火帽等，对各类危险物质的隔离要求、防静电要求、事故应急处置方法等均不了解。

（6）未按规定制定应急预案并组织演练。瑞海公司未按《机关、团体、企业、事业单位消防安全管理规定》（公安部令第 61 号）第四十条的规定，针对理化性质各异、处置方法不同的危险货物制定针对性的应急处置预案，组织员工进行应急演练；未履行与周边企业的安全告知书和安全互保协议。事故发生后，没有立即通知周边企业采取安全撤离等应对措施，使得周边企业的员工不能第一时间疏散，导致人员伤亡情况加重。

3. 事故防范措施

在全国范围内对涉及危险化学品生产、储存、经营、使用等的单位、场所普遍开展一次彻底的摸底清查，切实掌握危险化学品经营单位重大危险源和安全隐患情况，对发现掌握的重大危险源和安全隐患情况，分地区逐一登记并明确整治的责任单位和时限；对严重威胁人民群众生命安全的问题，采取改造、搬迁、停产、停用等措施坚决整改；对违反规划未批先建、批小建大、擅自扩大许可经营范围等违法行为，坚决依法纠正，从严从重查处。

第四节 危险化学品灼伤事故

[案例五]

2017年2月12日2时59分，新疆某化工公司（以下简称“新疆某公司”）电石事业部3车间5号电石炉发生喷料灼烫事故，造成2人死亡、3人重伤（其中1人救治无效，数日后死亡），直接经济损失420万元。

1. 事故经过

2017年2月11日23时左右，电石事业部3车间5号电石炉三工段一班当班操作人员发现净化器内炉气中的氢气含量突然增大（浓度17.8%，《电石生产安全技术规程》（GB/T 32375—2015）要求控制在12%以下），便采取停电观察处理，并将循环水阀门关闭二分之一。23时22分左右，氢气含量下降，当班操作人员随即继续送电生产。12日0时，一班、四班进行了交接班。

12日2时40分左右，四班中控操作工甲发现5号电石炉204号循环水管线路出现异常，水温偏高。2时41分左右，操作工甲打电话给生产部调度汇报要求停炉检查，经调度同意后，操作工甲开始降挡停炉，同时净化操作工乙将尾气阀门关闭泄压。2时42分左右，操作工甲对5号电石炉进行断电停炉，操作工乙进一步对5号电石炉进行泄压并将尾气排空。

2时45分左右，操作工甲和班长、巡检工丁、巡检工戊、巡检工庚将5号电石炉炉门打开，未发现炉内有异常情况，遂按照正常程序通知一楼出炉工处理料面。2时49分左右，出炉工丙、出炉工己、出炉工辛等5名出炉工来到2楼5号电石炉炉门前用“堵子”（专用工具）处理料面，并观察炉内漏水情况。在这期间，操作工甲和巡检工丁、巡检工戊正在对水分配器204号循环水管线路准备扎高压空气管进行反吹。

2时59分左右，5号电石炉内的积水与炉内高温熔融物接触反应，造成大量高温熔融物和反应产生的气体突然从炉门喷出，将现场10名作业人员烫伤。

2. 事故原因

事故发生的直接原因是：5号电石炉（事故电石炉）内水冷设备漏水，料面石灰遇水粉化板结，料层透气性差，形成积水；现场作业人员停电处理炉况作业期间，积水遇高温熔融物料导致电石炉喷料，造成操作人员严重灼烫。

3. 事故防范措施

（1）强化异常工况处置。制定完善并严格落实安全操作规程，操作规程中要包括异常工况的应急处置预案。要装备自动化控制系统，对重要工艺参数进行实时监控预警，及时研判发生异常工况的原因并及时处置，避免因处置不当导致事故。

（2）切实加强设备完整性管理。要建立并不断完善设备管理制度，强化设备安全运行管理，电石企业要加强对电石炉水冷却系统中水冷套的烧损情况、电极的入炉深度、绝缘是否完好等情况的安全检查，严格执行设备检维修制度，防止电石炉发生事故。

（3）强化安全生产教育培训。企业要制定切实可行的安全培训目标和计划，以岗位应知应会为根本，以提高现场操作技能为核心，使受训人员掌握现场岗位操作的基本要领和对突发情况的应变能力。要认真组织开展“三级安全教育”和日常班组安全教育，对相关人员学习掌握安全操作规程情况进行考核，考核合格后才能上岗。

（4）完善安全生产应急管理。企业要高度重视安全生产应急管理工作，制定完善的综合预案、专项预案，根据岗位工作实际，制定操作性强的现场岗位处置方案、应急处置卡片。要定期组织演练，检验预案的实用性、可操作性，应急处置中做到准确研判，杜绝盲目处置；要对氢气、氧气、一氧化碳在线气体分析仪等气体报警装置定期进行检测校验，确保监测数据准确。DCS 监控系统发生高报及高高报声光报警时，要严格依据操作规程进行处理。

第五节　危险化学品泄漏事故

[案例六]

2013 年 11 月 22 日 10 时 25 分，位于山东省青岛经济技术开发区的某化工企业管道储运分公司东黄输油管道泄漏原油进入市政排水暗渠，在形成密闭空间的暗渠内油气积聚遇火花发生爆炸，造成 62 人死亡、136 人受伤，直接经济损失 75172 万元。

1. 事故经过

11 月 22 日 2 时 12 分，潍坊输油处调度中心通过数据采集与监视控制系统发现东黄输油管道黄岛油库出站压力从 4. 56 MPa 降至 4. 52 MPa，两次电话确认黄岛油库无操作因素后，判断管道泄漏；2 时 25 分，东黄输油管道紧急停泵停输。

2 时 50 分，潍坊输油处调度中心向运销科报告东黄输油管道发生泄漏；2 时 57 分，通知抢维修中心安排人员赴现场抢修。

4 时 47 分，运销科向潍坊输油处报告泄漏事故现场情况。5 时 07 分，运销科向中石化管道分公司调度中心报告原油泄漏事故总体情况。

7 时左右，潍坊输油处组织泄漏现场抢修，使用挖掘机实施开挖作业；7 时 40 分，在管道泄漏处路面挖出 2 m×2 m×1. 5 m 作业坑，管道露出；8 时 20 分左右，找到管道泄漏点，并向中石化管道分公司报告。

9 时 15 分，涉事管道分公司通知现场人员按照预案成立现场指挥部，做好抢修工作；9 时 30 分左右，潍坊输油处报告涉事管道分公司，潍坊输油处无法独立完成管道抢修工作，请求涉事管道分公司抢维修中心支援。

10 时 25 分，现场作业时发生爆炸，排水暗渠和海上泄漏原油燃烧，现场人员向涉事管道分公司报告事故现场发生爆炸燃烧。

2. 事故原因

输油管道与排水暗渠交汇处管道腐蚀减薄、破裂，原油泄漏流入排水暗渠及反冲到路面。原油泄漏后，现场处置人员采用液压破碎锤在暗渠盖板上打孔破碎，产生撞击火花，引发暗渠内油气爆炸。

通过现场勘验、物证检测、调查询问、查阅资料，并经综合分析认定：由于与排水暗渠交叉段的输油管道所处区域土壤盐碱和地下水氯化物含量高，同时排水暗渠内随着潮汐变化海水倒灌，输油管道长期处于干湿交替的海水及盐雾腐蚀环境，加之管道受到道路承重和振动等因素影响，导致管道加速腐蚀减薄、破裂，造成原油泄漏。泄漏点位于秦皇岛路桥涵东侧墙体外 15 cm，处于管道正下部位置。经计算、认定，原油泄漏量约 2000 t。

泄漏原油部分反冲出路面，大部分从穿越处直接进入排水暗渠。泄漏原油挥发的油气与排水暗渠空间内的空气形成易燃易爆的混合气体，并在相对密闭的排水暗渠内积聚。由于原油泄漏到发生爆炸达 8 个多小时，受海水倒灌影响，泄漏原油及其混合气体在排水暗渠内蔓延、扩散、积聚，最终造成大范围连续爆炸。

3. 事故防范措施

涉事公司及各油气管道运营企业要认真履行安全生产主体责任，加大人力物力投入，加强油气管道日常巡护，保证设备设施完好，确保安全稳定运行。要建立健全隐患排查治理制度，落实企业主要负责人的隐患排查治理第一责任，实行谁检查、谁签字、谁负责，做到不打折扣、不留死角、不走过场。要按照《国务院安委会关于开展油气输送管线等安全专项排查整治的紧急通知》（安委〔2013〕9 号）要求，认真开展在役油气管道，特别是老旧油气管道检测检验与隐患治理，对与居民区、工厂、学校等人员密集区和铁路、公路、隧道、市政地下管网及设施安全距离不足，或穿（跨）越安全防护措施不符合国家法律法规、标准规范要求的，要落实整改措施、责任、资金、时限和预案，限期更新、改造或者停止使用。

第六节 危险化学品其他类型事故

[案例七]

2017 年 9 月 24 日 16 时 40 分左右，湖北某化工集团有限公司发生一起受限空间窒息事故，造成 3 人死亡，直接经济损失 303.85 万元。

1. 事故经过

9 月 24 日 7 时 50 分，该公司硫酸中心维修班班长王某在早班会上对当天的工作进行了安排和分工，安排技术员尤某林、维修工张某峰及安装队工人朱某明、覃某勇到 1 号熔硫助滤槽上安装设备。当天工作内容有 3 项：一是安装硫黄潜泵，二是更换助滤槽蒸汽总阀（距人孔 9 m），三是接通 2 个立式盘管的蒸汽配管。上述 3 项工作不需要进入助滤槽内作业，不需要办理受限空间作业票证。该公司熔硫工段技术员尤某林为现场作业负责人，在现场负责指导和监护。

9 月 24 日上午，祖某、朱某明拆除架设在硫黄潜预留口处的轴流风机，并利用手动葫芦将硫黄潜泵安装到位后下班。下午约 13 时 30 分上班后，覃某勇、朱某明将 2 个立式盘管的蒸汽配管接通，并更换了助滤槽蒸汽总阀，设备安装于 16 时 10 分左右结束。为检验安装效果，检修人员打开蒸汽总阀通气试漏，发现有两处漏点：①新更换的蒸汽总阀有漏点；②伸入助滤槽内的硫磺潜泵支撑管与出液管间的 U 形蒸汽连接管接头处漏气。16 时 35 分左右，覃某勇安排朱某明去关蒸汽总阀并处理漏点，朱某明离开后，覃某勇便带着活动扳手从人孔进入助滤槽内处理U形蒸汽连接管接头漏点不久倒地。站在人孔处监护的张某峰、尤某林发现覃某勇倒地后，相继下到助滤槽内，合力将覃某勇向人孔处转移，接近人孔处时，两人体力不支，晕倒在人孔附近。16时40分左右，朱某明处理完蒸汽总阀法兰漏点后，回头未看见其他3人，便到助滤槽处查看情况，发现3人都在助滤底部，其中尤某林仰面倒地，张某峰、贾某勇2人呈后抱姿势靠坐在人孔附近的槽壁上。

2. 事故原因

经事故调查认定，事故的直接原因是：在没有办理受限空间作业票证、没有通风置换、没有对槽内气体进行检测分析、没有采取任何个人防护措施的情况下，覃某勇违章冒险进入1号助滤槽内进行作业。尤某林、张某峰在发现槽内有人窒息后，未佩戴个人防护用品盲目进行施救，导致事故扩大。

事故的伤害方式为缺氧窒息。具体分析如下：①拆除轴流风机安装硫黄潜泵，助滤槽仅有一处人孔与外部连通，新鲜空气无法对流进入槽内；②槽内的空气被泄漏的蒸汽置换了一部分；③3个蒸汽盘管（2个立式蒸汽盘管、1个卧式蒸汽盘管）同时处于加热状态，槽内温度上升导致气体体积膨胀，将一部分空气挤出；④槽内蒸汽在未凝结成水的状况下，均沉降在底层，导致槽体底层氧含量低于槽体上部，而作业人员靠近底层作业，氧含量低。

3. 事故防范措施

（1）夯实企业安全基础工作。加强现场安全管理，进一步强化对从业人员安全教育培训，严把设备检修质量关，把安全生产规范落实在每个岗位上，坚决杜绝“三违”现象。强化现场处置方案培训和演练，切实提高职工应急处置能力。

（2）持续加强特殊作业安全管理。继续坚持将特殊作业管理作为预防和控制事故多发的重要内容，认真贯彻执行《危险化学品企业特殊作业安全规范》（GB 30871—2022），全面开展特殊作业安全风险排查，强化动火、登高、受限空间、临时用电等特殊作业安全管理，加强特殊作业现场应急救援器材和物资的配备。

（3）强化承包商安全管理。企业要建立承包商管理制度，严格审查承包商有关资质和安全条件，定期评估承包商安全生产业绩，及时淘汰业绩差的承包商。将承包商作业人员纳入本企业员工一体化管理，严格落实对承包商作业人员的入厂安全培训教育，督促承包商对作业人员开展经常性的安全培训，掌握与作业相关的所有危害信息和应急措施，对承包商作业进行全程安全监督。

参 考 文 献

[1] 尚勇，张勇．中华人民共和国安全生产法释义［M］. 北京：中国法制出版社，2021.
[2] 全国安全生产教育培训教材编审委员会．危险化学品生产单元主要负责人及安全管理人员培训教材［M］. 徐州：中国矿业大学出版社，2018.
[3] 隆泗，罗芬．安全培训概论［M］. 徐州：中国矿业大学出版社，2021.
[4] 全国安全生产教育培训教材编审委员会［M］. 徐州：中国矿业大学出版社，2020.
[5] 中国安全生产科学研究院．安全生产法律法规［M］. 北京：应急管理出版社，2020.
[6] 成都市城市安全与应急管理研究院．非高危行业主要责任人及安全生产管理人员安全生产培训教材［M］. 成都：西南财经大学出版社，2023.
[7] 国家安全生产监督管理总局宣传教育中心．危险化学品生产单位主要负责人和安全生产管理人员培训教材［M］. 北京：冶金工业出版社，2016.
[8] 国家安全生产监督管理总局宣传教育中心．危险化学品经营单位主要负责人和安全生产管理人员培训教材［M］. 北京：冶金工业出版社，2016.
[9] 全国安全生产教育培训教材编审委员会．危险化学品经营单位主要负责人及安全管理人员培训教材［M］. 徐州：中国矿业大学出版社，2018.
[10] 四川省安信文创文化传播有限公司．危险化学品经营单位主要负责人及安全管理人员安全培训教材［M］. 成都：四川民族出版社，2019.
[11] 中国安全生产科学研究院．安全生产专业实务化工安全［M］. 北京：应急管理出版社，2020.
[12] 中国消防协会．消防安全技术实务［M］. 北京：中国人事出版社，2018.
[13] 王毅，刘健．危险化学品从业人员安全培训教材［M］. 北京：中国石化出版社，2018.
[14] 方文林．危险化学品从业人员安全培训教材［M］. 北京：中国石化出版社，2020.
[15] 张麦秋，李平辉．化工生产安全技术［M］. 2 版．北京：化学工业出版社，2014.
[16] 孙道兴．危险化学品安全技术与管理［M］. 北京：中国纺织出版社，2011.
[17] 崔政斌，赵海波．危险化学品泄漏预防与处置［M］. 北京：化学工业出版社，2018.
[18] 徐锋，朱丽华．化工安全［M］. 天津：天津大学出版社，2015.
[19] 刘秀玉．化工安全［M］. 北京：国防工业出版社，2013.
[20] 方文林．危险化学品从业人员安全培训教材［M］. 北京：中国石化出版社，2020.
[21] 方文林．危险化学品应急处置［M］. 北京：中国石化出版社，2015.
[22] 国家安全生产监督管理总局宣传教育中心．危险化学品生产单位主要负责人和安全生产管理人员培训教材［M］. 北京：冶金工业出版社，2007.
[23] 国家安全生产监督管理总局宣传教育中心．危险化学品生产单位从业人员安全生产培训教材［M］. 徐州：中国矿业大学出版社，2008.
[24] 崔政斌，赵海波．危险化学品泄漏预防与处置［M］. 北京：化学工业出版社，2018.
[25] 崔政斌，石方惠，周礼庆．危险化学品企业应急救援［M］. 北京：化学工业出版社，2017.
[26] 国家安全生产应急救援中心．典型危险化学品应急处置指导手册［M］. 北京：中国石化出版社，2023.
[27] 孙万付，袁纪武．危险化学品企业事故应急管理［M］. 北京：化学工业出版社，2023.
[28] 朱宝轩．化工安全技术基础［M］. 北京：化学工业出版社，2011.
[29] 赵振峰．浅谈加氢站潜在风险及安全措施［J］. 云南化工，2023，50（7）：152-154.
[30] 吉日文，温韬，韦月早．新形势下实验室危险化学品安全管理中存在的问题和对策［J］. 企业管

理与发展，2019（3）：232-233.
[31] 柯丁宁，况婷，宋琳琳．高校化学类实验室安全设施设计探索与实践［J］. 实验技术与管理，2020，37（1）：284-286.

图书在版编目（CIP）数据

危险化学品企业从业人员安全生产培训教材 / 成都市城市安全与应急管理研究院组织编写. -- 北京 : 应急管理出版社, 2024. -- ISBN 978-7-5237-0782-1

Ⅰ. TQ086.5

中国国家版本馆 CIP 数据核字第 202446PN37 号

危险化学品企业从业人员安全生产培训教材

组织编写 成都市城市安全与应急管理研究院
责任编辑 闫 非
编　　辑 孟 琪
责任校对 赵 盼
封面设计 安德馨

出版发行 应急管理出版社（北京市朝阳区芍药居 35 号 100029）
电　　话 010-84657898（总编室） 010-84657880（读者服务部）
网　　址 www. cciph. com. cn
印　　刷 海森印刷（天津）有限公司
经　　销 全国新华书店

开　　本 787mm×1092mm $^{1}/_{16}$ **印张** $14^{3}/_{4}$ **字数** 340 千字
版　　次 2024 年 12 月第 1 版 2024 年 12 月第 1 次印刷
社内编号 20240840 **定价** 62.00 元
